ERDBEBEN

Nach einer alten japanischen Legende werden Erdbeben von Katzenwelsen (*namazu*) ausgelöst, die im Untergrund mit ihren Körpern hin- und herschlagen. Auf diesem Holzschnitt aus dem Jahre 1855 befiehlt der Obergott des Kashima-Heiligtums dem niederen Gott oder *daimyojin*, mit Wucht einen Steinzapfen auf den Katzenwels des Edo-(Tokio-)Bebens zu schlagen, um andere Katzenwelse zu warnen. Jeder der Zuschauer vorne repräsentiert ein historisches Erdbeben.

ERDBEBEN

Schlüssel zur Geodynamik

Bruce A. Bolt

Aus dem Englischen übersetzt von Bettina Klare und Helga Großkopf

Mit einem Vorwort zur deutschen Ausgabe von Jochen Zschau

Spektrum Akademischer Verlag Heidelberg · Berlin · Oxford

Inhalt

Vorwort zur deutschen Ausgabe

Achtmal soviel Energie wie bei der Hiroshima-Bombe wurde durch das Erdbeben von Kobe in Japan am 17. Januar 1995 freigesetzt. Dies kostete über 5000 Menschen das Leben und verursachte wirtschaftliche Schäden von mehr als 100 Milliarden US-Dollar. Genau ein Jahr vorher, am 17. Januar 1994, hatte das Beben von Northridge nahe Los Angeles neue Maßstäbe gesetzt: mehr als 30 Milliarden Dollar Schaden. Und noch ein Jahr vorher die Killari-Katastrophe in Südindien: 11000 Menschen kamen hierbei um. Sie hatten sich sicher gefühlt, denn sie lebten in einer Region, die bis dahin zu den am wenigsten durch Erdbeben gefährdeten Gebieten Indiens zählte.

Auch nach Killari, Northridge und Kobe macht uns die Natur fortwährend klar, daß die Geschichte der Erdbebenkatastrophen noch lange nicht zu Ende ist: Heute sind es Sachalin in Rußland und Egion in Griechenland, morgen wiederholt sich vielleicht die Erdbebenkatastrophe von 1906 in San Francisco oder das Desaster von Tokio 1923. Erdbeben haben wahrlich nicht nur bleibende, sondern wachsende Aktualität. Sie zerren mehr und mehr am Lebensnerv ganzer Nationen. Über 300 Millionen Menschen werden im nächsten Jahrzehnt in Megastädten leben, die weniger als 200 Kilometer von den gefährlichsten Erdbebenzonen dieser Welt liegen. Hier baut sich ein unvorstellbares Katastrophenpotential auf. Die Vereinten Nationen haben dies erkannt und die neunziger Jahre zur Internationalen Dekade für Katastrophenvorbeugung (IDNDR, International Decade for Natural Disaster Reduction) deklariert.

Die deutsche Ausgabe des Buches *Earthquakes and Geological Discovery* von Bruce A. Bolt kommt gerade zur rechten Zeit. Auch hierzulande ist man dem Phänomen Erdbeben gegenüber aufmerksamer geworden. Das Ereignis von Roermond beziehungsweise Heinsberg am 13. April 1992 an der deutsch-holländischen Grenze liegt noch nicht lange zurück. Es hat

uns mit aller Deutlichkeit vorgeführt, daß auch das vergleichsweise erdbebensichere Deutschland nicht gänzlich von dieser Art Naturkatastrophe
verschont bleibt. Denn unser Land wird von einer tektonischen Nahtstelle
durchzogen, an der der europäische Kontinent dereinst auseinanderbrechen
könnte: dem Rheingraben. Hier erinnern Erdbeben bis zu einer Stärke von
6 immer wieder daran, daß der Bruchprozeß keineswegs zum Stillstand
gekommen ist.

Warum können die Wissenschaftler Erdbeben immer noch nicht vorhersagen, fragen sich die Leute nicht nur bei uns. „Die Tiere können es doch
schon lange. Man muß sie nur mehr beachten." – so lautet das häufige
Argument. Bruce Bolt zeigt in dem vorliegenden Buch, daß die Erfüllung
des Menschheitstraumes Erdbebenvorhersage mehr verlangt als nur die
Beobachtung anomalen Tierverhaltens. Sie erfordert, den gesamten Erd-
bebenprozeß zu verstehen, seine Ursachen, seinen Ablauf und seine Auswirkungen. Dabei ist das Wissen um die Vorgänge im Erdbebenherd
genauso wichtig wie die Kenntnis der Tiefenstruktur der Erde und der
Eigenschaften oberflächennaher Bodenschichten. Alle drei Faktoren
bestimmen Art und Stärke der Erdbebenerschütterung.

Gerade die Neugier der Wissenschaftler auf das Aussehen der Erde in
ihrem tiefsten Inneren war es, die seit Anfang dieses Jahrhunderts zu einer
schnellen Entwicklung des damals noch jungen Wissenschaftszweiges der
Seismologie beziehungsweise Erdbebenkunde führte.

Bruce Bolt interessierte sich vor allem für den inneren Erdkern in mehr als
5000 Kilometern Tiefe, als er 1963 auf eine Professur für Seismologie an
der Universität von Kalifornien in Berkeley berufen wurde. Auf die Frage
seiner Kollegen nach der Wahrscheinlichkeit einer Bebenkatastrophe in
Kalifornien entgegnete er, daß man dies wohl kaum in absehbarer Zukunft
verläßlich beantworten könne. Inzwischen, so räumt er ein, habe man in
der Beantwortung dieser Frage doch wesentliche Fortschritte gemacht.
Diese waren aber nur möglich, weil sich die Pioniere der Seismologie
auch um die Geheimnisse des tiefen Erdinneren gekümmert haben, um die
elastischen Eigenschaften des Gesteins in diesen Tiefen, um dessen
chemische Zusammensetzung und um die damit zusammenhängenden
dynamischen Prozesse, die für die Gebirgsbildung, für die Bewegung von
Kontinenten und nicht zuletzt auch für Erdbeben verantwortlich sind.

Jede große Bebenkatastrophe, so zeigt das Buch anhand sorgfältig und
spannend aufbereiteter Fallbeispiele, hat nicht nur Leid über die Menschen
gebracht, sondern auch jeweils ein neues Kapitel geowissenschaftlicher
Grundlagenforschung und Erkenntnisse geöffnet. Bebenkatastrophen
waren die Triebkraft für die Begründung der quantitativen Seismologie
mit wichtigen Anwendungen unter anderem in der Geologie, im Ingenieurwesen, in der Erdölexploration, bei der Einschätzung der Erdbebengefähr-

dung von Bauwerken, in der Landnutzung und im Zusammenhang mit der Planung und Überwachung von Staudämmen, großen Brücken und Atomkraftwerken. Die internationalen Vereinbarungen zur Begrenzung unterirdischer Atombombenversuche machten nur Sinn, seit Detektionsverfahren der Seismologie entsprechende Kontrollen ermöglichten. Auch unser heutiges Bild von der Erdoberfläche als einem Mosaik von Platten, die sich mit Geschwindigkeiten von einigen Zentimetern im Jahr relativ zueinander bewegen, ist wesentlich von den Erkenntnissen aus den großen Beben der Vergangenheit mitgeprägt worden.

Auch wenn die Erdbebengefährdung in Mittel- und Nordeuropa deutlich geringer ist als in den großen Erbebenregionen der Welt, so hat doch die Seismologie auch bei uns Tradition. Alfred Wegener war kein Seismologe. Aber seine Ideen zur Kontinentalbewegung vor mehr als einem halben Jahrhundert haben auch die Seismologie revolutioniert. Schon einige Jahrzehnte davor war es Rebeur-Paschwitz am Königlich-Preußischen Geodätischen Institut in Potsdam gelungen, mit einer hochempfindlichen Horizontalpendel-Konstruktion weltweit zum ersten Mal ein Fernbeben zu registrieren. Etwa zwölf Minuten, nachdem Tokio von einem schweren Beben erschüttert worden war, schlug das Pendel in Potsdam aus. Rebeur-Paschwitz hatte die Erdbebenwellen aufgezeichnet, die kurz zuvor noch Schaden in Japan angerichtet und dann auf direktem Weg durch das Erdinnere hindurch Kurs auf den anderen Teil der Erde genommen hatten. Aus der Laufzeit solcher Erdbebenwellen, so fand man bald heraus, ließ sich Information über den schalenförmigen Aufbau des Erdinneren gewinnen. Damit war ein neuer Zweig der Seismologie geboren: die seismologische Erkundung der Tiefenstruktur der Erde. Keine andere Fachrichtung hat soviel zu unserem Wissen vom Aufbau des Erdinneren beigetragen wie gerade dieser Forschungszweig. Der Nachweis durch Benno Gutenberg im Jahre 1935, daß die Erde einen flüssigen Kern von fast 7000 Kilometern Durchmesser besitzt, gehörte sicherlich zu den aufregendsten Entdeckungen der Folgezeit. Nicht weniger aufregend war 1936 die Erkenntnis der dänischen Wissenschaftlerin Inge Lehmann, daß inmitten dieses flüssigen Erdkerns noch eine über 2500 Kilometer dicke feste Kugel schwimmt, nämlich der innere Erdkern.

Auch heute noch liegt der Schwerpunkt des seismologischen Interesses in Mittel- und Nordeuropa auf der Erkundung des Erdinneren. Die Erforschung seines Aufbaus geschieht in enger Zusammenarbeit mit anderen geowissenschaftlichen Disziplinen, vor allem Geologie, Mineralogie, Geochemie und Geodäsie – Fachrichtungen, die an vielen Universitäten verankert sind. Hinzugekommen sind weitere Aufgaben wie zum Beispiel die Detektion unterirdischer Atombombenversuche, die Überwachung von Kernkraftwerken und die Erdbebenvorhersageforschung. Seit 1984 gibt es das deutsch-türkische Erdbebenprojekt, eines der größten Projekte zur Vorhersageforschung in Europa. Mit der Gründung des GeoForschungs-

Zentrums in Potsdam wurde auch ein Aufgabenbereich „Desaster-forschung" geschaffen. Er soll unter anderem Konzepte und Forschungs-ergebnisse erarbeiten, die dazu beitragen können, den immer bedroh-licheren Anstieg des Ausmaßes von Naturkatastrophen zu stoppen.

Ich bin überzeugt, daß das Buch von Bruce Bolt dem interessierten und engagierten Leser nicht nur einen hervorragenden Überblick über den der-zeitigen Stand der Erdbebenforschung gibt, sondern auch einen Teil der Spannung geowissenschaftlicher Entdeckung vermittelt. Vielleicht über-zeugt es auch den einen oder anderen jungen Menschen, der noch am Anfang seiner beruflichen Karriere steht, sich mit dem Ausspruch eines bekannten Geowissenschaftlers zu identifizieren: »Erdbebenkatastrophen sind Grund genug, um Seismologe zu werden.«

Jochen Zschau
GeoForschungsZentrum Potsdam
August 1995

Vorwort des Autors
zur amerikanischen Originalausgabe

Wenn die Erde bebt,
flieh' in den Bambushain.
Japanisches Sprichwort

Seit über 30 Jahren lehre ich im Fach Seismologie (der Wissenschaft von den Erdbeben) und habe in dieser Zeit eine vielfältige Zuhörerschaft erreicht. Eine meiner Hoffnungen war stets, den Menschen begreiflich machen zu können, daß Erdbeben vor allem deshalb so gefährlich sind, weil wir keine angemessenen Vorsorgemaßnahmen ergreifen. Wären wir besser vorbereitet, könnten wir tatsächlich das seismisch bedingte Risiko für Leben und Eigentum selbst bei schwersten Erdbeben annehmbar gering halten. Dieser Standpunkt wird mit Nachdruck besonders im letzten Jahrzehnt des 20. Jahrhunderts vertreten, das die Vereinten Nationen zur Internationalen Dekade für Katastrophenvorbeugung (International Decade of Natural Disaster Reduction, IDNDR) ausgerufen haben.

Ein Aspekt der Seismologie geht gleichwohl weit über die Beschäftigung mit Erdbebengefahren hinaus und hat wesentlich zu einigen fundamentalen Entdeckungen in der Geologie beigetragen. In unserem Jahrhundert haben Erdbebenmessungen beispielsweise grundlegende Informationen über globale Deformationen wie die Entstehung von Gebirgszügen oder die Kontinentalverschiebung geliefert. Erdbebenaufzeichnungen haben darüber hinaus die Geheimnisse des tiefen Erdinneren, insbesondere seiner Gesteinsstruktur und elastischen Eigenschaften, gelüftet. Seismologische Beobachtungen haben auch Hinweise auf die chemische Zusammensetzung und die dynamische Entwicklung des Erdinneren geben können. Moderne Technologien, insbesondere Hochleistungscomputer, erlauben die ständig schnellere Verarbeitung seismologischer Informationen.

Dieses Buch ist für Leser gedacht, die wissen möchten, wie Erdbebenaufzeichnungen, die auf den Monitoren und Papierstreifen als unruhige

Zackenlinien erscheinen, Antworten auf grundlegende Fragen über die Eigenschaften der Erde an weit entfernten Orten geben können. Obwohl es in diesem Rahmen nicht möglich ist, alle wichtigen geologischen Arbeiten zu berücksichtigen, in denen Erdbeben eine zentrale Rolle spielen, vermitteln die vorgestellten Fallbeispiele und geophysikalischen Studien dem interessierten Leser einen realistischen Eindruck von den breitgefächerten wissenschaftlichen Errungenschaften der Seismologie. Ich hoffe außerdem, etwas von der mit geologischen Entdeckungen verbundenen Begeisterung vermitteln zu können. Der kreative Geist wissenschaftlicher Forschung ist vielleicht an keinem Beispiel besser zu studieren als bei der Suche nach physikalischen Erkenntnissen über unseren Heimatplaneten.

Die Seismologie begann Ende des letzten Jahrhunderts als eine kleine, messende und beobachtende Wissenschaft und ist mittlerweile zu einem großen Unternehmen herangewachsen. Anwendungen in Geologie und Geophysik gehören ebenso hierher wie die seismische Exploration in der Erdölindustrie und die Beurteilung der Erdbebengefährdung durch Ingenieurbüros und staatliche Labors, die unter anderem der Planung der Landnutzung dient, etwa der Standortsuche für kritische Bauwerke wie Atomkraftwerke, große Staudämme und Brücken. Der einfache mechanische Seismograph des letzten Jahrhunderts ist den hochempfindlichen digitalen Aufzeichnungsinstrumenten unserer Tage gewichen.

Ich hatte das Glück, eine Reihe wissenschaftlicher Pioniere auf dem Gebiet der Erdbebenforschung kennenzulernen, unter ihnen Professor Hugo Benioff, Professor K. E. Bullen, Professor Perry Byerly, Professor Maurice Ewing, Professor Beno Gutenberg, Sir Harold Jeffreys, Dr. Inge Lehmann und Professor Charles Richter, die leider alle nicht mehr leben. Ich fand im Jahre 1949 zur Seismologie, als K. E. Bullen, damals Professor für Angewandte Mathematik an der University of Sydney in Australien, mir als Thema meiner Dissertation vorschlug, die vermutete Basis einer Übergangsschale zu untersuchen, die hypothetischerweise den inneren Kern der Erde umschließt. Diese mathematische Anwendung von Erdbebenmessungen im Dienst der geologischen Fernerkundung führte mich dann ab 1963 zu der weitaus praxisnäheren Tätigkeit als Professor für Seismologie an der University of California in Berkeley. Meine Kollegen, Ingenieure und Geologen, erwarteten Antworten von mir, und zwar nicht im Hinblick auf die Eigenschaften des Erdkerns, sondern auf die Unberechenbarkeit der Erdbebentätigkeit in Kalifornien und anderen seismisch aktiven Regionen. Sie schienen überrascht, als ich ihnen sagen mußte, daß es auf ihre scheinbar so einfachen Fragen keine verläßlichen Antworten gab. Für manche gilt das noch immer. Glücklicherweise ist das geologische Grundlagenwissen für die Vorhersage starker Bodenbewegungen in den letzten drei Jahrzehnten enorm angewachsen, und dieses Wissen geht in die Planung erdbebensicherer Bauwerke und entsprechender Landnutzung ein.

Beim Verfassen dieses Buches habe ich von vielen Menschen Hilfe erhalten. Großen Dank schulde ich meinen Freunden aus dem Erdbebenmetier in Kalifornien, mit denen ich weiterhin als Gutachter an den praktischen Aspekten des Erdbebenrisikos zusammenarbeite. Einige Kollegen und Studenten lasen oder kommentierten Teile des Buches, und dafür bin ich ihnen dankbar. Im besonderen danke ich N. A. Abrahamson, A. Becker, P. Dehlinger, J. Dewey, N. Gregor, J. Litehiser, A. Lomax, T. Tanimoto, B. Tucker, Y. B. Tsai und A. Udias für ihre wertvolle inhaltliche Mitarbeit.

Viele Kollegen schlugen instruktive Illustrationen vor oder steuerten solche bei; leider zwang uns der begrenzte Platz dazu, unter ihnen auszuwählen. Meine Frau Beverley Bolt half mir bei wesentlichen Aufgaben: Korrekturlesen und Erstellen des Index. Claire Johnson vom Earthquake Engineering Research Center an der University of California in Berkeley setzte all ihr Wissen bei der Textverarbeitung auch unter dem beträchtlichen Druck von Abgabeterminen ein. Ebenfalls danke ich der Belegschaft der Scientific American Library beim Verlag W. H. Freeman and Company. Die Lektorin Susan Moran konzentrierte sich gemeinsam mit mir intensiv auf das Thema und brachte viele Verbesserungen ein. Es war mir eine Freude, mit Travis Amos auf die Suche nach aussagestarken Farbphotos zu gehen; er entdeckte dabei einige künstlerisch besonders wertvolle Aufnahmen.

Bruce A. Bolt
Professor für Seismologie
University of California, Berkeley

1

Die Ursprünge der Seismologie

1.1 Künstlerische Ansicht der City Hall von San Francisco nach dem Beben und der Feuersbrunst im Jahre 1906.

In den letzten 500 Jahren haben mehr als sieben Millionen Menschen ihr Leben durch Erdbeben verloren und noch mehr haben zusehen müssen, wie ihre Lebensgrundlage und unmittelbare wirtschaftliche Basis zerstört wurde. In der Gefahr, die Erdbeben für eine stetig wachsende Weltbevölkerung darstellen, lag oft die eigentliche Motivation für Wissenschaftler und Ingenieure, sich damit zu beschäftigen. Dennoch haben sich Erdbeben nicht nur als Quelle der Zerstörung, sondern auch des geologischen Wissens erwiesen. Die Analyse seismischer Wellen hat den Geologen den Zugang zu detaillierter und oftmals einzigartiger Information über die Erde eröffnet. Die Entdeckung von Erdbebenmerkmalen ging Hand in Hand mit unserer Erforschung der Beschaffenheit und der beständigen Umformung unseres Planeten.

Seismologie, der Zweig der Wissenschaft, der sich mit Erdbeben beschäftigt, ist – verglichen mit der Chemie, Physik oder Geologie – eine junge Disziplin; dennoch hat sie in nur 100 Jahren bei der Klärung der Erdbebenursachen, der Bestimmung der Eigenschaften seismischer Wellen, der Untersuchung auffälliger Schwankungen in deren Intensität und der Deutung der bemerkenswerten globalen Muster der Erdbebenaktivität erstaunliche Fortschritte gemacht. Obwohl sich die Seismologie erst im letzten Jahrhundert als eigenständige Wissenschaft etablierte, haben Menschen bereits seit Jahrtausenden über die Ursachen von Erdbeben nachgedacht. Nachdem der frühe Aberglaube einem mehr wissenschaftlichen Ansatz zur Entschlüsselung dieser Naturereignisse gewichen war, regte die unerbittliche Wiederkehr schwerer Beben einige Denker zu immer komplizierteren Vorstellungen über deren Ursache an, bis sich Anfang dieses Jahrhunderts schließlich das moderne Verständnis der unmittelbaren Quelle heftiger Bodenbewegungen durchsetzte.

Die ersten Überlieferungen

Die Erde war in ihrer gesamten geologischen Geschichte Erdbeben unterworfen, und schriftliche Aufzeichnungen darüber reichen mehrere Jahrtausende zurück. In China haben Gelehrte die alten dynastischen und literarischen Werke, Tempelaufzeichnungen und andere Quellen auf das Auftreten von Erdbeben vor langer Zeit hin ausgewertet. Die älteste Erwähnung stammt aus dem Jahre 1831 vor Christus aus der Provinz Schantung (die Aufzeichnung lautet nur lapidar: »Schütteln des Berges Taishan«), aber erst ab 780 vor Christus, der Periode der Chou-Dynastie in Nordchina, können die Aufzeichnungen als komplett gelten.

Diese historischen Berichte sind so detailliert, daß man heute mit modernen Untersuchungen in der Lage ist, daraus die Verteilung der Schäden und somit die Stärke des Bebens zu rekonstruieren. Beispielsweise ist das San-ho-Beben vom 2. September 1679, das größte seiner Art in der Nähe von Peking, in den Chroniken von 121 Städten erwähnt. Als moderne Forscher die Beschreibungen der Gebäudeschäden, der Risse im Untergrund und anderer geologischer Phänomene in der Nähe des Erdbebenherdes, neben Berichten über Erschütterungen an weit entfernten Orten, mit jüngeren Erdbeben verglichen, kamen sie zu dem Ergebnis, daß es von etwa derselben Größenordnung war wie das von San Francisco im Jahr 1906.

Trotz ihrer sorgfältigen Dokumentation aller Beben waren die chinesischen Gelehrten nicht in der Lage, wirklichen Einblick in die Ursachen der katastrophalen Erdstöße zu gewinnen. Die vorherrschende Denkweise verband Erdbeben mit anderen Plagen wie Überschwemmungen, Dürren und Pest und suchte die Quelle all dieser Unglücke in übernatürlichen Eingriffen.

Die religiöse Interpretation war auch unter den in den seismisch aktiven Regionen lebenden Völkern der Alten Welt weit verbreitet. Viele Hinweise auf längst vergangene Erdbeben finden sich in der Bibel

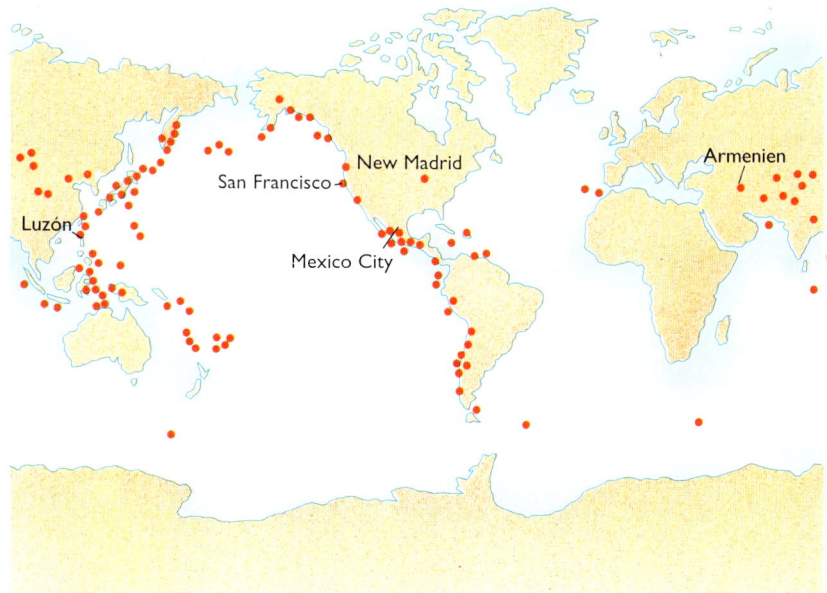

1.2 Die Epizentren schwerer Erdbeben von 1897 bis 1992.

und anderen religiösen Schriften dieser Zeit. Einige hervorstechende Ereignisse, wie der Fall der Mauern von Jericho oder die Teilung des Roten Meeres, sind als Folge von Erdbeben gedeutet worden, zumindest von denen, die nicht an wunderbare Einwirkungen glauben wollten. Das Buch Zacharias beinhaltet sogar die erstaunlich moderne Beschreibung einer Horizontalverschiebung in der Nähe eines Epizentrums:

»Und es wird sich der Ölberg in der Mitte nach Osten und Westen spalten, so daß eine große Schlucht entsteht; die eine Hälfte des Berges wird nach Norden und die andere Hälfte nach Süden zurückgehen.«

Verstanden hat man die physikalische Beziehung zwischen Gesteinsversetzungen und Erdbeben, wie sie in dieser Darstellung angedeutet ist, erst im 20. Jahrhundert. Doch die ersten Schritte hin zu einem eher physikalischen Verständnis der Erdbebenursachen sind bereits vor langer Zeit von den Griechen unternommen worden.

Die Vorstellungen im alten Griechenland

Die seismische Aktivität ist in Teilen des Mittelmeeres und den umliegenden Ländern sehr rege, und so wurden hier die ersten Versuche unternommen, natürliche Erklärungen für Erdbeben zu finden. In der Morgendämmerung der griechischen Wissenschaft begannen ihre Vertreter, statt der göttlichen, in Volksglauben und Mythen verankerten Beweggründe, physikalische Ursachen in Erwägung zu ziehen. Einer der ersten griechischen Schreiber, der wissenschaftliche Themen aufgriff, was Thales (etwa 624–546 vor Christus), der durch seine Erörterung des Magnetismus bekannt wurde. Thales war von der zerstörerischen Kraft der See stark beeindruckt – zweifellos geprägt vom Leben in seiner Heimatstadt Milet an der türkischen Westküste. Er glaubte, daß die Erdkugel auf den Ozeanen schwimmt und die Bewegungen des Wassers die seismischen Erschütterungen erzeugen. Dem gegenüber war Anaximenes (etwa 585–525 vor Christus) der Überzeugung, die Gesteine der Erde seien der Grund für die Erschütterungen. Gesteinsmassen, die in das Erdinnere fielen, würden andere Gesteine streifen und so einen Widerhall erzeugen. Eine weitere Schule, repräsentiert durch die Ideen von Anaxagoras (etwa 500–428 vor Christus), betrachtete das Feuer als Ursache für zumindest einige Beben.

Keine dieser fruchtbaren griechischen Ideen enthielt jedoch eine allgemeine, rationale Theorie der Erdbebenentstehung. Der erste Bericht dieser Art stammt von dem griechischen Philosophen Aristoteles (384–322 vor Christus). Die besondere Bedeutung von Aristoteles' Schriften liegt darin, daß er nicht irgendeine Erklärung in der Religion oder der Astrologie suchte – daß beispielsweise Erdbeben durch die besondere Konstellation von Planeten oder Kometen entstehen –, sondern seine Überlegungen statt dessen vor dem pragmatischen Hintergrund seiner Zeit anstellte. Er diskutierte die Entstehung von Erdbeben, indem er zunächst andere, häufig zu beobachtende Naturphänomene wie Blitz und Donner zum Vergleich heranzog und sich dann unterirdischen Vorgängen zuwandte, die mit aufsteigenden Dämpfen und vulkanischer Aktivität zusammenhingen. Wie viele seiner Zeitgenossen war Aristoteles davon überzeugt, daß ein „zentrales Feuer" im Erdinneren lodert, auch wenn die griechischen Denker sich über dessen Ursprung durchaus uneins waren. Nach Aristoteles' Theorie erzeugten unterirdische Hohlräume in der gleichen Weise Feuer, wie Sturmwolken Blitze produzierten. Diese Feuer würden rapide aufsteigen und bei Auftauchen eines Hindernisses mit Erschütterungen und Getöse gewaltsam durch das umgebende Gestein brechen. Eine spätere Variation dieser Theorie postulierte, daß die unterirdischen Feuer die Stützen der äußeren Erdteile wegbrennen. Der nachfolgende Kollaps der Höhlendecken würde die Stöße hervorrufen, die die Menschen als Erdbeben erleben. Aristoteles' Verbindung von unterirdischen und atmosphärischen Vorgängen und seine Ansicht, daß trockene und rauchige Dämpfe unter der Erde Erdbeben auslösen, wurden – wenngleich fälschlicherweise – bis in das 18. Jahrhundert weithin akzeptiert.

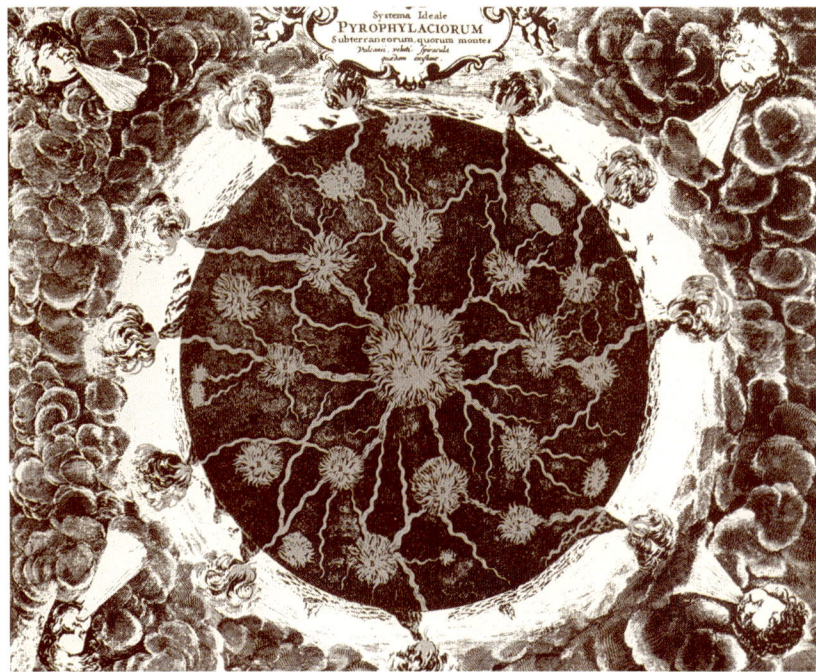

1.3 Eine frühe Ansicht des Erdinneren aus dem Jahr 1678. Der Schriftsteller Athanasius Kircher betrachtete die Erde als eine massive Kugel, durchzogen von Magmaröhren, die „Taschen" eruptiver Gase mit den vulkanischen Schloten an der Oberfläche verbanden.

In einem bedeutsamen Schritt hin zu einer physikalischen Erklärung der Erschütterungen klassifizierte Aristoteles außerdem die Erdbeben in Abhängigkeit davon, ob sie Menschen und Dinge hauptsächlich senkrecht oder transversal (diagonal) hin und her schüttelten und ob sie mit dem Entweichen von Dämpfen verbunden waren. In seiner *Meteorologica*, in der er eine Vielzahl von Naturphänomenen erklärte, heißt es: »Orte, deren Untergrund schlecht ist, werden stärker erschüttert, da sie große Mengen an Wind speichern.«

Seneca (4 vor Christus bis 65 nach Christus) erläutert in seinen *Quaestiones naturales* seine Theorie der Erdbebenursache und stellt sie den Theorien seiner Vorgänger gegenüber. Seine Arbeit war zum Teil durch das schwere Erdbeben in der italienischen Provinz Kampanien im Jahre 63 nach Christus angeregt worden. Seneca mutmaßte, daß die Erschütterungen die Folge von Vorgängen waren, durch die sich Luft ihren Weg in unterirdische Passagen bahnte. Wenn diese Luft komprimiert wird, entfacht sie wilde Stürme, die ausgedehnte Zerstörungen anrichten, wenn sie zur Oberfläche durchbrechen.

All diesen griechischen Erklärungen fehlte das theoretische Konzept der mechanischen Kräfte, die für die Auslösung von Beben vonnöten waren. Die Stärke der griechischen Wissenschaft lag in der Neugierde ihrer Anhänger, die sie dazu verleitete, Kategorien zu errichten und Vermutungen anzustellen. Ihre Schwäche war das Fehlen von Experimenten und von Instrumenten, mit denen quantitative Beobachtungen der Naturphänomene hätten durchgeführt werden können.

Die Aufklärung der Neuzeit

Von den Gebäudeschäden im Mittelalter gibt es viele Überlieferungen auf Holzschnitten oder Beschreibungen aus Tagebüchern, Briefen und Reiseberichten. Das Verständnis um den Zusammenhang zwischen geologischen Bewegungen und Erdbeben entwickelte sich im Laufe der Jahrhunderte jedoch nur zögerlich. Die Geologie blieb durch die gravierende Unkenntnis physikalischer Prinzipien in ihren Kin-

1.4 Dieser Holzschnitt von Herman Gall zeigt einen Kometen, der 1556 über Konstantinopel gesichtet worden war und als ein wundersames Vorzeichen zweier Erdbeben gedeutet wurde.

derschuhen stecken. Im 18. Jahrhundert brach unter dem gewaltigen Einfluß von Sir Isaac Newtons Werken über Wellen und Mechanik eine neue Ära heran. Auf der Basis seiner *Philosophiae Naturalis Principia Mathematica* konnten endlich alle terrestrischen Bewegungen, auch die von Erdbeben, vereint werden. Seine Gesetze über die Bewegung bildeten die physikalische Theorie zur Erklärung von Erdbebenwellen, und sein Gravitationsgesetz lieferte die Grundlage für das Verständnis der geologischen Kräfte, die das Bild der Erde prägen. Dieser unvermutete Fortschritt wird durch seine Erklärung für die Entstehung der Gezeiten illustriert: »Fluß und Rückfluß des Meeres entstehen aus den [Gravitations-] Kräften der Sonne und des Mondes.«

Dennoch, der alte Glaube an übernatürliche Kräfte als Ursache für Erdbeben hielt sich hartnäckig. Noch im Jahre 1750 nach Christus entschuldigte sich ein Autor in den *Philosophical Transactions* der Royal Society von London »bei denen, die sich vielleicht durch jedwede Versuche, Erdbeben natürlich zu erklären, verletzt fühlen«.

In der Mitte des 18. Jahrhunderts veröffentlichten Wissenschaftler und Ingenieure unter dem Einfluß der Newtonschen Mechanik die ersten Abhandlungen, in denen Erdbeben mit Wellen, die durch die Gesteine laufen, in Verbindung gebracht wurden. Diese Schriften widmeten sich insbesondere den geologischen Auswirkungen von Erdbeben wie Hangrutschungen, Bodenbewegungen, Meeresspiegelschwankungen und Gebäudeschäden. Wie schon die Griechen registrierten einige Beobachter, daß Bauwerke auf weichem Untergrund durch Beben gewöhnlich stärker geschädigt werden als solche auf festem Fels. Einige Interessierte fingen an, Erdbebenlisten zu führen und regelmäßig zu veröffentlichen, so daß K. E. A. von Hoff 1840 eine weltweite Erdbebenstatistik herausgeben konnte.

Selbst als in Europa das Zeitalter der Aufklärung anbrach und damit der Aufschwung der Wissenschaft einsetzte, wurden Erdbeben immer noch mit übernatürlichen Kräften oder den Mächten der griechischen Gelehrten in Verbindung gebracht. Die

Anhänglichkeit an überlieferte Theorien zeigt sich 1750 in der Reaktion der Gelehrten auf „das Jahr der Erdbeben", als London mehrmals durch Erdstöße erschüttert wurde. Am 8. Februar wurden die Menschen von einem Vorbeben auf die Straße getrieben, das die Fenster und das Mobiliar erschütterte. Einen Monat später brachte ein noch stärkeres Beben Schornsteine und ganze Häuser zum Einsturz und ließ die Kirchenglocken läuten. Die Beben lösten die Veröffentlichung von mehr als 50 Abhandlungen aus, die der Royal Society of London präsentiert werden sollten.

Eines dieser Werke, mit dem Titel *Some Considerations on the Causes of Earthquakes* („Einige Überlegungen zu den Ursachen von Erdbeben"), stammte von Reverend Stephen Hales, der in der Kirchenpolitik aktiv war und zu dem Kuratorium zur Gründung der amerikanischen Kolonie Georgia gehörte. Bereits 1727 hatte er *Vegetable Staticks* veröffentlicht, seit Isaac Newtons *Optics* die grundlegendste Arbeit in Europa und Grundstein für das Modell vom Fließen der Säfte in Pflanzen. Hales war ein kühner und geschickter Experimentator, und seine anregenden Darlegungen zollen Newton den gebührenden Respekt. Er beschrieb das Beben vom 6. März 1750 aus ganz persönlicher Sicht:

»Ich wurde in meiner im Erdgeschoß liegenden Wohnung geweckt und spürte, wie sich mein Bett hob, also mußte sich auch die Erde heben. Ein merkwürdig rauschendes Geräusch war im Haus zu vernehmen, das in einer lauten Explosion, gleich der einer kleinen Kanone, gipfelte. Die gesamte Dauer vom Beginn des Erdbebens bis zu seinem Ende betrug drei bis vier Sekunden.«

Hales' Erklärung für die Londoner Beben war der der klassischen Philosophen vieler Jahrhunderte zuvor dennoch recht ähnlich:

»Bei den jüngsten Erdbeben von London beobachten wir, daß vor ihrem Einsetzen meist ruhiges Wetter herrscht mit einer schwarzen, schwefligen Wolke, die – so Wind aufkäme – auseinandergeweht würde wie Nebel; solches hätte das Erdbeben verhindert, das vermutlich durch den explosiven Blitz aus dieser schwefelhaltigen Wolke angefacht wurde; sie war sowohl in Erdnähe als auch zu einer Zeit aufgetaucht, als schweflige Dämpfe in größeren Mengen als gewöhnlich von der Erde aufstiegen, was oft durch eine lange Periode heißen und trockenen Wetters hervorgerufen wird. Im Erdinneren aufsteigende, schwefelhaltige Dämpfe können vielleicht Feuer fangen und dadurch Erdblitze erzeugen, die zuerst an der Oberfläche entzündet werden und nicht in großen Tiefen, wie früher gedacht wurde, und deren Explosion die unmittelbare Ursache eines Erdbebens ist.«

Die wissenschaftliche Beschäftigung mit Erdbeben erhielt im Jahre 1755 einen wichtigen Anstoß, als am 1. November ein verheerendes Erdbeben die iberische Halbinsel heimsuchte. Die Auswirkungen dieses Erdbebens waren in vielen Teilen Europas zu spüren – Gottesdienstbesucher beobachteten, wie über ihnen die Kronleuchter zu schwingen anfingen. In Portugal und Spanien war es deutlich zu spüren, in vielen anderen europäischen Ländern waren die Auswirkungen weniger stark. Lissabon versank in Schutt und Asche, 60 000 Bewohner verloren ihr Leben, davon viele durch eine Reihe von Flutwellen, die zehn bis zwölf Meter höher waren als der normale Flutpegel und weite Bereiche der Stadt überschwemmten. Neuere Untersuchungen haben ergeben, daß das Epizentrum einige hundert Kilometer

südsüdwestlich von Portugal entlang der geologischen Struktur der „Azorenschwelle" lag.

Überlebende hinterließen Berichte über die Folgen des Bebens auf die Stadt Lissabon. Zunächst soll die Stadt heftig geschüttelt worden sein, und ihre hohen Türme »wogten wie ein Getreidefeld im Winde«. Dann folgte ein zweiter, längerer Erdstoß, bei dem sich an vielen Prachtbauten die Fassaden lösten, auf die Straße fielen und ein Trümmerfeld hinterließen – Gräber für diejenigen, die von herabfallenden Steinen getroffen worden waren.

»An manchen Stellen lagen Kutschen mitsamt ihren Herren, Pferden und Kutschern fast bis zur Unkenntlichkeit zermalmt; hier Mütter mit ihren Kindern im Arm; dort kostbar gekleidete Damen, Edelmänner und Handwerker; einige hatten gebrochene Rücken oder Beine, andere riesige Steine auf ihrer Brust; einige lagen fast gänzlich begraben unter den Trümmern.«

Wasser schoß den Fluß Tego hinauf und überschwemmte die Stadt mehrmals. In den Fluten kamen unzählige Menschen um und die unteren Teile der Stadt wurden zerstört. Zusätzlich brach nun in den Kirchen und Häusern Feuer aus. Die zahlreichen Brände vereinigten sich allmählich zu einer Feuersbrunst, die drei Tage lang wütete und die Sehenswürdigkeiten Lissabons zerstörte.

1.5 Ein zeitgenössischer phantasiereicher Druck zeigt die Zerstörung von Lissabon im Jahr 1755 durch ein Beben mit anschließendem Tsunami.

Die Zerstörung dieser wohlhabenden Hauptstadt, dem Hort christlicher Kunst und Kultur, traf den Glauben und Optimismus des Jahrhunderts in seinem Inneren. Viele einflußreiche Schriftsteller fragten nach dem Sinn solcher Naturkatastrophen. In seinem Roman *Candide* ließ Voltaire seinen Helden bei der Beobachtung des Lissaboner Erdbebens fragen: »Wenn dies die Beste aller möglichen Welten ist, wie müssen dann die anderen sein?«

Der Philosoph Jean-Jacques Rousseau bemühte sich, den Erdbeben etwas Gutes abzugewinnen. Er schlug vor, daß die Menschen zur Natur zurückkehren und im Freien wohnen sollten, damit ihnen die Erdbeben nichts anhaben könnten.

Das Erdbeben von Lissabon war für einen der ersten modernen „Väter der Seismologie", den britischen Ingenieur John Michell (etwa 1724–1793), eine wesentliche Quelle der Inspiration. In einer eindringlichen Abhandlung über Erdbeben aus dem Jahre 1760 diskutierte Michell die Erdbebenphänomene aus der Sicht der Newtonschen Mechanik. Über die Auslöser von Beben hingegen wußte er nur wenig. Er glaubte, daß »Erdbeben Wellen wären, die durch Gesteinsverschiebungen Meilen unter der Erdoberfläche ausgelöst würden.« Tatsächlich teilte er die Bewegungen während eines Erdbebens in zwei Gruppen: eine „zittrige" Vibration, gefolgt von einer „wellenförmigen Bewegung" der Erdoberfläche. Wie wir in Kapitel 2 sehen werden, kommt diese Beschreibung der Wirklichkeit schon recht nahe.

Michell kam zu dem Schluß, daß man die Geschwindigkeit der Erdbebenwellen aus ihren Ankunftszeiten an zwei verschiedenen Punkten errechnen könne. Auf der Basis von Augenzeugenberichten berechnete er die Geschwindigkeit der Wellen des Lissaboner Bebens auf etwa 500 Meter pro Sekunde. Michells Anstrengungen waren die ersten, wenn auch fehlerhaften Versuche einer solchen Berechnung.

Mit der fortschreitenden europäischen Besiedlung der Neuen Welt bestätigte sich, daß Erdbeben weltweit vorkommen und daß sie an den verschiedensten Orten, auch weit entfernt von Vulkanen, auftreten

können. Aufmerksamen Beobachtern hätte nicht entgehen dürfen, daß Aristoteles' Theorie der Erdbebenentstehung im Zusammenhang mit Vulkanen nicht mehr haltbar war. Dennoch hielt sich die Theorie hartnäckig.

Die europäischen Siedler erlebten ihr erstes starkes Erdbeben in der Neuen Welt am 5. Februar 1663. Das Beben ereignete sich so früh in der Geschichte der Kolonisation, daß die Berichte mißverständlich sind. Viele sind recht vage und berichten von Bergen, die niedergeworfen wurden und Wäldern, die in den St.-Lorenz-Strom glitten. Die aufschlußreichsten Berichte stammen von französischen Priestern, insbesondere von einem, der einige Jahre zuvor durch die am stärksten betroffene Region gereist war.

Es bestehen kaum Zweifel, daß es sich bei dem beschriebenen Ereignis um ein schweres Beben in der Nähe von Three Rivers (Trois-Rivières) in der kanadischen Provinz Quebec handelte, bei dem der Fluß durch riesige Hangrutschungen in eine Kaskade von Wasserfällen verwandelt worden war. Entlang des St.-Lorenz-Stroms gab es viele Hangrutschungen, und an manchen Stellen blieb das Wasser über Monate schmutzigtrüb.

Das Beben war auch in New England deutlich zu spüren. In Massachusetts Bay erzitterten die Häuser, Gegenstände fielen aus den Regalen, und Schornsteine stürzten ein. Wenn sich ein vergleichbares Beben in späteren Jahren ereignet hätte, wäre der Schaden an den Gebäuden zweifellos beträchtlich gewesen.

In der Zeit, als die nordamerikanischen Siedlungen Gestalt annahmen und die ersten Bildungseinrichtungen gegründet wurden, traten immer noch genügend Erdbeben auf, um lokal das wissenschaftliche Interesse an ihren Eigenschaften und Ursachen anzuregen. Eine Beitrag zu den Spekulationen lieferte auch Benjamin Franklin, der 1748 seinem Beruf als Buchdrucker und Schriftsteller den Rücken gekehrt hatte, um sich mehr der Wissenschaft zu widmen. Vielleicht angespornt durch den mit seinem berühmten Drachenversuch erbrachten Beweis der Existenz von

Elektrizität während eines Sturms vermutete Franklin, daß Elektrizität auch bei der Erdbebenentstehung eine Schlüsselrolle spielte. Darin stimmte er mit der 2000 Jahre alten Theorie von Aristoteles überein.

Am 18. November 1755 erschütterte eine Serie von Erdstößen das Gebiet östlich von Cape Ann in Massachusetts. In den Berichten wird das Hauptbeben zunächst als grollendes Geräusch mit anschließendem Wogen des Bodens geschildert, wobei man sich irgendwo festhalten mußte, um nicht zu Boden geschleudert zu werden. Die Zeitdauer wurde mit etwa drei Minuten angegeben. Die Stöße waren von Chesapeake Bay bis zum Annapolis River in der kanadischen Provinz Nova Scotia spürbar; Seeleute auf einem Schiff, das sich über 300 Kilometer östlich von Cape Ann befand, vermuteten zunächst, daß sie auf Grund gelaufen wären, als das Schiff von der Erdbebenwelle erfaßt wurde.

In Boston stürzten Wände und Schornsteine ein, und der Boden schien zu wogen »wie Strudel im Meer«. Mauern wurden umgeworfen und große Gebäude beschädigt. Wie in der damaligen Zeit üblich, folgten dem Beben Gottesdienste, in denen die Ereignisse als ein Zeichen von Gottes Mißmut über die menschliche Verderbtheit verstanden wurden.

Aber es gab auch Menschen wie John Winthrop IV., Professor für Mathematik und Naturphilosophie am Harvard College, der das Thema aus rationaler Sicht anging und sich durch seine Studien dieses Erdbebens einen bescheidenen Platz in der Geschichte der Seismologie eroberte. Als er die Erschütterungen spürte, sah er auf seine Uhr und schätzte die Dauer des Bebens auf drei Minuten. Winthrop versuchte, die Geschwindigkeiten der Bewegungen im Beben daraus zu errechnen, wie schnell die Ziegelsteine von seinem Schornstein fielen – eine schwierige Aufgabe! Dennoch beschrieb er die Bewegungen, die er während des Hauptbebens und der Nachbeben verspürt hatte, sehr präzise, »als den Durchzug einer kleinen Bodenwelle.«

Robert Mallet und das große Erdbeben in Italien im Jahre 1857

Das feste Fundament der modernen Seismologie wurde durch die Feldstudien von Robert Mallet gelegt. Das Beben vom 16. Dezember 1857 nahe Neapel in Süditalien erlaubte Mallet das ausführliche Studium seismischer Effekte. Während seines dreimonatigen Aufenthalts in dem betroffenen Gebiet erstellte Mallet einen Großteil der Grundlagen zur beobachtenden Feldseismologie, der in seinem grundlegenden Werk *The First Principles of Observational Seismology* („Grundprinzipien der Beobachtenden Seismologie") mündete. Der Tenor des Werkes kommt in diesem Zitat zum Ausdruck:

»Wenn der Beobachter zum ersten Mal seinen Fuß in eine vom Erdbeben erschütterte Stadt setzt, findet er sich inmitten eines heillosen Durcheinanders wieder. Er steigt über Massen von versprengtem Gestein und Mörtel, … , Häuser scheinen in allen Richtungen dem Erdboden gleichgemacht worden zu sein. Jede Gesetzmäßigkeit scheint aufgehoben. Nur durch das Ersteigen eines höhergelegenen Punktes kann man einen allgemeinen Überblick über das ganze Areal der Verwüstung gewinnen und dann durch geduldiges Untersuchen, Haus für Haus und Straße für Straße, jedes Detail analysieren, um abschließend festzustellen, daß dieses augenscheinliche Durcheinander nur oberflächlich herrscht.«

Mallet trug viel zu einer Kooperation zwischen den Ingenieurwissenschaften, der Geologie und der Mechanik bei, die in der Mitte des letzten Jahrhunderts allmählich entstand. Sein Ziel war, die Erdbebenstudien dem Ruch des Geheimnisvollen zu entreißen, indem er bei der Suche nach der geologischen Natur von Erdbeben physikalische und ingenieurwissenschaftliche Prinzipien anwendete. Er trug nicht nur entscheidend zu dieser Entwicklung bei, sondern prägte durch die Fertigstellung seiner fruchtbaren Arbeit auch einen Großteil des Vokabulars, das wir in diesem Buch verwenden werden.

1.6 Der irische Ingenieur Robert Mallet (1810–1881), einer der Begründer der Seismologie, im Jahr 1854.

tragungen einschließlich der Angabe von Ort und Auswirkung einen der ersten modernen Kataloge von Erdbeben. Auf der Grundlage dieser Aufstellungen wurden die ersten verläßlichen Karten mit Zonen vorhersagbarer Erdbebenauswirkungen erstellt.

Mallet ist auch der erste, der sich mit künstlich ausgelösten Erdbeben beschäftigt hat. Er zündete unterirdische Schwarzpulverladungen und zeichnete die Wellen auf, indem er einen Behälter mit Quecksilber beobachtete, der in einiger Entfernung von der Explosion aufgestellt war. Mit einer Stoppuhr maß er die Zeit zwischen der Explosion und den Wellen auf der Quecksilberoberfläche. Aus diesen Beobachtungen schloß er, daß Erdbebenwellen verschiedene Materialien mit unterschiedlicher Geschwindigkeit durchlaufen. Zum ersten Mal war klar, daß seismische Wellen in ihrer Fortbewegung von den physikalischen Eigenschaften der verschiedenen Gesteine beeinflußt werden. Er berechnete die Geschwindigkeit durch Sandboden auf 280 Meter pro Sekunde und durch Granit auf 600 Meter pro Sekunde (ein Wert, der zu niedrig liegt).

Im Glauben, daß Beben, wie das neapolitanische, durch vulkanische Tätigkeit erzeugt würden, lenkte er seine Aufmerksamkeit auf Regionen mit Vulkanen. Aus dieser Vorstellung einer möglichen explosiven Quelle (die, wie wir heute wissen, nicht zutrifft) leitete Mallet völlig richtig ab, daß die seismischen Wellen von einem Punkt, einem Fokus oder Erdbebenherd (Hypozentrum) ausgehen. Weiterhin gab er zu bedenken, daß seismische Wellen im Gestein den Schallwellen in der Luft ähnlich sind (das ist zumindest halbrichtig, wie wir in Kapitel 2 sehen werden). Er schloß daraus, daß die erste Bewegung des Untergrundes in diesem Fall stets vom Ursprungsort weggerichtet sein mußte. Das hieße, daß Gegenstände, die aus einer gewissen Höhe herunterfallen oder umgestürzt werden, die Richtung vom Bebenherd weg oder zum Bebenherd hin anzeigen und daß der Verlauf der Risse in Bauwerken die Laufrichtung der Wellenfront nachzeichnen müßte. Indem er diese Richtungen bis zu einem Kreuzungspunkt zurückverfolgte, versuchte Mallet, die Lage des Erdbebenherdes zu berechnen.

Robert Mallet eignete sich besonders gut als erster einer neuen Generation von Erdbebengelehrten. Er war ein irischer Ingenieur und bekannt für seine brillanten Planungen von Bahnhöfen, Brücken und anderen Bauwerken. Seine lebenslange Begeisterung für die Erforschung von Erdbeben entstand aus seinem Versuch, ein ingenieurwissenschaftliches Problem zu lösen, das mit der Torsion steinerner Säulen durch ein Erdbeben vor 1830 in Italien zusammenhing.

Mallet baute eine umfangreiche Bibliothek von Büchern, Zeitungsausschnitten und Zeitschriften über Erdbeben auf und erstellte mit über 6 800 Ein-

Wir wissen heute, daß – mehrere verschiedene Wellentypen vorausgesetzt – Mallets Methode, das Hypozentrum über heruntergefallene Gegenstände und Risse im Mauerwerk zu rekonstruieren, nicht funktioniert (Mauerrisse hängen im wesentlichen von der Bauart des Gebäudes ab). Dennoch war Mallet mit der Entwicklung und Anwendung von Methoden, mit denen er die Herdtiefe des neapolitanischen Beben auf etwa 10,4 Kilometer abschätzte, der erste, der aus direkten Beobachtungen auf den Ursprung der Bebenbewegungen rückschloß. Erst 50 Jahre später konnten Herdtiefen mit dem Einsatz moderner Seismographen einigermaßen genau bestimmt werden. Doch auch heute gibt es in vielen Fällen noch Schwierigkeiten.

Zwei entscheidende Erdbeben

Mallets Arbeit über Erdbeben fiel mit der heftigen Entwicklung von energischen geologischen Erkundungen zusammen. Viele Länder gründeten spezielle Organisationen, deren Aufgabe es war, Untersuchungen der Erde anhand der Kartierung geologischer Strukturen, der Klassifizierung von Fossilien und von Mineralanalysen durchzuführen. Hier seien zwei genannt, die entscheidend zu unserem Wissen über Erdbeben beigetragen haben: der U.S. Geological Survey (1879 gegründet) und der Geological Survey of India (1857 gegründet). Neben vielen seismologischen Errungenschaften haben sie beispielhafte Arbeiten über die schweren Beben in ihrem jeweiligen Land erstellt.

Eine der frühen Arbeiten des U.S. Geological Survey stammt von dem erfahrenen Geologen M. L. Fuller, der im Jahre 1912 die Überlieferungen von drei ungewöhnlich heftigen Erdstößen am Mississippi 100 Jahre zuvor (1811 und Anfang 1812) publizierte. Am 16. Dezember 1811 setzte eine Serie von Beben ein, die das Gebiet um New Madrid am südlichen Mississippi ein Jahr lang erschütterten. Das erste starke Beben ereignete sich am 16. Dezember, das zweite am 23. Januar und der heftigste Stoß am

7. Februar 1812. Zwischen dem 16. Dezember und dem 16. März wurden in der über 300 Kilometer entfernten Stadt Louisville 1870 solcher Erdstöße registriert – darunter acht schwere. Diese Abfolge ist ungewöhnlich; denn normalerweise folgt dem Hauptbeben (dem vielleicht einige leichtere Stöße vorhergehen) eine lange Serie kleinerer Nachbeben, die im Laufe der Zeit immer seltener werden.

Der registrierte Schaden erstreckte sich südlich von New Madrid über eine Fläche von 75000 bis 130000 Quadratkilometern entlang des Mississippi. Die betroffene Region schloß auch Teile des westlichen Tennessee und des nordöstlichen Arkansas ein. In Kentucky meldete der Naturforscher John Audubon, daß »sich der Boden in aufeinanderfolgenden Furchen hob und senkte wie das Wasser eines Sees. Die Erde wogte wie ein Kornfeld in der Brise.« Das schwerste Beben weckte Präsident Madison im Weißen Haus, brachte in Boston Kirchenglocken zum Läuten und ließ in Cincinnati Schornsteine in sich zusammenfallen.

Ein sehr auffälliges Phänomen war die Entstehung von „versunkenem Land": Ein Gebiet von 240 Kilometern Länge und 60 Kilometern Breite sank um ein bis drei Meter ab. Der Mississippi überflutete die Region, ließ neue Seen, Moore und sumpfige Totarme entstehen. Zu der Zeit entstand der Reelfoot See in Tennessee, der mit einer Ausdehnung von 13 mal 3 Kilometern auch heute noch von beachtlicher Größe ist. Augenzeugen berichteten, daß Wellen von mehreren Fuß Höhe die Erde aufgebrochen und parallel verlaufende Spalten hinterlassen hätten. Sand drang aus den Rissen im Boden nach oben und bildete Spalten und Krater. Dämpfe und Staub erfüllten die Luft und verdunkelten den Himmel. In den Wäldern entstand großer Schaden; viele Bäume wurden abgeknickt, andere ertranken durch die Landsenkung, und viele gingen ein, weil ihre Wurzeln beschädigt waren.

Zu der Zeit des Erdbebens, aber auch nach Veröffentlichung von Fullers Studie im Jahre 1912 war es ein geologisches Rätsel, warum dieser immense Ausbruch an Erdbebenenergie mitten auf dem Kontinent

1.7 Die Entstehung des Reelfoot Lake während der schweren Beben von New Madrid, Missouri; entnommen aus dem Bericht des Geological Survey in Kentucky, 1854–1855.

stattgefunden hatte – in einem Gebiet, das generell im Vergleich zu den Kontinenträndern seismisch relativ ruhig ist. Heute kennen wir die grundlegenden geologischen Ursachen für derartige spektakuläre Ereignisse und können sogar die durchschnittliche Zeitspanne zwischen den Beben abschätzen (mehrere tausend Jahre; siehe Kapitel 5). Dennoch gab es von Zeit zu Zeit unbegründete Vorhersagen, daß sich das Beben von 1811–1812 in New Madrid bald wiederhole. Die jüngste Prophezeiung von 1989 wurde von zahlreichen Zeitungen und Fernsehreportern aufgegriffen. Trotz zaghafter Aussagen fachkundiger Seismologen aus der Gegend führte die Vorhersage eines einzigen Nichtfachmanns zur Schließung von Schulen und anderen Einrichungen im Umkreis des vermuteten Epizentrums. Der vorhergesagte Tag und die Stunde, kamen und gingen ohne das kleinste Erzittern des Bodens.

1899 veröffentlichte der Geological Survey of India einen Bericht mit der Beschreibung eines der schwersten Beben, von denen wir detaillierte Aufzeichnungen haben: dem Erdstoß, der am 12. Juni 1897 die Provinz Assam erschütterte. Der vielbeachtete Bericht wurde im wesentlichen vom Leiter des indischen Geological Survey, R. D. Oldham, verfaßt, der später mit seiner Beweisführung berühmt wurde,

daß das Erdinnere einen ausgedehnten flüssigen Kern enthält (siehe Kapitel 6). Zu einem Meilenstein in der Geschichte der Erdbebenforschung wurde Oldhams Bericht wegen der sorgfältigen Beschreibung der Bebenintensität über ein großes Areal und ihr Einfluß auf die bodennahe Ausbreitungsgeschwindigkeit während des Bebens, sowie seiner Auswertung von Geräteaufzeichnungen der Bodenbewegungen. Oldham lieferte klare Beweise für die Hypothese, daß ausgedehnte Deformationen und Störungen der Gesteine das Erdbeben auslöste.

Das Beben von Assam konnte man in einem Gebiet von 4,5 Millionen Quadratkilometern spüren, auf etwa 23 000 Quadratkilometern hat es ein Bild der Verwüstung hinterlassen. Da das Gebiet dünn besiedelt und wenig bebaut war, starben „nur" ungefähr 1 000 Menschen. Trotz der geringen Zahl der Opfer deutet alles darauf hin, daß das schwere Beben fast eine Minute gedauert haben muß. Die Menschen schilderten, wie sie zu Boden geschleudert wurden, während heftige Auf- und Abbewegungen des Untergrundes große Gesteinsblöcke herausschleuderten, so daß sie nahezu ungestörte Höhlungen hinterließen. So, wie die Häuser bis zum Dach in den Untergrund einsanken, hatte sich der Sandboden wie eine Flüssigkeit verhalten.

Oldham schilderte auch, daß die Bewohner stark betroffener Gebiete sichtbare Wellenbewegungen des Untergrundes erlebt hatten, und er schätzte die Höhe dieser Wellen auf etwa 30 Zentimeter. Oldham berichtet:

»Im westlichen Teil des südlichen Ausläufers und im Umkreis der Arztquartiere bis zu einer Meile weiter entlang der Straße nach Mankachar, wo der Boden sandig und annähernd eben ist, sieht die Erdoberfläche aus, als wäre ein Dampfpflug darüber hinweg gegangen, der dabei die Krume aufgerissen und die Erdsoden in alle Richtungen geworfen hat, einige bergan, einige bergab, und in vielen Fällen hat er die Soden auf den Kopf gedreht, so daß nur noch die Wurzeln des Grases sichtbar waren.«

Fatale Hangrutschungen zerstörten über mehr als 30 Kilometer jeglichen Baumbewuchs. Das Abgleiten des lockeren alluvialen Untergrundes hinterließ viele große Spalten. Wasser und Sand ergossen sich in Fontänen auf die Ackerflächen und behinderten die Bauern später in ihrer Arbeit. Ein besonderes Phänomen war die Ausbreitung großer Störungen in alle Himmelsrichtungen: Die maximale relative Bodenverschiebung erreicht entlang der Chedrang-Störung einen vertikalen Versatz von fast zwölf Metern, wobei die östliche Scholle gegenüber der westlichen gehoben worden war.

In seinen Schlußfolgerungen wich der Bericht über das Assam-Beben von Oldhams ursprünglicher und vermutlich korrekter Hypothese wieder ab, daß das Beben durch tiefliegende Schubkräfte entlang einer Störung unter den Hügeln von Assam in Richtung auf den Himalaya ausgelöst worden war. Diese Hypothese hätte auch die extremen Verformungen der Gesteinsabfolge während der Überschiebung erklärt. Da das Gebiet nur schwer zugänglich ist, war das geologisches Kartieren seinerzeit sehr schwierig und die Hinweise im Gelände reichten nicht aus, um die Hypothese zu stützen. Doch bald schon ereignete sich in der westlichen Hemisphäre ein großes Erdbeben, wo der Zugang einfach und eine Reihe geologischer Messungen bereits vorhanden war.

Der Beitrag des San-Francisco-Bebens von 1906

Der Wendepunkt in unserem Verständnis der Erdbebenursachen erfolgte mit den Untersuchungen des Bebens, das am 18. April 1906 Zentralkalifornien erschütterte. Da es in der Region keine aktiven Vulkane gibt, erlagen die Geologen nicht der Versuchung, sich auf die alten Griechen mit ihren Untergrundexplosionen oder Vulkanstimuli zu besinnen. Hinzu kam noch, daß der Herd dieses Bebens unter einem leicht zugänglichen Gebiet lag, das Landvermesser bereits mit Festpunkten versehen hatten, so daß Entfernungen und relative Höhen bekannt waren. Diese sogenannten geodätischen Messungen erlaubten dem versierten Geologen die Kartierung der Bodenverformungen.

Zur Untersuchung des Erdbebens wurde die State Earthquake Investigation Commission unter Leitung von Professor Andrew Lawson von der University of California ins Leben gerufen. Die Wissenschaftler, die Lawson um sich versammelt hatte, verglichen die geodätischen Messungen, die vor dem Beben durchgeführt worden waren, mit denen nach dem Beben und untersuchten die Versetzungen an der Erdoberfläche. Ihr abschließender Bericht enthielt die fundamentale Theorie, die die Seismologie bis heute beherrscht. (Wir werden diese Theorie in Kapitel 4 ausführlich diskutieren.) Der Bericht kam zu dem Schluß, daß die schweren Bodenerschütterungen durch plötzliche Bewegungen an der von Lawson so getauften San-Andreas-Störung ausgelöst worden waren, einer Bruchzone im Grundgebirge, die sich späteren Kartierungen zufolge von der mexikanischen Grenze bis weit über San Francisco hinaus erstreckt. Die Gesteine in der Störungszone hatten nachgegeben, und der gesamte Block westlich der Störung war wenige Meter entlang der östlichen Scholle nach Norden geglitten. Die Bewegungen entlang der Störung erstreckten sich über eine Länge von mehr als 400 Kilometern, von San Juan Bautista, südlich der San Francisco Bay, bis zu einem Punkt etwa 250 Kilometer nördlich von San Francisco. Die

Spur dieses mächtigen Bruchs verlief nur wenig westlich der Golden Gate Strait.

Eine Vorstellung von der Stärke des Erdbebens bekommt man, wenn man sich vor Augen hält, daß es in einer etwa 180 000 Quadratkilometer großen Region spürbar war. Glücklicherweise waren nicht so viele Opfer zu beklagen, wenngleich man die genaue Zahl bis heute nicht kennt. Erste Berichte beziffern die Zahl der Toten auf etwa 700, spätere Schätzungen gehen jedoch von der drei- bis vierfachen Zahl aus.

Auch zukünftig werden Erdbeben von vergleichbarer Stärke die kalifornischen Metropolen treffen, daher ist es besonders wichtig, das Geschehen von 1906 zu kennen. San Francisco hatte damals 400 000 Einwohner. Es war in mehreren hektischen Bauphasen entstanden, so daß damals sowohl alte, als auch neue Gebäude dazugehörten, die ohne jegliche Berücksichtigung der Erdbebengefahr errichtet worden waren. Zahlreiche Holzbauten, viele in Billigbauweise, wechselten mit nicht oder nur teilweise bewehrten Ziegelbauwerken ab. Stabile Holz- und Mauerwerkskonstruktionen auf festem Fundament und solidem Untergrund waren relativ unbeschädigt. Ungünstigerweise befanden sich viele Gebäude in der Hafengegend am Ende der Market Street auf Marschland, das man durch die Ablagerung von Schutt auf den Schlickflächen der San Francisco Bay gewonnen hatte. Sie wurden schwer in Mitleidenschaft gezogen. Im Gegensatz dazu blieben die hochaufragenden Stahlskelettbauten, die bereits damals die Innenstadt prägten, durch die Erdstöße strukturell unbeschädigt. Der 19geschossige Spreckles-Bau und das neue 16geschossige Chronicle-Gebäude überstanden das Beben unbeschadet.

Der National Board of Fire Underwriters (Nationaler Verband der Feuerversicherungen) hatte bereits 1905 einen Bericht veröffentlicht, in dem er das Ausbrechen von Bränden in San Francisco für unvermeidbar hielt:

»Angesichts der außerordentlich großen Fläche, der großen Bauhöhen, der zahlreichen ungeschützten Öffnungen, der höchst feuergefährlichen Bauweise der Gebäude, des fast vollständigen Fehlens von Sprinkleranlagen ... und vergleichsweise schmaler Straßen ist die potentielle Gefahr sehr groß ... . In der Tat hat San Francisco bislang allen Versicherungstraditionen und Präzedenzfällen getrotzt, weil es noch nicht abgebrannt ist.«

Die Befürchtungen der Vereinigung wurden Wirklichkeit, als die vielen Brände, die dem Erdstoß in San Francisco folgten, sich zu einer Feuersbrunst vereinigten und in wenigen Tagen einen Großteil der Stadt niederbrannten.

Augenzeugenberichte aus der Zeit direkt nach der Katastrophe wurden in den Report der State Earthquake Investigation Commission aufgenommen. Professor Alexander McAdie, der Leiter des Wetteramtes in San Francisco, sagt beispielsweise: »Ich habe die Angewohnheit, neben meinem Bett des nachts meine geöffnete Uhr, mein am jeweiligen Tage aufgeschlagenes Notizbuch, einen Stift und eine Taschenlampe liegen zu haben. Immer in derselben Reihenfolge – Taschenlampe, Uhr, Buch und Stift.« Und er fuhr fort: »Ich erlebte die ersten starken Erdstöße, die etwa 40 Sekunden anhielten. Als ich aufwachte, erinnerte ich mich daran, den Minutenzeiger noch vor dem heftigsten Teil des Bebens abzulesen.« Professor Leuschner, Astronom an der University of California, meinte später, daß auf der anderen Seite der Bucht in Berkeley »das Erdbeben aus zwei Teilen bestand; der erste Teil dauerte nach meiner Zählung 40 Sekunden, während ich meine kleinen Kinder aus dem Haus trug.« Der interessierte Leser wird in dem Bericht der Kommission eine der faszinierendsten Beschreibungen finden, die je über die Auswirkungen von Erdbeben verfaßt worden ist, und er wird eine Menge darüber erfahren, was bei ähnlich schweren Beben zu erwarten ist.

Die Geologen und Ingenieure der Untersuchungskommission machten sich alle Mühe, sämtliche verfügbaren Informationen zusammenzutragen, um sowohl die Art der Erdbebenbewegungen als auch die Ursachen für die Gebäudeschäden zu ergründen.

1.8 Oben: Der Blick die Sacramento Street hinunter am Mittwoch, dem 18. April, nach dem Beben, aber noch vor der Feuers- brunst. Unten: Der Blick die benachbarte Market Street hinauf, nach dem Feuer.

Von großem Interesse war die Tatsache, daß sich die Schäden nicht einheitlich vom Epizentrum entlang der San-Andreas-Störung ausgebreitet hatten. In einigen Regionen konzentrierten sie sich, wie in den Städten Santa Rosa im Norden und San Jose im Süden, die in alluvialen Tälern oder Becken liegen, wo der weiche Boden die Erschütterungen noch verstärkte. In den meisten Bereichen des kalifornischen Great Valley war die Intensität der Stöße nicht so hoch, und doch gab es nennenswerte Ausnahmen. so wurden beispielsweise aus Los Baños beträchtliche Schäden gemeldet.

In Berkeley war die Mehrzahl der Ziegelschornsteine beschädigt oder eingestürzt, und die oberen Wände zahlreicher Ziegelgebäude waren heruntergefallen oder von Rissen durchzogen. Einige Stadtteile schienen gegen die Schäden immun gewesen zu sein, während in benachbarten Gegenden die Schornsteine herabstürzten. Die Gebäude auf dem Campus der University of California wiesen zum Beispiel keine großen Schäden auf. Nicht ein einziger Schornstein war geborsten – auch wenn einige Risse zeigten. Die geringe Intensität des Bebens auf dem Campus in Berkeley stand in krassem Kontrast zu den Ereignissen auf dem Campus der Stanford University in South Bay, wo die unbewehrten Ziegelgebäude einstürzten. Dieser Campus liegt zwar näher an der San-Andreas-Störung als Berkeley, aber Unterschiede in der Konstruktion und dem Bautyp spielten bei den Auswirkungen des Bebens zweifellos eine sehr große Rolle.

In Sacramento, der Hauptstadt des Staates Kalifornien, waren die Erdstöße weniger heftig. Der Anwohner Mr. Jones erzählt: »Ich wurde von dem Beben geweckt, stand auf, und dann erst erkannten meine Frau und ich, was los war.« In erheblicher Entfernung vom Zentrum der Schäden wurden Daten gesammelt, um die Frage beantworten zu können, wie weit sich diese zerstörerischen Wellen ausbreiten können. Aus Santa Barbara, 400 Kilometer weiter südlich, berichtete Mr. Dodge: »Ich wurde durch ein einziges knisterndes Geräusch im Haus aus meinem Halbschlaf gerissen. Keiner von uns dachte zu dem Zeitpunkt an ein Erdbeben. Mein Bett hatte sich

1.9 Das Natursteinmauerwerk der Stanford University, die sich etwa acht Kilometer von der aktivierten San-Andreas-Störung entfernt befindet, hielt dem Beben von 1906 nicht stand.

nicht spürbar bewegt.« Mr. J. D. Hooker, ebenfalls aus Santa Barbara, bemerkte zunächst einen schwachen und dann einen heftigeren Stoß, »dann einen Stoß, der Fenster und Türen zum Klappern brachte. Die Vorhänge wehten hin und her.« In Kapitel 7 werden wir auf die geologischen Ursachen für die Schwankungen der Bebenintensität und in Kapitel 9 auf die Bedeutung für den Bau erdbebensicherer Gebäude eingehen.

Eine der wichtigen Erkenntnisse aus diesem Erdbeben war, daß die meisten Bauwerke die Erschütterungen überstanden hatten, obwohl es zu dem Zeitpunkt noch keine Baubestimmungen gab, die speziell die Erdbebensicherheit betrafen. Vielmehr ging der größte Schaden in San Francisco auf das Konto des Feuers. Die Ingenieure lernten daraus, welche Bauweisen für erdbebengefährdete Regionen besonders geeignet sind.

Es gab noch weitere positive und grundlegende Ergebnisse. Eines war die sorgfältige Kartierung der Bebenstärke in der betroffenen Region, aus der das maßgebliche Nachschlagewerk über die Erdbebengefahr in der San Francisco Bay Area hervorgegangen ist. Eine der wichtigsten Konsequenzen aus den

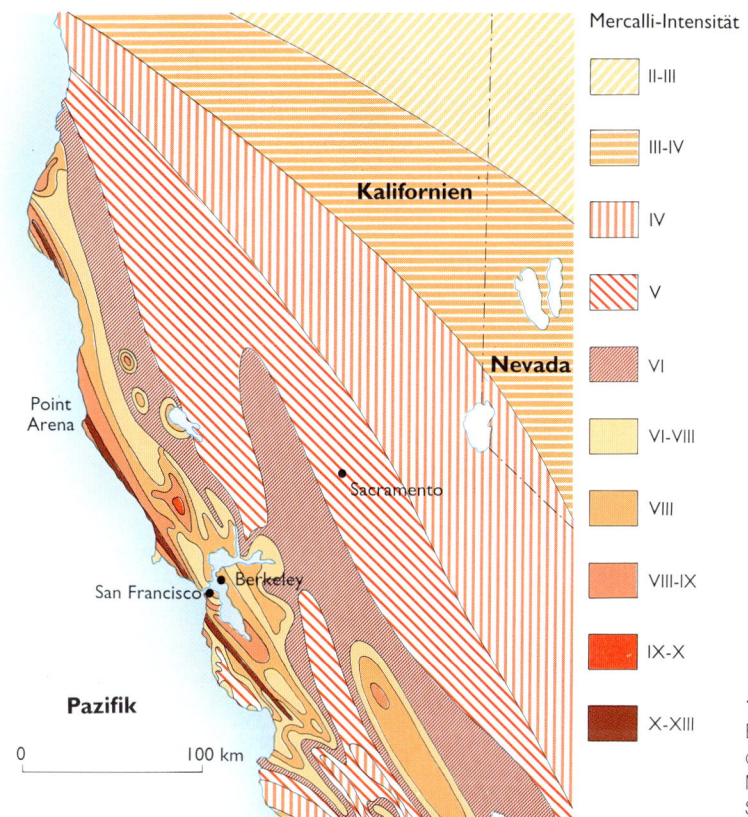

Mercalli-Intensität

	II–III
	III–IV
	IV
	V
	VI
	VI–VIII
	VIII
	VIII–IX
	IX–X
	X–XIII

1.10 Schraffuren kennzeichnen Gebiete gleicher Erdbebenstärke während des Bebens in San Francisco von 1906, klassifiziert nach der Modifizierten Mercalli-Skala (siehe Anhang). Der dünne braune Streifen höchster Intensität stimmt mit dem gerutschten Segment der San-Andreas-Störung überein.

gemachten Erfahrungen war schließlich die Gründung der Seismological Society of America, die vier Ziele verfolgt:

1. Die Förderung der seismologischen Forschung und der wissenschaftlichen Untersuchung von Erdbeben und seinen Begleiterscheinungen.
2. Die Gewährleistung maximaler öffentlicher Sicherheit.
3. Die Einbeziehung von Ingenieuren, Architekten, Unternehmern, Versicherungskaufleuten und Eigentümern, um die Gemeinschaft gegen Katastrophen infolge von Erdbeben und Erdbeben-Feuern zu schützen, und um zu zeigen, daß sicherheitsbewußtes Bauen durchführbar und wirtschaftlich ist.

4. Die Aufklärung der Öffentlichkeit anhand geeigneter Veröffentlichungen, Vorträge und ähnlichem, daß Erdbeben im wesentlichen dann gefährlich sind, wenn wir gegen ihre Auswirkungen keine geeigneten Vorbeugemaßnahmen ergreifen, zumal es möglich ist, sich durch intensives Studium der geographischen Verteilung und zeitlichen Abfolge in der Geschichte der einzelnen Phänomene und der Auswirkung auf Bauwerke gegen Schäden zu schützen.

Diese hochgesteckten Ziele bestehen immer noch; die Seismological Society of America ist nach wie vor aktiv und arbeitet mit ähnlich engagierten Gruppen im Ingenieurwesen, in der Architektur und der Öffentlichkeitsarbeit zusammen. Nach annähernd 90

Jahren bleiben diese weisen Ziele, die sich mittlerweile in den Anstrengungen zahlreicher weiterer Organisationen in der gesamten Welt widerspiegeln, das Herzstück unserer Bemühungen, um die Bedrohung der Menschheit durch Erdbeben zu verringern.

Das japanische Beben von 1923

In den zwanziger Jahren suchten die Wissenschaftler in den seismischen Ereignissen nach Regelmäßigkeiten, die auf den Ort zukünftiger Erdbeben hinzeigen könnten. Japan, wo die Seismologie bereits entwickelt war und erfahrene Wissenschaftler Buch führten, war das erste Land, für das Schätzungen der Erdbebenpotentiale gemacht wurden. Der Direktor des Seismological Institute of Japan Professor Fusakichi Omori (1868–1923), hatte die Verteilung schwerer Erdbeben auf der japanischen Hauptinsel Honshu studiert und schrieb 1922:

»Gegenwärtig verhält sich die unmittelbare Umgebung von Tokio seismisch ruhig, während in den Bergen um Tokio in einer Entfernung von durchschnittlich 60 Kilometern häufig Beben ausgelöst werden, die – obwohl man sie in der Hauptstadt deutlich fühlen kann – eigentlich harmlos sind, da die betroffenen Bereiche keiner größeren destruktiven seismischen Zone angehören. Im Laufe der Zeit wird die seismische Aktivität in diesen Gebieten allmählich ausklingen, während sie in der Bucht von Tokio zum Ausgleich wieder einsetzen und ein starkes Beben auslösen kann. So ein Erdbeben mit einem Epizentrum in einiger Entfernung von Tokio hätte halb-destruktive, lokale Auswirkungen.«

Diese bemerkenswerte Vorhersage war nur in einem Punkt falsch: Fusakichi Omori hatte die Stärke des Bebens unterschätzt, das kurze Zeit später genau die Region verwüsten sollte, für die er das Beben prophezeit hatte.

Etwa ein Jahr nach Omoris Äußerungen wurde die Sagami-Bucht (das Becken, das in die Bucht von

Exkurs 1.1: Wrights Imperial Hotel

Frank Lloyd Wright hatte sein Imperial Hotel mit 250 Zimmern als Sehenswürdigkeit für ausländische Besucher geplant. Als er sich während der Errichtung seines reichverzierten Gebäudes in Tokio aufhielt, erlebte er viele Erdbeben mit und notierte, daß »die Angst vor den Erschütterungen mich nie verließ, während ich das Gebäude plante«. Er wußte, daß der Standort des Hotels in einem Beben außerordentlich gefährdet sein würde, da etwa zwei Meter Boden über 20 Metern weichen Schlamms keinen festen Untergrund bildeten. Um dem zu begegnen, führte er eine Reihe von Neuerungen ein, darunter Streifenfundamente auf Fundamentverbreiterungen, welche durch kleine Gruppen kurzer Betonpfähle gestützt wurden, die im Abstand von jeweils ungefähr 60 Zentimetern entlang der Streifenfundamente eingelassen waren. Wright war überzeugt, daß sein Plan das Hotel auf dem unterlagernden Schlamm treiben ließe »wie ein Kriegsschiff auf dem Meer«. Statt unbewehrter Ziegelwände besaß das Imperial Hotel ein zweischaliges Ziegelmauerwerk, dessen Schalen im inneren Hohlraum durch Stahlanker in Ortbeton verbunden waren. Wright konstruierte die Wände des Erdgeschosses besonders mächtig und widerstandsfähig; die Wände der oberen Stockwerke verjüngten sich nach oben und enthielten weniger Fenster. Statt der typisch japanischen Dachziegel, die »bei Erdbeben bereits ungezählten Japanern das Leben gekostet hatten«, ließ Wright ein handgefertigtes, leichtes, grünes Kupferdach erstellen. Wright gehörte auch zu den ersten, die erkannten, daß die Verrohrungen und Verkabelungen bei Erdbeben zur Gefahr werden können. Um dieses Risiko zu vermindern, zog er die Rohre und Kabel des Hotels durch Gräben oder installierte sie freihängend, so daß »jede Störung die Rohre und Kabel schütteln und verbiegen, aber nicht zerreißen konnte«. Er plante auch den wunderschönen Pool vor dem Hotel, der im Fall eines Brandes als Wasserreservoir dienen sollte. Er erwies sich

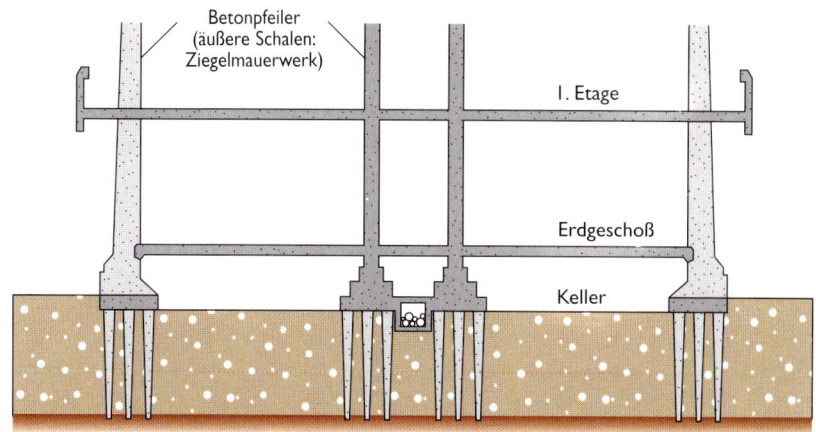

Betonpfeiler (äußere Schalen: Ziegelmauerwerk)

I. Etage

Erdgeschoß

Keller

Ein Schnitt durch das Imperial Hotel mit den Bodenplatten, die auf zentralen Pfeilern aufliegen und von Fundamentpfeilern gestützt werden, um den Einsturz zu verhindern.

als sehr nützlich, als das Imperial Hotel im Anschluß an das Kwanto-Erdbeben von 1923 durch Feuer bedroht wurde.

Das Imperial Hotel stand noch nach dem Beben von 1923, dem 5000 Häuser zum Opfer

Die Zeichnung einer frühen Version des mit 250 Zimmern ausgestatteten Imperial Hotels in Tokio. 1915 in Auftrag gegeben, wurde es von dem amerikanischen Architekten Frank Lloyd Wright so konstruiert, daß es Erdbeben widerstehen sollte, wie »ein Superschlachtschiff, das auf dem Schlamm treibt wie ein Kriegsschiff auf dem Meer«.

fielen, aber die Schäden und Risse innerhalb des Gebäudes hatten bedrohliche Ausmaße angenommen. Heutzutage weiß man, daß ausgedehnte Bauwerke auf weichem Untergrund auf tiefer Pfahlgründung und nicht auf Flachgründungen stehen sollten, wie Wright sie eingesetzt hatte. Wegen der kurzen Pfähle konnte das Imperial Hotel langsam in dem Schlamm versinken, während die obersten Meter des Bodens die seismische Bewegung verstärkten. Viele von Wrights Maßnahmen waren aber gut durchdacht und werden heute in erdbebengefährdeten Ländern angewandt.

Tokio übergeht) von einem der verheerendsten Beben seit Menschengedenken heimgesucht. Dieses Erdbeben, das nach der am schwersten betroffenen Provinz Kwanto-Beben genannt wird, ereignete sich am 1. September 1923 in der Mittagszeit, als die Straßen Tokios voller Menschen waren. Professor Akitune Imamura von der Tokyo University saß gerade im Seismologischen Institut auf dem Gelände der Universität, als der erste Stoß einsetzte:

»Zunächst waren die Bewegungen langsam und schwach, so daß ich sie nicht als Vorläufer eines derart großen Bebens ansah. Wie üblich fing ich an, die Dauer der Erschütterungen abzuschätzen. Sehr bald wurden sie stärker, und nach drei bis vier Sekunden fühlte ich den Schock wirklich sehr deutlich. Sieben oder acht Sekunden vergingen, und das Haus wackelte bedenklich, aber ich ging davon aus, daß diese Bewegungen noch nicht der Höhepunkt waren … . Die Bewegung steigerte sich sehr schnell in ihrer Intensität, und weitere vier oder fünf Sekunden später dachte ich, daß nun das Maximum erreicht sei. In dieser Zeit fielen ununterbrochen Ziegel mit Getöse vom Dach des Hauses, und ich fragte mich, ob das Gebäude standhalten würde.«

Die Erschütterungen waren durch den weichen Boden in den aufgeschütteten unteren Bereichen der Stadt verstärkt worden; die Oberstadt die auf festerem Grund steht, erlitt wesentlich geringere Schäden. Über die Hälfte der Ziegelbauten und zehn Prozent der Stahlbetongebäude wurden zerstört. Die mehr als 16 Stockwerke hohen Stahlskelettbauten hingegen blieben unbeschädigt. Andere Häuser wurden in sehr unterschiedlichem Maß in Mitleidenschaft gezogen, darunter auch das berühmte Imperial Hotel des amerikanischen Architekten Frank Lloyd Wright.

Obwohl das Epizentrum 91 Kilometer von Tokio und 64 Kilometer von Yokohama entfernt lag, waren die weitaus katastrophalsten Schäden in diesen beiden Städten zu finden. Nach den Erdstößen brachen in Tokio ungezählte Feuer aus, die, angefacht durch starke Winde, die Stadt völlig vereinnahmten. Noch vor Sonnenuntergang war eine Million der 2,5 Millionen Einwohner von Tokio obdachlos.

Die Zahl der Todesopfer belief sich in Tokio auf 68 000, wobei die meisten Menschen bei Bränden ums Leben gekommen waren. Auch große Teile von Yokohama waren niedergebrannt. Dort waren 33 000 Tote zu beklagen. Alle 5 500 Häuser in Odawara wurden praktisch dem Erdboden gleichgemacht, teilweise ebenfalls durch Brände. Im historischen Teil von Kamakura stürzten 84 Prozent der Häuser zusammen. Eine rund zwölf Meter hohe Flutwelle, ein sogenannter Tsunami, verursachte weitere Zerstörungen rund um die Sagami-Bucht. Die Gesamtzahl der Opfer in dem am schwersten betroffenen Gebiet belief sich auf fast 100 000, bei einer vergleichbaren Anzahl von Verletzten.

Untersuchungen des Erdbebens von 1923 durch japanische Ingenieure und Wissenschaftler, aber auch von ausländischen Spezialisten, die das Gebiet unmittelbar danach aufgesucht hatten, waren von größter Bedeutung. Zum Zeitpunkt des Bebens hielt sich Omori, der Präsident des Imperial Earthquake Investigation Committee, in Australien auf. Sein Stellvertreter im Tokyo Observatory war Imamura, ein ungewöhnlich talentierter Seismologe. Kurz nach seiner Rückkehr nach Tokio am 8. November starb Omori, so daß Imamura die Bürde der Leitung der Untersuchungskommission zufiel. Das Earthquake Investigation Committee handelte sofort und beauftragte Arbeitsgruppen mit der Untersuchung der seismologischen, geologischen und geodätischen Aspekte des verheerenden Bebens, aber auch der architektonischen, ingenieurtechnischen und sozialen Auswirkungen. Die Berichte der Arbeitsgruppen und Regierungsabteilungen wurden in einem umfangreichen fünfbändigen Werk herausgebracht, das heute eine wertvolle Informationsquelle über alle Aspekte eines schweren Erdbebens ist.

Diese inhaltsreichen Abhandlungen waren, für westliche Leser ungünstigerweise, in Japanisch verfaßt, und ihre Auswirkung auf die Seismologie und das mit Erdbeben befaßte Ingenieurwesen war deshalb stark eingeschränkt. Später erschien eine englische Übersetzung der wichtigsten Teile, so daß allmählich auch Nicht-Japanern die wissen-

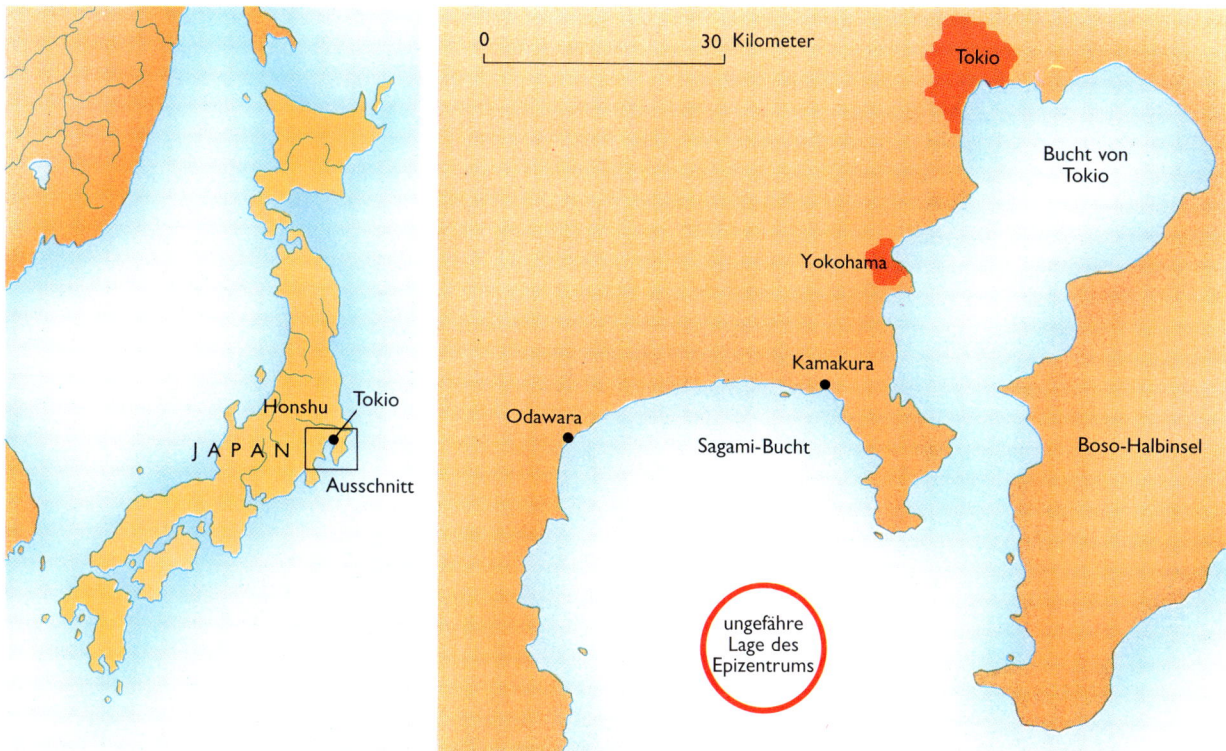

1.11 Die Region Japans, die durch das Kwanto-Beben von 1923 am stärksten in Mitleidenschaft gezogen worden ist und nach der das Beben benannt wurde.

schaftlichen Ergebnisse zugänglich gemacht werden konnten.

Unter den unzähligen Beobachtungen dieses Bebens in dem Werk gehören diejenigen über die Änderung der Tiefe der Sagami-Bucht zu den erstaunlichsten. Ein Bereich von 717 Quadratkilometern tiefte sich ein, an einer Stelle sogar um 230 Meter. Andere Teile wurden dagegen bis zu 270 Meter angehoben. Auf der Boso-Halbinsel, am Westrand der Sagami-Bucht und der Bucht von Tokio tauchten zahlreiche Störungen auf. Entlang dieser Störungen erstreckten sich über viele Kilometer vertikale Versätze von bis zu zwei Metern. Die Schätzungen der Erdbebenstärke beliefen sich auf etwa den gleichen Wert, den auch das Beben von San Francisco 1906 gehabt hatte. Die entsetzliche Verwüstung und die zahlrei-

chen Hauseinstürze führten zu intensiven Studien über verbesserte Bauarten erdbebensicherer Konstruktionen.

Heute ist in Japan angesichts der Möglichkeit eines neuerlichen schweren Erdbebens an der Westküste von Honshu, wo die Erschütterungen wiederum dicht bevölkerte großstädtische Regionen um Tokio und südlich von Osaka betreffen würden, das ganze seismologische Wissen gefordert. Es gibt in der Tat Anlaß zur Besorgnis: Der größte Teil Japans ist erdbebengefährdet.*

---

* Schneller als erwartet sind die Befürchtungen von der Wirklichkeit eingeholt worden. Das katastrophale Erdbeben um Kobe vom 17. Januar 1995 mit über 5 100 Toten, 25 000 Verletzten und 250 000 Obdachlosen hat deutlich gezeigt, daß die Bemühungen der Ingenieure um Schutz bei weitem nicht ausgereicht haben, die Auswirkungen eines solch starken Bebens (Magnitude 7,2) genügend zu begrenzen. Hier werden die Japaner, aber auch andere hochtechnisierte, erdbebengefährdete Nationen, umdenken und sich voller Bescheidenheit den Naturgewalten ein erneutes Mal stellen müssen. (Anmerkung der Übersetzerin)

Seismologie heute

Seit dem Zweiten Weltkrieg hat sich unser Wissen über nahezu jeden Aspekt von Erdbeben außerordentlich erweitert. Unsere Kenntnisse über die Erdbebenentstehung, die von dem amerikanischen Wissenschaftler H. F. Reid in seinen Arbeiten über das San-Francisco-Erdbeben von 1906 so umfassend begründet wurden, haben sich erweitert und vertieft. Zunächst einmal haben wir nun eine Theorie, die die Veränderungen der ganzen Erde berücksichtigt und die erklärt, warum schwere Beben an Orten wie Japan oder Kalifornien, niemals aber in der kanadischen Prärie oder den französischen Getreidefeldern auftreten. Diese geologische Theorie erklärt auch die Entstehung von Gebirgszügen, Vulkanen und Tiefseegräben sowie deren Verteilung auf der Erdoberfläche. Die Ergebnisse der Erdbebenforschung haben wesentlichen Anteil an der Formulierung eines solchen globalen Systems.

Wir werden sehen, wie die Erdbeben als eines der wichtigsten Instrumente zur Erkundung der Struktur und Dynamik des Erdinneren gedient haben. Wir können sogar soweit gehen und behaupten, daß die Seismologie das effektivste Werkzeug für die Erforschung des Erdinneren überhaupt ist. Erst seit kurzem lassen sich aufgrund von Erdbebenwellen Unterschiede in der Gesteinsdichte und -festigkeit erkennen, die allenfalls um zehn Prozent liegen. Die neuen Untersuchungen beruhen hauptsächlich auf der Methode der Tomographie, die eher aus der Medizin bekannt ist und bei der leistungsfähige Computer mit viel Speicherplatz zur Erstellung von Bildern unbekannter Regionen eingesetzt werden.

Um aus Erdbebenwellen zu lernen, muß man zunächst die Art der Erschütterung während eines Bebens verstehen. Es hat sich herausgestellt, daß sich Erdbebenwellen in ihrem Verhalten gegenüber von Wellen aus dem alltäglichen Leben, wie Schall-, Radio- oder Lichtwellen, unterscheiden. Dennoch sind sie durch ihren geologischen Ursprung und die strukturellen Veränderungen entlang ihres Weges geprägt und die Seismologen werden in der Auswertung der Wellenmuster spezieller immer empfindlicherer Seismographen, zunehmend einfallsreicher.

Zur Jahrhundertwende war in einem Überwachungsprogramm, das seinesgleichen sucht, ein weitgespanntes Netz von Seismographen über den gesamten Erdball installiert worden. Obwohl die meisten Menschen sich seiner Bedeutung nicht bewußt sind beziehungsweise es nicht einmal kennen, ist dieses Netz in den letzten Jahrzehnten immer weiter ausgebaut worden und stellt heute eine der größten wissenschaftlichen Errungenschaften dar. Mit Hilfe der Aufzeichnungen der Observatorien waren Forscher in der Lage, sowohl die Ursachen bestimmter Beben als auch ihre Pfade durch die Erdkugel abzuleiten. Sie haben auch gelernt, seismische Wellen natürlicher Beben von denen unterirdischer Nuklearexplosionen zu unterscheiden.

Erdbeben haben als Naturkatastrophen erhebliche Auswirkungen, die unseren immer dichter bevölkerten Planeten bedrohen. In der Hoffnung, diese Gefahr zu verringern, ist der Vorhersage der Intensität von Beben, die bewohnte Regionen und kritische Bauten treffen könnten, viel Aufmerksamkeit geschenkt worden. Diese Aufgabe gehört heute zu den dankbarsten Bereichen der Seismologie.

2

Seismische Wellen

2.1 Wasserwellen breiten sich auf einem Teich in kreisförmigen Rippeln aus. In ähnlicher Weise wandern seismische Wellen vom Erdbebenherd aus in alle Richtungen.

Am späten Nachmittag des Karfreitags 1964 erschütterte ein großes Erdbeben die schwach besiedelte Gebirgsregion am nördlichen Prince-William-Sund im südlichen Zentralalaska. Vom Erdbebenherd ausgehend breiteten sich Wellen aus und verursachten auf mehr als 20 000 Quadratkilometern Erdoberfläche erhebliche Schäden. Die größte Stadt in dem am stärksten betroffenen Bereich (der meizoseismischen Zone) war Anchorage – immerhin ungefähr 130 Kilometer vom Zentrum des Erdbebens entfernt.

Der Geologe John R. Williams erlebte das Beben auf der Couch seines Wohnzimmers im Hillside-Manor-Apartmenthaus:

»Zuerst bemerkten wir ein Rütteln des Gebäudes. Das anfängliche Beben dauerte vielleicht fünf bis zehn Sekunden. Dieses erste Schütteln wurde ohne jede merkliche Pause von einer starken rollenden Bewegung abgelöst, die von Ost nach West zu verlaufen schien. Nach ein paar Sekunden der starken rollenden Bewegung brachte ich meinen Sohn zu der in den Hausflur führenden Tür, öffnete sie, um zu verhindern, daß sie sperrte, und stand im Türrahmen. Ich blickte in die Eingangshalle und zurück in die Wohnung und bemerkte, wie die Mauersteine in den Innenwänden gegeneinander arbeiteten. Einige fielen auf die Straße, in die Wohnung und in den Flur. Ich packte meinen Sohn und lief zu einem parkenden Auto. Ich sah, wie der Gebäudekomplex in Ost-West-Richtung schwankte. Häuserblocks wackelten, der Boden hob sich, Bäume und Leitungsmasten schwankten stark. Das Hillside-Apartmenthaus war nicht mehr zu retten.«

Diese anschauliche Darstellung beschreibt die Bewegung bei einem Erdbeben: die Dauer und Amplitude von Wellen, das Muster der Wellenankunft und sogar die Richtung der Bodenbewegungen. Die Theorie der seismischen Wellen stimmt mit solchen Beschreibungen völlig überein.

Primäre und sekundäre Erdbebenwellen

Wellenbewegung ist uns vielleicht am ehesten durch die Beobachtung von Wasserwellen geläufig. Wirft man einen Stein in ein Wasserbecken, wird die Wasseroberfläche dort gestört, wo der Stein eintaucht, und Rippeln bewegen sich von diesem Punkt aus nach außen. Der Wellenzug wird durch die Bewegungen der Wasserpartikel in der Nähe der Rippeln hervorgerufen. Das Wasser fließt allerdings nicht wirklich in die Richtung, in die sich die Wellen bewegen: Ein Korken würde auf der Oberfläche auf- und abtanzen, sich jedoch nicht von seiner ursprünglichen Position entfernen. Der Impuls wird durch die kurzen Vorwärts- und Rückwärtsbewegungen der Wasserpartikel stetig an benachbarte Partikel weitergegeben. Auf diese Weise tragen die Wasserwellen Energie von dem Punkt, wo der Stein eindrang, zum Rand des Beckens, wo sie sich kräftig brechen. Erdbebenwellen verhalten sich ganz ähnlich. Das Rütteln, das wir wahrnehmen, ist die durch die Energie der seismischen Wellen ausgelöste Vibration des elastischen Gesteins.

Wenn man einem elastischen Körper, wie zum Beispiel auch Gestein, einen Stoß versetzt, entstehen zwei Arten von elastischen Wellen, die vom Ausgangspunkt nach außen wandern. Die erste Wellenart hat genau die gleichen physikalischen Eigenschaften wie Schallwellen. Bis hin zur Überschallgeschwindigkeit pflanzen sich Schallwellen in der Luft abwechselnd durch Kompression (Druck) und Dilatation (Zug) fort. Da Flüssigkeiten und festes Gestein genau wie Gase komprimiert werden können, wandert dieser Wellentyp auch durch Ozeane oder Seen und durch die feste Erde. Bei Erdbeben breiten sich diese Wellen vom Störungsbruch aus mit gleicher Geschwindigkeit in alle Richtungen nach außen aus. Dabei wird das Gestein wechselweise komprimiert und gezogen. Die Gesteinspartikel bewegen sich in Fortpflanzungsrichtung der Wellen vorwärts und rückwärts – also senkrecht zur Wellenfront. Der Versetzungsbetrag dieser Bewegung entspricht der

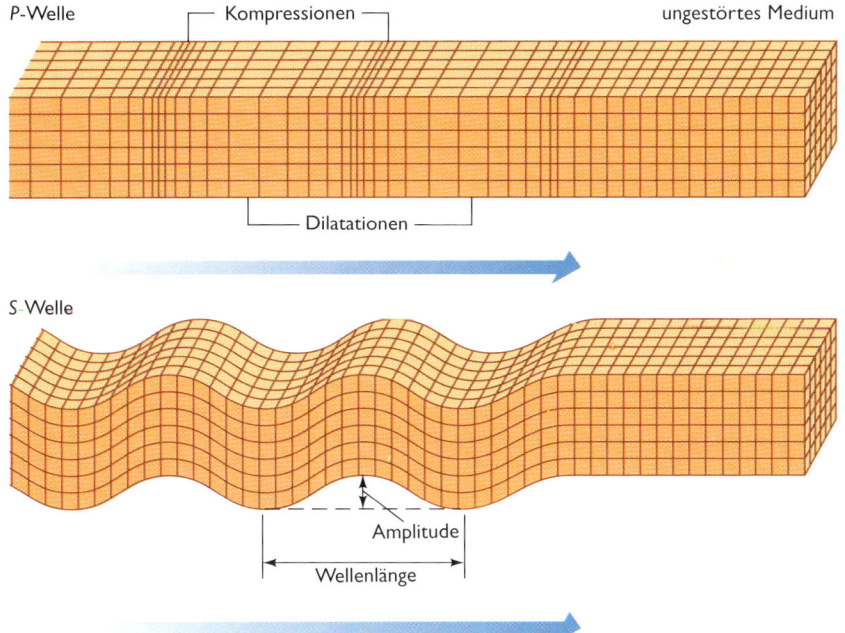

P-Welle — Kompressionen — ungestörtes Medium

Dilatationen

S-Welle

Amplitude

Wellenlänge

2.2 Formen elastischer Gesteinsbewegung während des Durchlaufs von P-(Primär-) und S-(Sekundär-)Wellen.

Amplitude. In der Seismologie heißt dieser Wellentyp P-Welle, für „Primärwelle".

Im Unterschied zu Luft, die komprimiert, jedoch nicht geschert werden kann, kann sich in elastischen Materialien eine zweite Wellenart, die das Material schert und biegt, fortpflanzen. Wird diese „Sekundärwelle" durch ein Erdbeben hervorgerufen, nennt man sie S-Welle. Das Gesteinsverhalten ist beim Durchlaufen von S- und P-Wellen sehr unterschiedlich. Da S-Wellen eher Scherbewegungen als Kompression hervorrufen, bewegen sie die Gesteinspartikel transversal (quer) zur Fortpflanzungsrichtung. Diese Gesteinsbewegungen können sowohl auf einer vertikalen als auch einer horizontalen Ebene stattfinden und ähneln den transversalen Bewegungen von Lichtwellen. Die Existenz von P-und S-Wellen läßt in Erdbeben eine interessante Kombination von Effekten entstehen, die im physikalischen Verhalten sowohl des Lichts als auch des Schalls fehlen.

S-Wellen können sich weder in Flüssigkeiten noch in Gasen fortpflanzen, da hier keine Scherbewegungen möglich sind. Dieser entscheidende Unterschied in den Eigenschaften von P- und S-Wellen kann genutzt werden, um flüssige Zonen tief im Erdinneren ausfindig zu machen (siehe Kapitel 6).

Lediglich S-Wellen zeigen ein als Polarisation bezeichnetes Phänomen. Die Polarisation von Licht ist jedem vertraut, der schon einmal polarisierte Brillengläser getragen hat, um so das Streulicht zu reduzieren. Nur solche Lichtwellen, die auf bestimmten Ebenen schwingen (vertikal, horizontal und so weiter), können eine polarisierte Linse passieren. Man spricht dabei von linearer Polarisation. Sonnenlicht, das durch die Atmosphäre dringt, ist nicht polarisiert, das heißt, es gibt keine bevorzugte Schwingungsrichtung der Lichtwellen. Durch die Wechselwirkung mit reflektierenden Oberflächen, wie etwa dem Ozean, durch Lichtbrechung (Refraktion) in Kristallen oder beim Durchdringen eines besonders präparierten Kunststoffs (beispielweise polarisiertes Brillenglas), kann dieses unpolarisierte Licht linear polarisiert werden.

Wenn *S*-Wellen durch die Erde wandern, treffen sie auf strukturelle Diskontinuitäten, an denen sie gebrochen oder reflektiert und ihre Schwingungen polarisiert werden. Ist eine *S*-Welle derart polarisiert, daß die Gesteinspartikel lediglich auf einer horizontalen Ebene schwingen, wird sie mit dem Symbol *SH* gekennzeichnet. Bewegen sich sämtliche Gesteinspartikel auf einer vertikalen Ebene, die die Fortpflanzungsrichtung einschließt, wird die *S*-Welle als *SV*-Welle bezeichnet.

Die meisten durch eine nicht allzu hohe Amplitude erschütterten Gesteine verhalten sich linear-elastisch. Das bedeutet, daß die Verformung infolge der einwirkenden Kräfte einer linearen Beziehung folgt. Dieses linear-elastische Verhalten gehorcht dem Hookeschen Gesetz, benannt nach dem britischen Mathematiker Robert Hooke (1635–1703), einem Zeitgenossen von Newton. Die lineare Beziehung bei der Ausdehnung beschwerter elastischer Federn ist in Abbildung 2.3 dargestellt. Wird das Gewicht verdoppelt, verdoppelt sich auch die Dehnung der Feder. Wird die Masse wieder entfernt, so kehrt auch die Feder in ihren Ausgangszustand zurück. In Analogie hierzu wird das Gestein als Reaktion auf eine größere Kraft während eines Erdbebens eine proportional größere Verformung erfahren. In den meisten Fällen wird sich diese in dem linear-elastischen Bereich abspielen und das Gestein am Ende des Bebens in seine ursprüngliche Position zurückkehren. Gelegentlich treten bei Erdbeben jedoch entscheidende Ausnahmen von diesem Verhalten auf. Setzen energiereiche Erschütterungen zum Beispiel in weichem Boden ein, sind die durch die Wellen verursachten Bodenversetzungen nicht immer reversibel. In diesen Fällen wird es schwieriger sein, die seismische Intensität vorherzusagen. Später werden wir auf diese kritischen, nicht linearen Effekte zurückkommen.

Die Bewegung einer Spiralfeder veranschaulicht in hervorragender Weise die wechselnden Energieformen in Gesteinen, die von seismischen Wellen durchlaufen werden. Die gesamte Energie ist zu jedem Zeitpunkt die Summe der elastischen Energie, die durch das Zusammendrücken oder die Dehnung

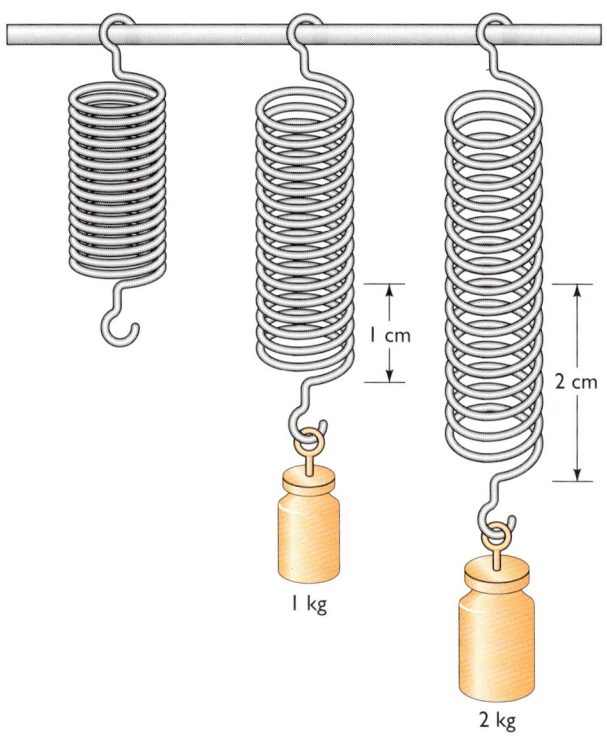

2.3 Wird das angehängte Gewicht verdoppelt, verdoppelt sich auch die Dehnung der elastischen Feder.

in der Feder entsteht, und der kinetischen Energie, die durch die Geschwindigkeit der Federteilchen freigesetzt wird. Für ein ideal-elastisches Medium ist die gesamte Energie konstant. Erreicht die Wellenamplitude ihr Maximum, ist die Energie vollständig elastisch, während sie rein kinetischer Natur ist, wenn sich die Feder im Gleichgewicht befindet. Wir haben angenommen, daß Reibungs- oder Streukräfte zu vernachlässigen sind, so daß sich das Auf- und Niedergehen unbegrenzt mit derselben Amplitude fortsetzen kann. Dies ist zugegebenermaßen ein idealisierter Zustand. Bei einem Erdbeben wird ein Teil der Wellenenergie durch die Reibung zwischen den sich bewegenden Gesteinpartikeln allmählich in Wärme umgewandelt. Folglich werden schwingende Körper wie die Erde schließlich zum Stillstand kommen, wenn nicht eine fremde Energiequelle hinzukommt. Messungen der Energiestreuung von Erdbebenwellen geben wichtige Hinweise auf die nichtelastischen Eigenschaften des Erdinneren. Neben den Reibungsverlusten gibt es aber auch noch eine andere Erklärung für das allmähliche Ausklingen eines Erdbebens.

Die sich sphärisch ausdehnende Schallwelle verliert mit zunehmender Entfernung an Intensität. In ähnlicher Weise wie bei Wasserwellen in einem Becken beobachten wir auf ihrem Weg eine Verringerung der Wellenhöhe oder Amplitude. Sie verringert sich, da sich die ursprüngliche Energie über einen stetig wachsenden Bereich ausbreitet und dabei eine Abschwächung erfährt, die als geometrische Dämpfung bezeichnet wird. Diese Art der Dämpfung schwächt auch seismische Wellen auf ihrem Weg durch die Gesteine der Erde. Abgesehen von besonderen Umständen wird jedes Erdbeben, je weiter es sich von seinem Ausgangspunkt entfernt, in seiner Intensität nachlassen.

Welleneigenschaften

Der reine Ton, der durch das Anschlagen einer Stimmgabel hervorgerufen wird, hat eine bestimmte Tonhöhe oder Frequenz. Diese Frequenz ist die Anzahl der sich in einer Sekunde komprimierenden und ausdehnenden Wellen oder – für Wasserwellen und andere Schwingungsarten – die Anzahl der in einer Sekunde ansteigenden und abfallenden Wellen. Frequenzen werden in Hertz, abgekürzt Hz, angegeben, einer Meßeinheit, die nach dem deutschen Physiker Heinrich Hertz benannt wurde, der 1887 als erster elektromagnetische Wellen erzeugte. Dabei entspricht ein Hertz einem Wellenzyklus pro Sekunde. Die Zeit zwischen den Wellenkämmen ist die Wellenperiode und ist gleich der reziproken Wellenfrequenz.

Menschen können Schallfrequenzen zwischen 20 und 10 000 Hertz wahrnehmen. Eine seismische *P*-Welle kann aus dem Oberflächengestein heraus in die Atmosphäre gebrochen werden. Falls es sich dabei um Frequenzen im hörbaren Bereich handelt,

empfinden wir sie als ein sich näherndes Grollen. Die meisten Erdbeben haben allerdings Frequenzen unter 20 Hertz, so daß sie in der Regel von Menschen eher gespürt als gehört werden.

Im einfachsten Fall ist die Welle eine harmonische Bewegung, eine Sinuswelle mit einer einzigen Amplitude und einer einzigen Frequenz (dargestellt in Exkurs 2.1). Die Wellenformen, die bei Erdbeben entstehen, sind jedoch weitaus komplizierter als so eine einfache Welle. Bei Erdbebenaufzeichnungen zeigt sich, daß die kurzen Wellenlängen die langen überlagern (siehe Abbildung 2.11). Ein mathematisches Modell, das 1822 erstmalig von dem französischen Physiker Jean Baptiste Joseph Fourier beschrieben wurde, besagt, daß komplexe Wellenzüge aus einer Mischung von harmonischen Wellen bestehen und als Summe von sinusförmigen Komponenten ausgedrückt werden können (Abbildung 2.4). Die höheren harmonischen Wellen haben Frequenzen, die ein Vielfaches der niedrigsten oder Grundfrequenz ausmachen. Das spürbare Beben des Bodens kann durch die rechnergestützte Anwendung der Fourier-Analyse auf die einzelnen harmonischen Wellen ausgewertet werden.

Der Wellenzug kann auch zeitlich versetzt sein, so daß die jeweiligen Wellenkämme nicht wieder zur selben Zeit oder am selben Ort erscheinen. Werden solche versetzten Wellen übereinandergelegt, erscheint ein anderes Muster komplexerer Wellenformen, obwohl die Komponenten bezüglich der Amplitude und Frequenz genau dieselben geblieben

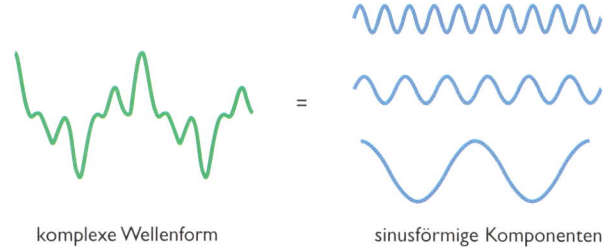

komplexe Wellenform = sinusförmige Komponenten

2.4 Aus der Überlagerung der drei einfachen Wellenformen auf der rechten Seite ergibt sich die komplexe Wellenform auf der linken Seite.

Exkurs 2.1: Wellenbewegung

Wellen können durch einige wenige Parameter beschrieben werden. Betrachten wir die einfache harmonische Welle, die unten als durchgezogene Linie mit einer Wellenhöhe y an einer bestimmten Position x und der Zeit t eingezeichnet ist. Nehmen wir weiter an, daß die maximale Wellenamplitude A und die Wellenlänge λ die Entfernung zwischen den Wellenkämmen ist.

Die Zeit, die eine vollständige Welle (das bedeutet von einem Wellenkamm zum nächsten) braucht, um eine Wellenlänge zu durchlaufen, wird die Periode T genannt. Folglich ist die Wellengeschwindigkeit v die Wellenlänge dividiert durch die Periode:

$$v = \frac{\lambda}{T}$$

Die Wellenfrequenz f ist die Anzahl der Wellendurchläufe pro Sekunde. Somit ist

$$f = \frac{1}{T}$$

Die tatsächliche Position einer Welle hängt von ihrer Lage relativ zur Ausgangszeit und der Entfernung zum Wellenzentrum ab. Betrachten wir die hellgrüne Linie in der Abbildung. Diese Welle läuft ein wenig vor der ersten Welle, sie befindet sich aufgrund der Verschiebung *außerhalb der Phase*.

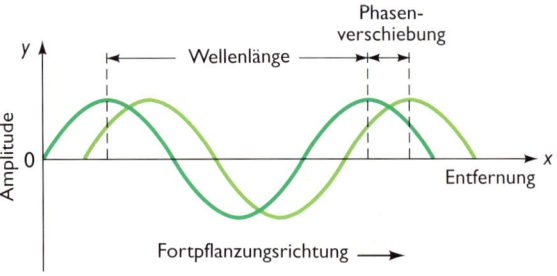

Die Phasenverschiebung zwischen zwei Sinuswellen.

sind. Diese Versetzung des Wellenzuges wird in einem wichtigen Parameter gemessen; die Wellenphase. Es handelt sich dabei um den Versatz zu ihrem Ausgangspunkt. Wie wir noch sehen werden, hat sie entscheidende Folgen für die Auswirkung von Erdbeben auf Ingenieurbauwerke.

Die Geschwindigkeiten von *P*- und *S*-Wellen

Als am 27. Oktober 1989 das Loma-Prieta-Erdbeben einsetzte, bemerkte ich bei mir zu Hause in Berkeley ein plötzliches Beben des Hauses und ich begann, die Sekunden zu zählen. Zehn Sekunden später wurden die Erschütterungen schlagartig sehr viel stärker – die *S*-Wellen hatten uns erreicht. *P*-Wellen kommen stets als erste vom Erdbebenherd aus an, da sie entlang desselben Weges schneller wandern als *S*-Wellen. Unter Berücksichtigung der Welleneigenschaften konnte ich daraufhin schätzen, daß der Ursprung dieses Erdbebens über 80 Kilometer entfernt lag.

Die tatsächliche Geschwindigkeit, mit der sich *P*- und *S*-Wellen fortbewegen, hängt von der Dichte und den spezifischen elastischen Eigenschaften der Gesteine ab. Bei linear-elastischem Verhalten hängt die Wellengeschwindigkeit, wenn die Bewegungsrichtung der Welle ohne Einfluß ist, lediglich vom Maß zweier elastischer Eigenschaften ab, den elastischen Modulen: dem Kompressionsmodul (K) und dem Schermodul μ des Gesteins.

Wird ein gleichmäßiger Druck auf die Oberfläche eines Gesteinswürfels ausgeübt, verringert sich sein Volumen. Das Maß für die Volumenänderung pro Volumeneinheit ist das Kompressionsmodul. Diese Art der Deformation ist die Folge von P-Wellen, wenn sie sich durch das Erdinnere fortpflanzen. Da sie lediglich Volumenänderungen verursachen, können sie sich sowohl in Flüssigkeiten als auch in festen Medien ausbreiten. Normalerweise steigt mit der Größe des Kompressionsmoduls auch die Geschwindigkeit der P-Welle.

Eine zweite Art der Deformation entsteht, wenn auf gegenüberliegende Seiten eines Gesteinswürfels gleich große, jedoch entgegengesetzte Tangentialdrücke ausgeübt werden. Die Form des Würfels wird durch Scherung deformiert, ohne daß sich sein Volumen ändert. Die gleiche Verformung erfolgt, wenn ein zylindrischer Gesteinskörper an seinen Enden durch gleich starke, entgegengesetzte Drücke verdreht wird. Je größer der Gesteinswiderstand gegen die Scher- oder Torsionskräfte ist, desto höher ist das Schermodul. Da sich S-Wellen durch die Scherung des Gesteins fortpflanzen, ist das Schermodul ein Maß für ihre Geschwindigkeit. Im Normalfall steigt die S-Wellengeschwindigkeit mit höherem Schermodul.

Die einfachen Formeln der P- und S-Wellengeschwindigkeiten finden sich in Exkurs 2.2. Sie sind im Einklang mit wichtigen, bereits erwähnten Welleneigenschaften: Da die Scherfestigkeit einer Flüssigkeit gleich null ist, ist die Geschwindigkeit von Scherwellen im Wasser ebenfalls gleich null, und da beide elastische Module stets positiv sind, wandert die P-Welle schneller als die S-Welle.

Aufgrund des hohen Druckes im Inneren der Erde steigt mit der Tiefe auch die Dichte des Gesteins. Somit ergibt sich aus der Stellung der Dichte im Nenner der Gleichung eigentlich, daß P- und S-Wellengeschwindigkeiten mit zunehmender Erdtiefe abnehmen. Es zeigt sich jedoch, daß das Kompressionsmodul und das Schermodul schneller zunehmen als die Gesteinsdichte. (Natürlich fällt das Schermodul auf null, wenn das Gestein zu schmelzen anfängt.) Wie wir in Kapitel 6 noch ausführlich diskutieren werden, nehmen daher die P- und S-Wellengeschwindigkeiten im allgemeinen mit der Tiefe hin zu.

Obwohl die elastischen Module für einen bestimmten Gesteinstyp konstant sind, können sie unter bestimmten geologischen Umständen in Abhängigkeit von der Richtung im Gestein merklich variieren. In diesem Fall, der sogenannten Anisotropie, haben P- und S-Wellen an verschiedenen Stellen unterschiedliche Geschwindigkeiten. Dieses anisotrope Verhalten gibt Aufschluß über geologische Gegebenheiten in der Erde und ist heute Gegenstand umfangreicher wissenschaftlicher Forschung. In der anschließenden Diskussion werden sich Erdbebenbewegungen jedoch auf die weitgehend vorherrschenden isotropen Bedingungen beschränken.

Die Auswirkung geologischer Strukturen auf Erdbebenwellen

Treffen Wasserwellen auf Begrenzungen wie eine steile Küstenlinie, werden sie an dieser Grenze reflektiert. Es entwickelt sich ein zurückströmender Wellenzug, der den einlaufenden Wellenzug kreuzt. Wenn Ozeanwellen im spitzen Winkel auf einen flachen Strand treffen, wandern die Wellen in geringerer Tiefe langsamer und bleiben hinter denen des tieferen Wassers zurück. Hieraus resultiert, daß sich die Wellen gegen das flachere Wasser krümmen. Die Wellenlinien drehen sich folglich nahezu parallel zum Strand, bevor sie brechen. Die Refraktion (Brechung) beschreibt den durch Veränderung der Geschwindigkeit hervorgerufenen Richtungswechsel einer Wellenfront aufgrund einer sich ändernden Fortpflanzungsbahn. Auch Licht wird durch Linsen und Prismen reflektiert und gebrochen.

Exkurs 2.2: Elastizitätsmodule und Wellengeschwindigkeit

Die Elastizität eines homogenen, isotropen, festen Körpers kann durch zwei Konstanten, K und μ, ausgedrückt werden. Beide sind als Kraft pro Fläche definiert.

K ist das Kompressionsmodul:

K_{Granit} etwa 27×10^{10} dyn/cm².
K_{Wasser} etwa $2,0 \times 10^{10}$ dyn/cm².

μ ist das Schermodul:

In Granit ist μ etwa $1,6 \times 10^{10}$ dyn/cm².
In Wasser ist $\mu = 0$.

Innerhalb eines elastischen Festkörpers der Dichte ρ können sich zwei elastische Wellen ausbreiten:

a) P-Wellen

Geschwindigkeit $\alpha = \sqrt{\left(K + \dfrac{4}{3}\mu\right)\Big/\rho}$

$\alpha_{\text{Granit}} = 5,5$ km/s.
$\alpha_{\text{Wasser}} = 1,5$ km/s.

b) S-Wellen

Geschwindigkeit $\beta = \sqrt{\mu/\rho}$

$\beta_{\text{Granit}} = 3,0$ km/s.
$\beta_{\text{Wasser}} = 0$ km/s.

Genau wie Schall-, Licht- oder Wasserwellen werden auch seismische Wellen an Grenzen reflektiert oder gebrochen (refraktiert), doch zeigen sie ein besonderes Verhalten, wenn sie auf eine reflektierende Fläche innerhalb der Erde treffen. Trifft zum Beispiel eine P-Welle in einem Winkel auf eine Grenzfläche, spaltet sie sich in eine reflektierte und eine gebrochene P-Welle auf. Genauso erzeugt sie aber auch eine reflektierte und eine gebrochene S-Welle. Der Grund liegt darin, daß die Stelle des Auftreffens an der Gesteinsgrenze nicht ausschließlich komprimiert, sondern auch geschert wird.

Mit anderen Worten, eine auftreffende P-Welle resultiert in vier transformierten Wellen. Die Ausbreitung von Wellentypen durch Umwandlung eines Wellentyps in einen anderen geschieht auch, wenn eine SV-Welle im Winkel auf eine innere Grenze trifft; es entstehen sowohl reflektierte als auch gebrochene P- und SV-Wellen. In diesem Fall sind die reflektierten und die gebrochenen S-Wellen stets vom Typ der

2.5 Die auf einen flachen Strand laufenden Ozeanwellen werden gebrochen und verlaufen schließlich parallel zu ihm.

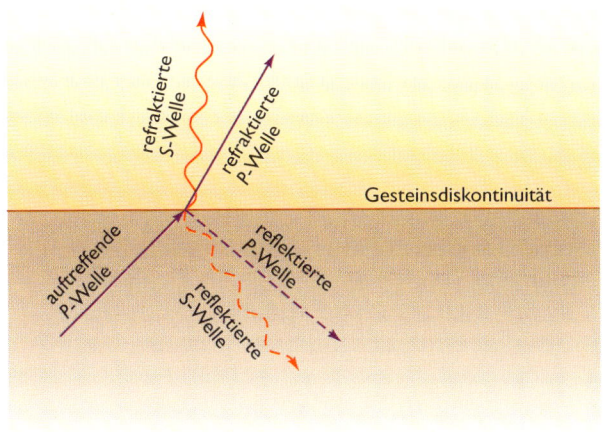

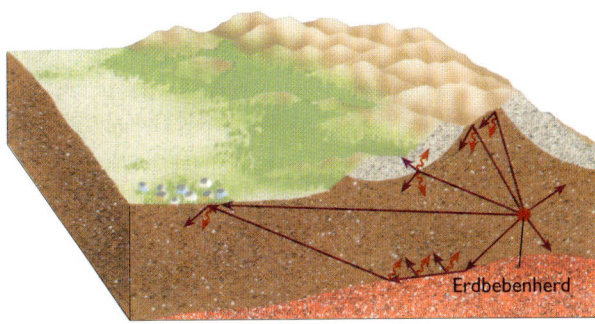

2.6 Oben: Die Reflektion und Refraktion einer *P*-Welle nach dem Auftreten auf die Grenze zweier Gesteinstypen. Unten: Der Fortpflanzungsweg seismischer *P*- und *S*-Wellen, die an geologischen Strukturen reflektiert und refraktiert wurden.

SV-Welle, und zwar aufgrund der Art und Weise, wie sich die Gesteinspartikel beim Eintreffen der einfallenden *SV*-Welle transversal auf einer vertikalen Ebene bewegen. Ist im Gegensatz hierzu die auftreffende *S*-Welle vom horizontal polarisierten *SH*-Typ, so daß die Partikel vorwärts und rückwärts aus der Ebene heraus, jedoch parallel zur Oberfläche der Grenzschicht schwingen, wird es an der Diskontinuität keine Kompression oder vertikale Versetzungen geben, die für die Entstehung von neuen *P*- und *SV*-Wellen notwendig wären. Aus diesem Grund gibt es dann nur eine reflektierte und eine gebrochene

Welle, beide vom *SH*-Typ. Wenn eine *P*-Welle senkrecht auf die reflektierende Grenze trifft, können aus physikalischen Gründen keine Scherkomponenten entstehen, so daß lediglich eine reflektierte *P*-Welle entsteht und niemals reflektierte *SV*- oder *SH*-Wellen. Diese Einschränkungen sind entscheidend für das umfassende Verständnis der Komplexität von Bodenerschütterungen und Voraussetzung zur Interpretation der Wellenmuster auf Seismogrammen.

Viele Auswirkungen von Erdbeben, auf die wir später in diesem Buch noch eingehen werden, können ohne weiteres durch die Reflektion und Refraktion von Wellen erklärt werden. Stellen Sie sich zum Beispiel eine *S*-Welle vor, die sich aus einem tief gelegenen Herd aufwärts zur Bodenoberfläche bewegt. Die Welle wird ihre Amplitude annähernd verdoppeln und ihre Energie an der Oberfläche vervierfachen, da hier die einfallenden und reflektierten Wellenzüge zusammentreffen. Diese Prognose steht im Einklang mit den Erfahrungen von Bergleuten, denen oftmals nicht bewußt war, daß ein Erdbeben stattgefunden hatte. Ein dramatischer Fall dieser Art ereignete sich 1976 während des vernichtenden Erdbebens von Tangshan in China. Unter Tage arbeitende Bergleute spürten ein schwaches Beben, bemerkten aber erst, daß etwas nicht in Ordnung war, als die Stromversorgung ausfiel. Als sie schließlich an die Oberfläche kamen, fanden sie zu ihrem Entsetzen die Stadt verwüstet vor; das Beben forderte mehr als 250 000 Menschenleben.

Die Verstärkung von Wellen kann ebenfalls für die schlimmen Beschädigungen an Bauwerken verantwortlich gemacht werden, die auf weichem, tiefem Boden, etwa alluvialen Talsedimenten, errichtet wurden. Spannen wir zwei zusammenhängende Sprungfedern, so wird die schwächere die größere Amplitude haben. Auf die gleiche Weise werden die Erschütterungen bei seismischen *S*-Wellen, die aus der Tiefe aufsteigen und von dem tieferen und festeren Gestein in weicheres Alluvium übergehen, um den Faktor vier und mehr verstärkt. Dies geschieht in Abhängigkeit von der Wellenfrequenz und der Mächtigkeit der alluvialen Schichten. Bei dem Loma-Prieta-Erdbeben, das Zentralkalifornien 1989 erschütterte, wurden auf Sand und auf künstlichen Aufschüttungen errichtete Gebäude im Marina-Distrikt erheblich stärker beschädigt als vergleichbare Bauwerke auf festem Untergrund in einiger Entfernung.

Das Erdbebenecho in der Tiefe

Durch die Reflektion und Refraktion von Erdbebenwellen kann die seismische Energie auch in einer geologischen Struktur, wie einem alluvialen Tal mit oberflächennahen und weicheren Gesteinen oder Böden, gefangen werden. Wie wir später noch sehen werden, erklärt diese Energiekonzentration schwere Schäden sowohl bei dem Mexico-City-Erdbeben von 1985 als auch dem Loma-Prieta-Erdbeben von 1989. Die Wirkung ist vergleichbar mit Schallwellen, die in einem geschlossenen Raum von Wand zu Wand widerhallen. Bei einem Erdbeben werden herannahende seismische P- und S-Wellen in das Tal hinein gebrochen, wo ihre Geschwindigkeit in den weniger festen Gesteinen abnimmt. Sie pflanzen sich unter dem Talboden fort, bis sie seine Ränder erreichen. Ein Teil der Energie wird in das Gestein der umliegenden Hügel abgelenkt, und ein weiterer Teil wird zurück in das Tal reflektiert. Auf diese Weise beginnen Wellen, wie Wasserwellen in einem Becken, hin und her zu wandern. Die unterschiedlichen P- und S-Wellen verflechten sich dabei ineinander: Die zurückkehrenden Wellenkämme durchdringen die ankommenden, was Veränderungen der Amplitude hervorruft. In diesen Fällen sind die Wellenphasen entscheidend, da sich die Energie bei sich kreuzenden Wellen gleicher Phase verstärkt. Durch diese „positive Interferenz" kann Erdbebenenergie auf bestimmten Wellenfrequenzen verstärkt werden. Die Konsequenzen wären katastrophal, wenn diese Entwicklung nicht durch geometrische Dämpfung der Wellen sowie durch Reibung des bebenden Untergrundes, die einen Teil der Energie in Wärme umwandeln, abgeschwächt würde.

Es gibt eine brauchbare Alternative, das Verhalten seismischer Wellen in einer geschlossenen geologischen Struktur zu studieren. Wie die kreuz und quer laufenden Wasserwellen in einem Becken bilden sich durch die Überlagerung seismischer Wellen soge-

2.7 Ein zusammengestürztes Apartmentgebäude auf dem künstlich angeschütteten Untergrund im Marina-Distrikt von San Francisco nach dem Loma-Prieta-Erdbeben von 1989.

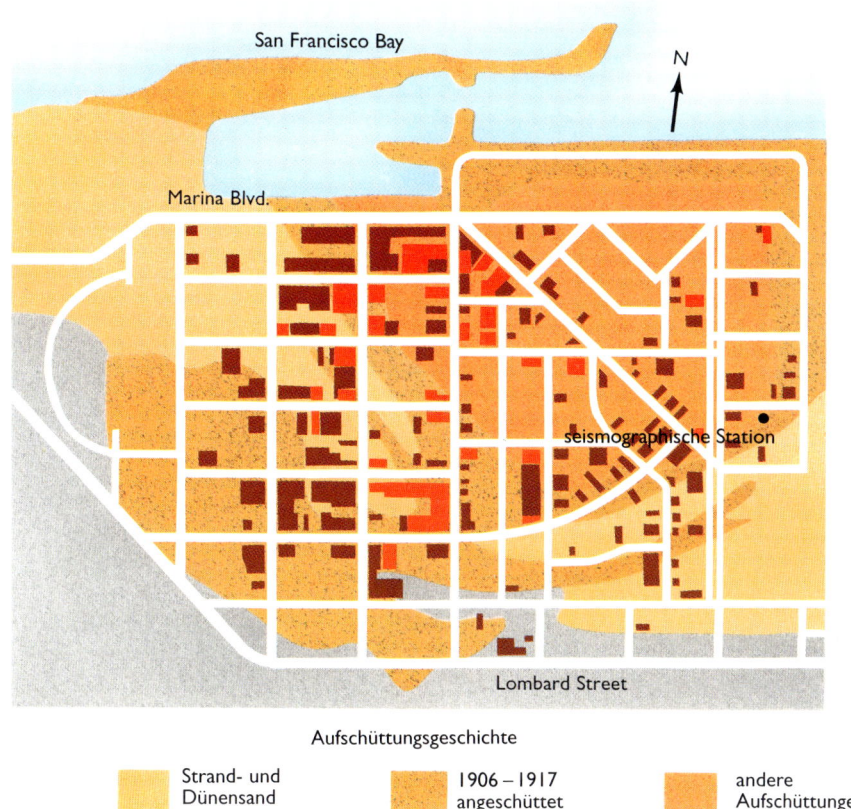

San Francisco Bay

N

Marina Blvd.

seismographische Station

Lombard Street

Aufschüttungsgeschichte

Strand- und
Dünensand

1906 – 1917
angeschüttet

andere
Aufschüttungen

2.8 Während des Loma-Prieta-Erdbebens von 1989 sackte der Boden des aufgefüllten Marina-Distrikts um mehr als zwölf Zentimeter ein. Dort, wo der angefüllte Boden alte Sande überlagerte, wurden die Häuser am stärksten beschädigt. Zerstörte oder teilweise beschädigte Gebäude sind rot eingezeichnet. Geringer beschädigte, jedoch unbewohnbare Gebäude sind dunkelbraun gekennzeichnet. Der schwarze Punkt markiert die Stelle, an der ein Seismograph für die Aufzeichnung von starken Bodenbewegungen aufgestellt wurde, um Erschütterungen des weichen Untergrundes mit denen im nahegelegenen festen Gestein vergleichen zu können.

nannte „stehende Wellen": Wenn man sie wahrnehmen kann, scheinen diese Wellen still zu stehen, während die Bodenoberfläche ausschließlich auf und ab vibriert. Auf die gleiche Weise werden stehende Wellen erzeugt, wenn die Saite eines Musikinstruments, etwa einer Harfe, gezupft wird. Typisch für Erdbeben sind die in einem Tal oder ähnlichen Strukturen erzeugten stehenden P- und S-Wellen vieler verschiedener Frequenzen und Amplituden. Hierdurch können weichere Böden das Beben auf vielen Frequenzen verstärken und dabei, wie in der musikalischen Analogie, zahlreiche Obertöne oder Oberschwingungen produzieren. Wenn es in einer Gegend genügend Seismographen gibt, können diese Obertöne zuweilen aufgezeichnet werden.

Manchmal können Erdbeben die gesamte Erde wie eine Glocke zum Klingen bringen. Seit dem 18. Jahrhundert haben Mathematiker die Vibrationen einer elastischen Kugel analysiert; 1911 postulierte der englische Mathematiker A. E. H. Love, daß eine Stahlkugel von der Größe der Erde eine Grundschwingung mit einer Periode von ungefähr einer Stunde habe und es Obertöne mit kleineren Perioden gäbe. Mehr als ein halbes Jahrhundert nach Loves Vorhersage wurde immer noch bezweifelt, daß Erdbeben auch von großer Stärke genügend Energie hätten, den Planeten zum Schwingen zu bringen, um diese „tieftonige seismische Musik" in unserer Erdkugel zu erzeugen. Stellen Sie sich die Überraschung unter den Seismologen vor, als nach dem massiven

35

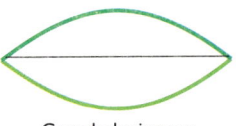   

Grundschwingung   erste Oberschwingung   zweite Oberschwingung   dritte Oberschwingung

2.9 Verschiedene Schwingungsformen einer elastischen Saite.

chilenischen Erdbeben im Mai 1960 zum ersten Mal die wenigen langperiodisch aufzeichnenden Seismographen, die global im Einsatz waren, eindeutig extrem lange Wellenperioden aufzeichneten, die über viele Tage andauerten! Die längste aufgezeichnete Vibrationsperiode betrug 53 Minuten und lag damit im Bereich der 60 Minuten von Love. Analysen dieser Daten erbrachten den ersten Beweis, daß die theoretisch vorhergesagte freie Vibration der Erde wahrhaftig erzeugt worden war.

Wenn sich ein Erdbebenherd seiner Energie einmal entledigt hat, setzen die resonanten Schwingungen der Erdkugel ihren eigenen Weg mit Frequenzen fort, die ausschließlich von den Eigenschaften des elastischen Globus selbst abhängen. Die exakte mathematische Analogie ist erneut das gezupfte Saiteninstrument, dessen musikalische Harmonien ausschließlich von der Länge, Dichte und Spannung der gezupften Saite abhängen. Das wußten die Griechen schon vor mehr als 2 000 Jahren. Solche freien Oszillationen werden Eigenschwingungen genannt. So hängt auch die Eigenschwingung der angeregten Erde von den Dimensionen ihrer geologischen Strukturen, der Dichte und der elastischen Module ihres Inneren ab.

Bei einer elastischen Kugel unterscheiden wir lediglich zwei Arten von Eigenschwingung. Eine Art, T-Modus oder Torsionsschwingung genannt, betrifft lediglich die horizontale Verformung der Gesteine: Die Gesteinspartikel schwingen auf einer Kugeloberfläche vor und zurück – auf der Erdoberfläche selbst oder einer inneren „Schale". Bei der zweiten Art, dem S-Modus oder der sphäroidalen Schwingung, führen die Elemente der Kugel Bewegungen sowohl entlang des Radius als auch in horizontaler Richtung aus.

In der jüngsten Zeit haben Messungen der durch große Erdbeben entstandenen S- und T-Eigenschwingungen völlig neue Möglichkeiten eröffnet, den physikalischen Aufbau des Erdinneren zu erschließen, ein Thema, auf das wir in Kapitel 6 noch zurückkommen werden.

Oberflächennahe Erdbebenwellen

Die Gesteinsbewegungen, die erzeugt werden, wenn P- und S-Wellen die freie Erdoberfläche oder Grenzen einer geschichteten geologischen Struktur erreichen, lassen unter bestimmten Umständen andere Arten sich fortpflanzender seismischer Wellen entstehen. Die wichtigsten dieser Wellen nennt man Rayleigh- und Love-Wellen. Beide Wellenarten laufen entlang der Erdoberfläche; die Gesteinsbewegung verringert sich mit der Tiefe gegen null. Die Energie dieser Oberflächenwellen wird entlang und nahe der Oberfläche gebunden; andernfalls würden sie abwärts in die Erde reflektiert und wären an der Erdoberfläche sehr kurzlebig. Diese Wellen verhalten sich analog zu den Schallwellen, die sich an den Wänden von „Flüstergewölben", wie in der Kuppel der St. Paul's Cathedral in London, entlang bewegen. Nur wenn man das Ohr an die Wand legt, kann man ein Flüstern von der gegenüberliegenden Wand hören.

Love-Wellen sind der einfachste Typ seismischer Oberflächenwellen. Sie wurden nach A. E. H. Love benannt, der sie 1912 als erster beschrieb. Wie in Abbildung 2.10 dargestellt, verformt dieser Wellentyp das Gestein wie eine SH-Welle, in der keine ver-

Love-Wellen

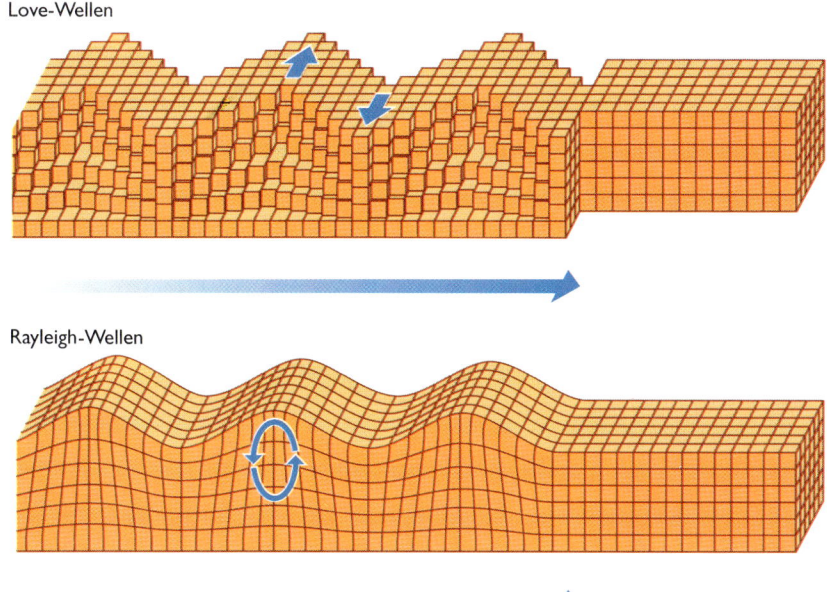

Rayleigh-Wellen

2.10 Die oberflächennahen Arten der Gesteins-bewegung beim Durchlauf von Love- und Rayleigh-Wellen.

tikale Versetzung auftritt. Das Gestein bewegt sich vielmehr auf einer horizontalen Fläche im rechten Winkel zur Fortbewegungsrichtung von einer Seite zur anderen. Obwohl Love-Wellen keine vertikalen Bodenbewegungen erzeugen, können sie bei einem Erdbeben zu den zerstörendsten Wellen gehören, denn sie verfügen häufig über große Amplituden, die unter den Gebäudefundamenten horizontale Scherungen auslösen und damit größte Schäden anrichten können.

Rayleigh-Oberflächenwellen rufen hingegen ganz andere Bodenbewegungen hervor. 1885 zuerst von Lord Rayleigh beschrieben, sind dies die Erdbebenwellen, die den Wasserwellen am ähnlichsten sind. Rayleigh-Wellen werden durch sich vorwärts, aufwärts, rückwärts und abwärts bewegende Gesteinspartikel ausgelöst und beschreiben dabei elliptische Bahnen auf einer vertikalen Fläche, auf der sich die Welle fortpflanzt. Die Geschwindigkeiten von Love- und Rayleigh-Wellen sind stets geringer als die der P-Wellen und gleich oder geringer als die der S-Wellen.

Da diese Wellenarten den entsprechenden Bodenbewegungen ähnlich sind, können Rayleigh-Wellen als Gegenstück zu den stehenden sphäroidalen S-Modi und Love-Wellen als Gegenstück zu den T-Modi angesehen werden.

Die Reihenfolge von Erdbebenwellen

Aufgrund ihrer unterschiedlichen Geschwindigkeiten kommen die verschiedenen seismischen Wellen in bestimmter Reihenfolge an. Damit läßt sich erklären, was wir spüren, wenn der Boden während eines Erdbebens zu vibrieren beginnt. Aufnahmegeräte ermöglichen uns heute, die Muster der Bodenbewegung darzustellen (Abbildung 2.11).

Die ersten Wellen, die in einer bestimmten Entfernung vom Erdbebenherd ankommen, sind die „Druck

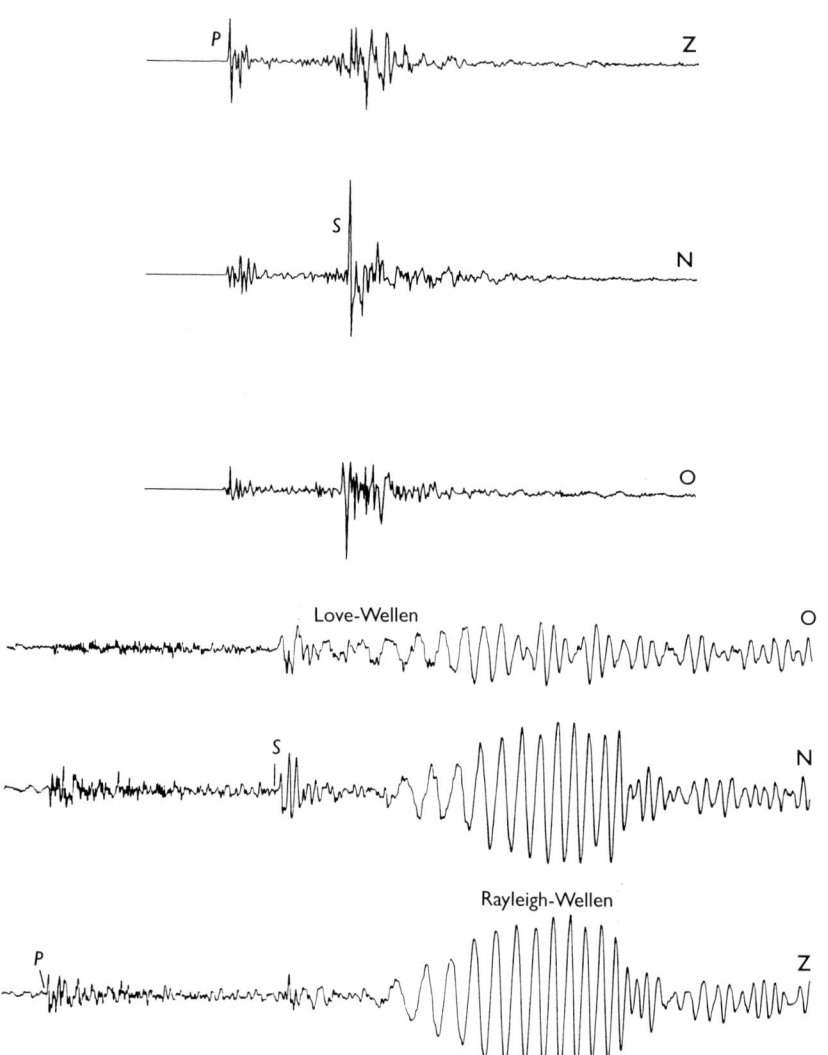

2.11 Es gibt erhebliche Unterschiede zwischen Seismogrammen eines lokalen, in Japan aufgenommenen Mikrobebens (Magnitude 1,8, die obersten drei Wellenlinien) und Seismogrammen eines in Deutschland registrierten mittelschweren Erdbebens in der norwegischen See (Magnitude 5,1, die untersten drei Wellenlinien). Dennoch ist die Reihenfolge des Eintreffens der Wellen die gleiche (wenn auch aus dem Mikrobeben keine Oberflächenwellen resultierten). Jedes Erdbeben ist durch drei Seismogramme dargestellt, von denen auf jedem eine andere Bewegungsrichtung aufgenommen ist: Ost-West (O), Nord-Süd (N) und vertikal (Z).

und Zug" *P*-Wellen. Sie erreichen die Oberfläche stets in einem steilen Winkel und rufen daher vertikale Bodenbewegungen hervor. Diesen vertikalen Stößen ist einfacher zu widerstehen als horizontalen Erschütterungen, so daß *P*-Wellen im allgemeinen nicht so große Zerstörungen anrichten. Da sich die *S*-Wellen nur halb so schnell wie die *P*-Wellen fortpflanzen, erfolgt erst einige Zeit später das zweite, jetzt vergleichsweise heftige Beben. Es entsteht aus transversal verlaufenden *SV*- und *SH*-Bewegungen in

einer horizontalen und einer vertikalen Ebene. Diese *S*-Bewegungen halten etwas länger an als die *P*-Wellenzüge. Erdbeben verursachen also durch die Wirkung der *P*-Wellen eine Auf- und Abbewegung, während das seitliche Rütteln hauptsächlich durch *S*-Wellen hervorgerufen wird.

Kurz nach oder gleichzeitig mit den *S*-Wellen treffen die Love-Oberflächenwellen ein. Der Boden beginnt nun, im rechten Winkel zur Laufrichtung der Wellen zu beben. Diese Eigenschaft erschwert die Richtungsbestimmung des Erdbebens aufgrund der Wahrnehmung der Bodenerschütterungen, obwohl Augenzeugen ungeachtet dessen das Gegenteil behaupten. Als nächstes laufen die Rayleigh-Wellen über die Erdoberfläche und erzeugen dabei Erschütterungen sowohl in Längsrichtung als auch in der Vertikalen. Sie können mehrere Perioden andauern und rufen die vielbeschriebene „rollende Bewegung" bei großen Erdbeben hervor. Da sie sich mit zunehmender Entfernung langsamer abschwächen als *P*- oder *S*-Wellen, sind es die Oberflächenwellen, die man spürt oder noch lange, auch in großer Entfernung vom Herd, aufzeichnen kann. Die in Abbildung 2.11 wiedergegebenen Aufzeichnungen von Erdbeben zeigen Love- und Rayleigh-Wellen, die fünfmal länger anhalten als *P*- und *S*-Wellen.

Diese Abfolge von Oberflächenwellen bildet den wesentlichen Teil eines Erdbebens, den man in Analogie zum Finale eines Musikstücks als *Erdbeben-Coda* (das Ausklingen der Oberflächenwellen) bezeichnet. Das Ende eines Erdbebens ist tatsächlich eine Komposition aus *P*-, *S*-, Love- und Rayleigh-Wellen, die sich über die verschiedensten Wege durch die komplexe Gesteinsstruktur fortbewegt haben. Der sich im Finale fortsetzende Wellenzyklus kann den Einsturz von Gebäuden auslösen, die bereits durch frühere, energiereiche *S*-Wellen beschädigt wurden.

Die anhaltende Ausbreitung der Oberflächenwellen zu langen *Codas* ist ein Beispiel für Wellenstreuung. Dieser Effekt ist bei allen Arten der Wellenausbreitung durch Medien mit wechselnden physikalischen Eigenschaften oder Dimensionen gleich. Die genaue Betrachtung von Wellen in einem Wasserbecken zeigt, daß Wellen mit kurzer Wellenlänge (Rippeln) vor denen mit langen Wellenlängen (Dünung) ziehen. Die Geschwindigkeit des Wellenkamms ist also nicht konstant, sondern abhängig von der Wellenlänge. Folglich wird sich die Anfangswelle einige Zeit, nachdem der Stein auf die Wasseroberfläche getroffen ist, in eine Folge von Wellenkämmen und -tälern auffächern, indem sich die kleineren Wellen immer schneller und weiter entfernen. Ober-

flächenwellen von Erdbeben verhalten sich ganz ähnlich.

Die Streuung der Wellen bei einem Erdbeben ist möglich, da die seismischen Wellenlängen zwischen einigen Kilometern und Zehner Metern schwanken. Abbildung 2.12 zeigt, wie sich die Bewegung des Gesteins bei einer typischen Oberflächenwelle von der Bodenoberfläche zu tiefer liegenden Schichten hin verändert. Wie man es für Oberflächenwellen erwartet, ist der größte Teil der Energie nahe der Oberfläche gebunden: In Abhängigkeit von der Wellenlänge wird das Gestein ab einer gewissen Tiefe von der durchlaufenden Welle nicht mehr beeinflußt. Wir werden noch sehen, daß die Wellenbewegung mit zunehmender Wellenlänge tiefer in die Erde eindringt. Da seismische Wellen in größerer Tiefe in der Regel schneller sind, folgt daraus, daß sich langwellige (langperiodische) Oberflächenwellen im allgemeinen schneller als kurzwellige (kurzperiodische) fortpflanzen. Aufgrund dieses Geschwindigkeitsunterschieds können Oberflächenwellen in langgestreckte Wellenzüge dispergieren. Im Gegensatz zu Wasserwellen sind es die längeren Oberflächenwellen, die zuerst ankommen.

Um das Bild der faszinierenden Welt der Erdbebenwellenbewegung zu vervollständigen, müssen wir noch ein anderes Wellenverhalten verstehen. Es han-

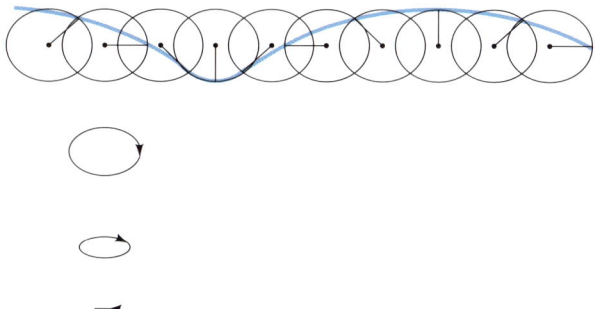

2.12 Wasser- oder Gesteinspartikel zeichnen in einer Wasserwelle oder einer seismischen Oberflächenwelle Ellipsen nach. Mit der Tiefe werden die Ellipsen kleiner, bis die Bewegung verschwindet. Die seismische Bewegung kann sowohl im Uhrzeigersinn als auch entgegengesetzt verlaufen.

2.13 Meereswellen werden hinter dem Wellenbrecher in den geschützten Bereich abgelenkt.

werden sämtliche Wellentypen – ob Wasser-, Schall-, Licht- oder Erdbebenwellen – durch Beugung gezwungen, von ihrem geradlinigen Weg abzuweichen und die Regionen hinter Hindernissen und Barrieren mit zu beeinflußen.

Theorie und Beobachtung stimmen darin überein, daß längere Wellen eher als kürzere in ruhigere Zonen gebeugt werden. Genauso wie die Streuung ist die Beugung oder Diffraktion also eine Funktion der Wellenlänge. Der wichtige Punkt für die geologische Interpretation besteht darin, daß bei einem Erdbeben *P*-, *S*- und Oberflächenwellen nicht vollständig durch Gesteinsanomalien gestoppt werden. Ein Teil der seismischen Energie wird durch Diffraktion um die geologische Struktur herumgeführt, ein weiterer Teil an ihr gebrochen.

Wie wir in Kapitel 6 sehen werden, liefert das Verhalten der *P*- und *S*-Wellen auf ihrem Weg durch das tiefe Innere der Erde bei Erdbeben ein überwältigendes Bild. Diese Wellen werden teilweise durch den riesigen flüssigen Bereich um den Erdmittelpunkt blockiert. Trotzdem kriecht ein Teil der Wellenenergie um die Oberfläche dieses großen Objektes herum, um auf der anderen Seite des Globus als schwache Wellen wieder aufzutauchen.

delt sich um das Phänomen der Wellendiffraktion (Beugung). Treffen Wasserwellen auf ein Hindernis, wie etwa ein aus dem Wasser ragendes vertikales Rohr, wird der größte Teil der Wellenenergie reflektiert. Einige Wellen werden jedoch um das Rohr bis in seinen Schatten wandern, so daß auch hinter ihm das Wasser nicht vollständig ruhig bleibt. Tatsächlich

3

Instrumentelle Erdbebenüberwachung

3.1 Der Kontrollraum einer Erdbebenwarte. Auf den hellen Bildschirmen werden die Seismogramme zahlreicher Seismographenstationen wiedergegeben.

Von frühester Zeit an haben Menschen aus Interesse an der Welt versucht, natürliche Ereignisse zu messen. Einblicke in die Eigenschaften oder gar Ursachen natürlicher Phänomene hängen von solchen quantitativen Untersuchungen ab. Um das Wetter zu verstehen, müssen wir mit Barometern den Luftdruck messen, um den Herzschlag zu deuten, den Blutdruck aufzeichnen. Mit Erdbeben verhält es sich genauso. Die Bodenerschütterungen, die für Furcht oder gar nackte Angst sorgen, müssen als Wellenlinien auf Film festgehalten oder als Datensammlung im Computer gespeichert werden.

Aufzeichnungsinstrumente für Erdbeben heißen Seismographen oder Seismometer (wenn sie den Verlauf der Erschütterungen während des gesamten Erdbebens verfolgen können). Geräte, die die Ankunftszeit der Erdbebenwellen nicht registrieren, nennt man Seismoskope. Seismographen liefern die notwendigen Basisdaten für die exakte Lokalisierung entfernter Erdbeben und die Bestimmung der Erdbebenstärke sowie des Mechanismus des Störungsbruchs. Die Konstruktion eines solchen Gerätes ist nicht einfach, da Amplituden und Frequenzen der Wellen stark variieren. Selbst heutzutage sind Seismographen, die sich zur Aufzeichnung sämtlicher Details eines Bebens eignen, sehr kostspielig.

Chang Hengs Erdbeben-Wetterhahn

Das erste Seismoskop hat der chinesische Gelehrte Chang Heng etwa 132 vor Christus entworfen. Bei dem Gerät handelte es sich um ein Kunstwerk, das „Erdbeben-Wetterhahn" genannt wurde. Es war so konstruiert, daß sowohl das Auftreten von Erdbebenwellen als auch ihre Laufrichtung festgehalten werden konnten. Die Beschreibungen, die uns überliefert sind, vermitteln leider nur ein detailliertes Bild von der Außenseite des Apparats. Es handelte sich um eine Metallschale von etwa zwei Metern Durchmesser. Wie das verkleinerte Modell in Abbildung 3.2 zeigt, waren an der Außenfläche des Metallgefäßes acht Drachen befestigt, die in die acht Haupthim-

3.2 Der Autor hinter einem Modell des Seismoskops von Chang Heng. Das Modell besitzt etwa ein Fünftel der Originalgröße.

melsrichtungen blickten. Unter jedem Drachenkopf saß ein Frosch, der dem Drachen sein geöffnetes Maul zuwandte. Das Maul eines jeden Drachen enthielt eine Kugel, die durch einen kleinen, mit einem internen Mechanismus verbundenen Hebel gehalten wurde. Dieser Mechanismus ist leider nicht beschrieben.

Wenn die ersten Erschütterungen einsetzten, wurde wohl einer der internen Mechanismen (möglicherweise ein Pendel) in Bewegung gesetzt und ließ die Kugel in das Maul des Frosches fallen. Die Richtung, in die dieser Drache schaute, war die, aus der die Welle gekommen war. Es wird berichtet, daß das Gerät mindestens einmal auf ein entferntes Beben reagiert hat. Die Geschichte besagt, daß eines Tages eine Kugel fiel, obwohl die Anwohner keine Erschütterungen verspürt hatten. Chang Hengs Ruf steigerte sich sehr, als ein Reiter in die Stadt kam und von einem fernen Erdbeben berichtete.

Wir wissen heute, daß Chang Hengs Seismoskop bestenfalls ein leidlicher Erdbebendetektor gewesen ist. Aufgrund der Reibung in den beweglichen Teilen konnte das Instrument nicht sensibler auf winzige Bewegungen des Untergrundes reagieren als die Einwohner selbst. Menschen und Tiere sind in Ruhestellung für Erdbebenerschütterungen sehr empfindsam. Sie sind sogar in der Lage, Bewegungen zu spüren, die nur ein Tausendstel der Erdbeschleunigung betragen. Hinzu kommt, daß selbst wenn durch die Bodenbewegungen im Gehäuse des Erdbeben-Wetterhahns ein Pendel zu schwingen angefangen hätte, die Richtung dieser Schwingung unmöglich die Richtung auf den Erdbebenherd wiedergeben konnte. Da Erdbeben aus P- und S-Wellen bestehen, verläuft die Bodenbewegung sowohl von der Quelle weg als auch auf sie zu und im Falle der S-Wellen sogar noch in beide Richtungen senkrecht dazu. Tatsächlich hatte dieses raffinierte Gerät wenig oder gar keinen Einfluß auf die Entwicklung moderner, wissenschaftlich einsetzbarer Instrumente. Selbst in China verloren sich Verweise darauf über die Jahrhunderte. Erst sehr viel später wurden Instrumente gebaut, die den gesamten Verlauf der Bodenbewegung, und nicht nur deren Einsatz, zuverlässig messen konnten.

Das Zeitalter des modernen Seismographen

Erste Berichte aus Europa über Geräte, mit denen man Erdbeben aufzeichnen konnte, stammen aus dem frühen 18. Jahrhundert, als man zur Detektion von Bodenbewegungen Pendel einsetzte. Auf diese Weise maß Nicholas Cirillo eine Serie von Erdstößen, die im Jahre 1731 Neapel erschütterten. Der Fortschritt verlief aber schleppend, und die frühen Detektoren konnten weder die Ankunftzeit der Wellen festhalten noch waren sie in der Lage, eine durchgängige Aufzeichnung der Bodenbewegungen zu liefern.

Mitte des 19. Jahrhunderts baute der Italiener Luigi Palmieri im Vulkanobservatorium auf dem Vesuv ein Seismoskop, das auch die Zeiten der Beben registrierte. Mit seinem *sismografo elettro-magnetico*, der 1856 zum Einsatz kam, zeichnete Palmieri die vertikale Verformung des Bodens durch die Bewegung einer Masse an einer Spiralfeder und die horizontale Verformung des Bodens durch die Bewegung von Quecksilber in U-Röhrchen auf. Obwohl Palmieris Instrument und auch die anderen Erfindungen seines Zeitalters keine Seismographen im modernen Sinn waren, gaben sie doch die Richtung, Intensität und Dauer eines Bebens wieder und konnten auf horizontale und vertikale Bewegungen reagieren.

Ein Riesenschritt nach vorn wurde im Jahre 1892 getan, als der in Japan auf Besuch weilende englische Professor für Ingenieurwissenschaften John Milne (1850–1913) mit Unterstützung seiner Kollegen James Ewing und Thomas Gray an der Imperial University Instrumente entwickelte, die in der Lage waren, Bodenerschütterungen als eine Funktion der Zeit aufzuzeichnen. Diese Geräte waren ausreichend kompakt, einfach in der Handhabung und kamen in vielen Teilen der Welt als praktische Arbeitsgeräte zum Einsatz. So wurde 1897 ein Ewing-Seismograph an der ersten Erdbebenbeobachtungsstation Nordamerikas an der University of California am Lick Astronomical Observatory eingerichtet und betrieben.

3.3 Dieser elektromagnetische Seismograph wurde 1856 von dem italienischen Geologen Luigi Palmieri konstruiert und erlaubte bereits die Aufzeichnung der Herdzeit eines Erdbebens.

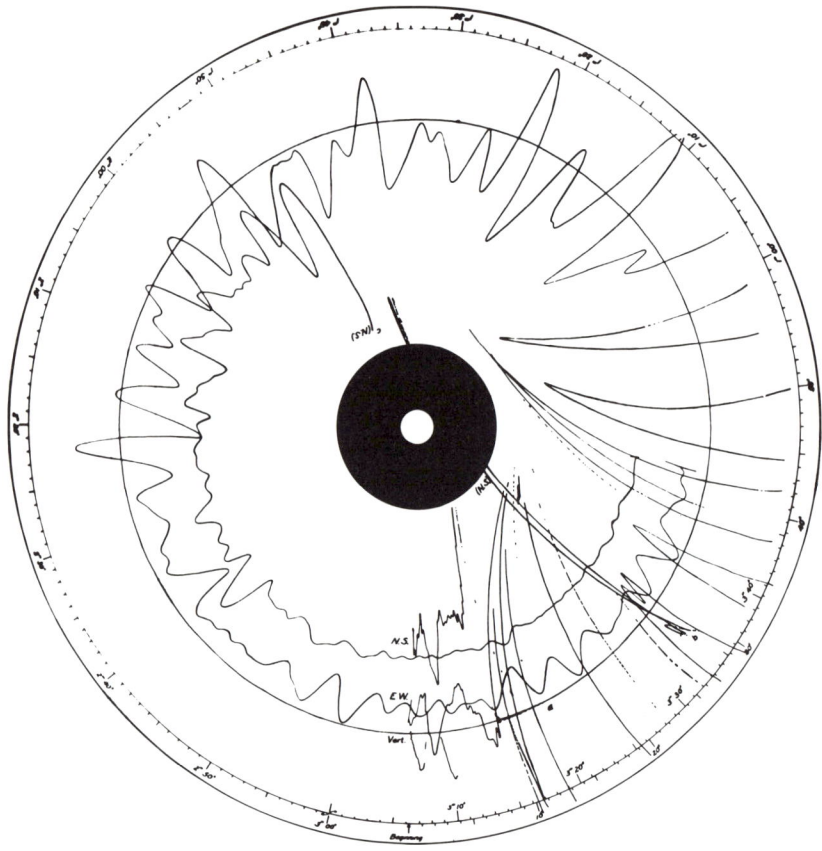

3.4 Während des San-Francisco-Erdbebens von 1906 wurden auf der runden, rotierenden Scheibe des Ewing-Seismographen am Lick Observatory der University of California seismische Wellen in nord-südlicher, ost-westlicher und vertikaler Richtung aufgezeichnet.

Obwohl moderne Seismographen wesentlich ausgeklügelter als diejenigen von Milne und seinen Kollegen sind, beruhen sie doch alle auf demselben Prinzip. Wenn wir in der Lage wären, unbeeinflußt von Erdbeben in der Luft zu schweben, könnten wir ein Seismogramm allein dadurch erzeugen, daß wir mit einem Stift zur Erdoberfläche hinunterreichten und ihn über ein am bebenden Boden befestigtes Blatt Papier gleiten ließen. Da die Gravitation ein freies Schweben aber verhindert, ist in einem Seismographen eine Masse frei in einem am Boden befestigten Rahmen aufgehängt. Wenn der Rahmen durch Erdbenwellen in Bewegung gerät, führt die Trägheit der aufgehängten Masse dazu, daß sie in ihren Bewegungen zurückbleibt. Bei den klassischen Instrumenten vor der Erfindung der digitalen Aufzeichnungsgeräte wurde diese Relativbewegung mittels Stift und Tinte auf ein um eine Walze gespanntes Papier gezeichnet oder aber durch einen Lichtpunkt auf einem Film festgehalten. Das Ergebnis sind die vertrauten Aufzeichnungen, die wir als Seismogramme kennen.

Während eines Erdbebens bewegt sich der Untergrund in allen drei Dimensionen gleichzeitig: beispielsweise auf und ab, von Ost nach West und von Nord nach Süd. Ein einzelner Seismograph kann jeweils nur eine Bewegungsrichtung registrieren. Milne hatte bereits festgestellt, daß er einen vollständigen Überblick über die Bodenbewegungen erhielt, wenn er die Aufzeichnungen dreier Seismographen, jeweils einen für jede Richtung, kombinierte. Vertikale Bewegungen können über eine Masse, die in einem Rahmen an einer Feder befestigt ist, gemessen werden. Die schwingende Masse überträgt dabei die Bewegungen auf das Papier. Für Messungen von seitlichen Bodenbewegungen ist die Masse im allgemeinen an einem Horizontalpendel angebracht, das wie ein Tor in seinen Angeln schwingt. Bei den meisten Aufzeichnungen entspricht die relative Bewegung zwischen der Masse und dem Rahmen nicht der wahren Bewegung des Untergrundes. Diese muß errechnet werden, indem man die Eigenschaften der Pendelbewegung mit einbezieht.

Seismographen müssen in der Lage sein, Wellenamplituden von 10^{-9} Metern, also der Größe eines Gasmoleküls, zu registrieren. Diese Relativbewegungen wurden früher über mechanische Hilfsmittel verstärkt – beispielsweise durch die Hintereinanderschaltung einer Serie von Hebeln oder durch die Bewegungen eines Lichtpunktes. Wenn man einen Lichtpunkt aus einiger Entfernung auf eine Leinwand projiziert, werden seine Bewegungen verstärkt. In modernen Seismographen erzeugt die Relativbewegung zwischen dem Pendel und dem Rahmen ein elektrisches Signal, das elektronisch tausendmal oder gar einige hunderttausendmal verstärkt wird, bevor es einen elektrischen Stift auf hochempfindlichem Papier antreiben kann. Das elektrische Signal eines Seismographenpendels kann auch auf Band oder als Datensatz im Computer gespeichert werden.

John Milne äußerte 1883 die Vermutung, daß »es nicht unwahrscheinlich ist, daß jedes starke Erdbeben mit den geeigneten Geräten an jedem Ort der Erde registriert werden kann«. Milnes Vorhersage bewahrheitete sich 1889, als der deutsche Physiker E. von Rebeur Paschwitz »von der zeitlichen Übereinstimmung überrascht war«, mit der die empfindlichen Horizontalpendel in Potsdam und Wilhelmshaven zur selben Zeit einzelne Wellen registrierten, während Tokio am 18. April um 2.07 Uhr Ortszeit von einem schweren Beben heimgesucht wurde. Er schloß daraus, daß »die in Deutschland aufgezeichneten Störungen wirklich auf das japanische Beben zurückzuführen waren«. Die Bedeutung dieser Feststellung – ein frühes Beispiel dessen, was wir heute Fernerkundung nennen – bestand darin, daß Erdbeben ab sofort sowohl in bewohnten als auch unbewohnten Gebieten registriert werden konnten. Auf diese Weise konnten die wirklichen Muster der geologischen Aktivität kartiert werden. Mit solch unbeschränkter globaler Überwachung begann eine neue Ära in der Erforschung der Erdbeben und der Geologie selbst.

Die Erdbebenbeobachtungsstation

Nach seiner Rückkehr nach Großbritannien im Jahre 1895 baute Milne in Shide auf der Isle of White ein

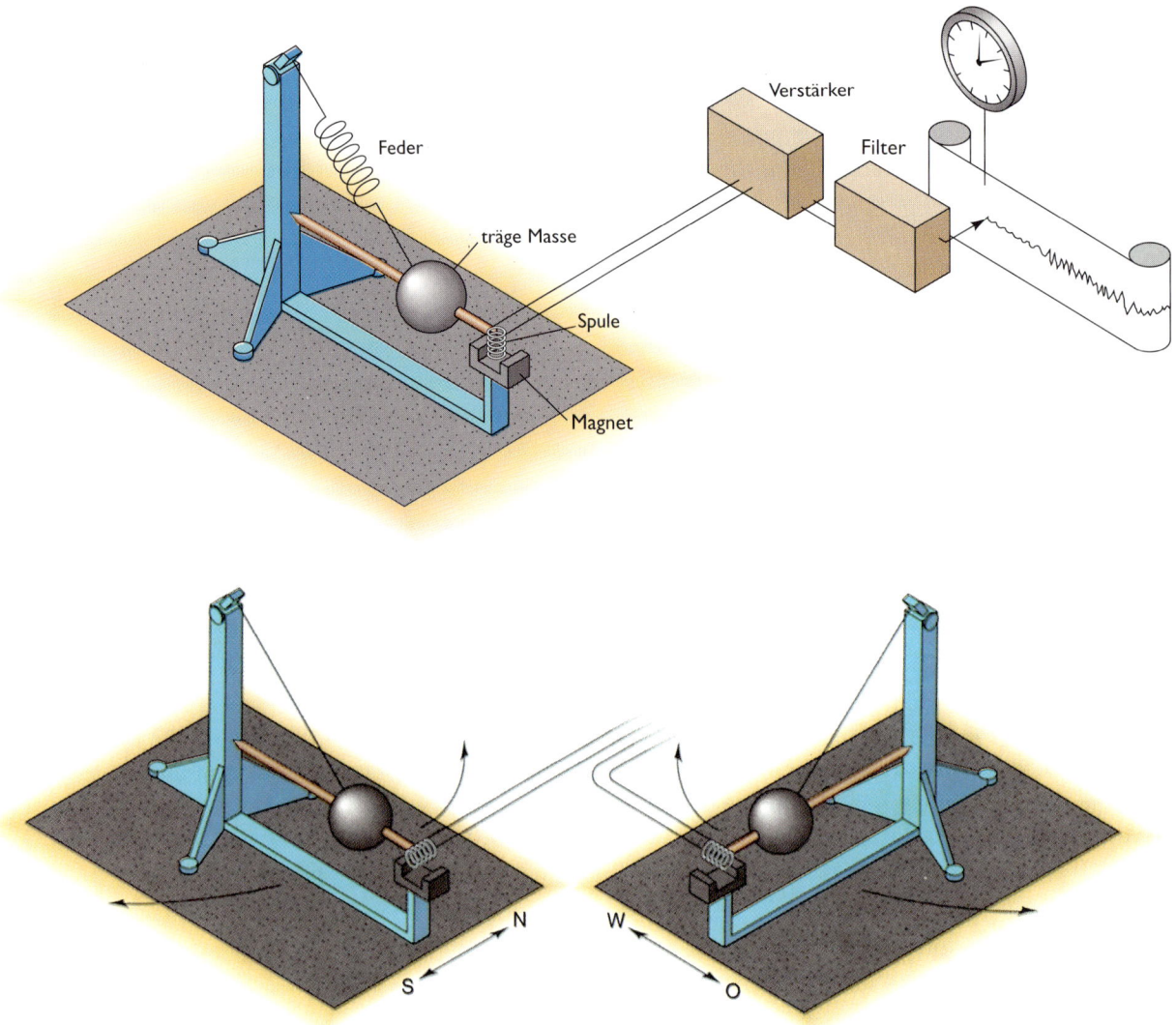

Feder

träge Masse

Spule

Magnet

Verstärker

Filter

N

S

W

O

3.5 Das Prinzip des modernen Seismographen. Die vertikale Komponente einer seismischen Wellenbewegung wird von einem Pendel aufgenommen, das an einer Feder hängt. Die beiden senkrecht zueinander stehenden horizontalen Komponenten der seismischen Wellenbewegung können über Pendel aufgezeichnet werden, die wie schwingende Gartentore aufgehängt sind.

Zentrum für Erdbebenforschung auf, das später berühmt werden sollte. Innerhalb weniger Jahre schuf er das erste weltweite Seismographennetzwerk, mit zehn Stationen auf den Britischen Inseln und 30 weiteren in Übersee. Aus den in Shide eintreffenden

Aufzeichnungen entstand eine systematische Analyse der Erdbebenverteilung.

Die Zahl der Erdbebenwarten nahm stetig zu, so daß 1957 rund 600 bei der International Seismological Summary aufgelistet waren, die als internationale Organisation in der Nachfolge von Milnes Shide-Observatorium arbeitete. Wegen seiner Beiträge zur Erdbebenbeobachtung wurde Milne auch „der Begründer der modernen Seismologie" genannt.

Moderne Seismographen enthalten Zeitmesser und zeichnen die Bodenbewegung kontinuierlich auf. So können die Wellenlängen und -amplituden mit hoher Genauigkeit bestimmt werden. Ebenso wie die moderne Astronomie sich auf eine Vielzahl ausgefeilter optischer Teleskope und Radioteleskope stützt, besitzt auch eine gut ausgestattete Erdbebenbeobachtungsstation eine Anzahl verschiedener Seismographen. Im Idealfall sind diese Instrumente in der Lage, die vertikale und die beiden horizontalen Komponenten der Erdbebenwellen auch weit entfernter Beben über ein sehr breites Frequenzspektrum aufzuzeichnen.

Die Versetzungsrichtung ändert sich in den Gesteinen während eines Erdbebens. Aus den drei Komponenten eines Seismographen läßt sich die gesamte Wellenbewegung in Abhängigkeit von der Zeit rekonstruieren. Heute sind diese differenzierten Muster am Computerbildschirm als eine Sequenz elliptischer Orbitale zu verfolgen, die zuweilen hauptsächlich horizontale Amplituden und gelegentlich vorherrschend vertikale Achsen zeigen. Diese vollständigen Darstellungen der Bodenbewegungen ermöglichen es den Seismologen, die seismischen P-, S- und Oberflächenwellen zu unterscheiden und die Gesamtenergie des Erdstoßes auszurechnen.

Pendel und elastische Feder schwingen in einem charakteristischen oder „natürlichen" Takt, der von der Länge des Pendels oder der Elastizität der Feder abhängt. Daher ist die Periode einer einzelnen freien Oszillation konstant und nicht an die Amplitude gekoppelt. Hieraus folgt, daß die Empfindlichkeit eines Seismographen von der Periode der Bodenbewegungen eines Erdbebens abhängt (und zwar von der Frequenz der Bodenbewegungen, die der reziproke Wert der Periode ist). Wenn der Untergrund langsam mit Frequenzen vor und zurück schwingt, die deutlich unter der natürlichen Frequenz des Pendels liegen, folgt die Masse des Pendels unmittelbar der Beschleunigung des Bodens. Obwohl die Bodenbeschleunigung für die Ingenieure die brauchbarsten Informationen enthält, sehen die Seismologen es lieber, wenn statt der Beschleunigung der Bodenversatz gemessen wird. Wenn die Frequenzen der seismi-

schen Wellen sich dem Bereich der Eigenschwingung des Pendels nähern, wird die Amplitude durch die Eigenfrequenz des Pendels extrem verstärkt. Bei Frequenzen, die deutlich höher sind als die Eigenschwingung des Pendels, bewegt sich die Masse kaum. In diesem Fall kann die relative Verschiebung des Pendels gegen den Rahmen verstärkt werden und den realen Wert der Verformung durch die seismischen Wellen wiedergeben. Traditionell arbeiten Observatorien mit einer Reihe von Seismographen mit gegenüber den Frequenzen eines Erdbebens abgestufter Empfindlichkeit, die zwischen 10^{-3} Hertz und mehr als zehn Hertz liegen können.

Der moderne Seismograph ist sehr kompakt geworden und kann doch mit hoher Zuverlässigkeit sowohl hochfrequente (mit kleiner Periode) als auch niedrigfrequente (mit großer Periode) Wellen aufzeichnen. Heutige elektronische Verstärker, die in den sechziger Jahren auf den Markt kamen, ermöglichen die Verstärkung von niedrigfrequenten Wellen, die bis dahin untrennbar im Hintergrundrauschen aufgingen. Die elektrische Spannung, die die trägen Massen bei ihrer Reaktion auf die Bodenbewegungen erzeugen, werden heutzutage durch rauscharme elektronische Schaltkreise gefiltert. Diese Filter sind so ausgelegt, daß sie lediglich die wissenschaftlich interessanten Wellenlängen passieren lassen. Selbst mit den modernen digitalen Systemen benötigt man mehrere unterschiedlich empfindliche Seismographen, um nicht nur die Frequenz, sondern auch die Wellenamplitude über das gesamte dynamische Spektrum von Erdbebenwellen zu erfassen.

Seismographen reagieren auf jede Bodenerschütterung. Sie zeichnen schwere Stürme über dem Meer, Wellenbrecher an der Küste, aber auch die Bodenvibrationen des Straßenverkehrs oder ähnlichem auf. Dieses Hintergrundrauschen nennt man Mikroseismik. Es erscheint auch an ruhigen Tagen in Form zittriger Linien auf einem Seismogramm. Nach Möglichkeit werden die Standorte für Seismographen so ausgesucht, daß die Überdeckung der Erdbebensignale durch nichtseismische Quellen ausgeschlossen ist. Eine sehr ruhige und in den Vereinigten Staaten berühmte Station befand sich von 1964 bis 1984 auf

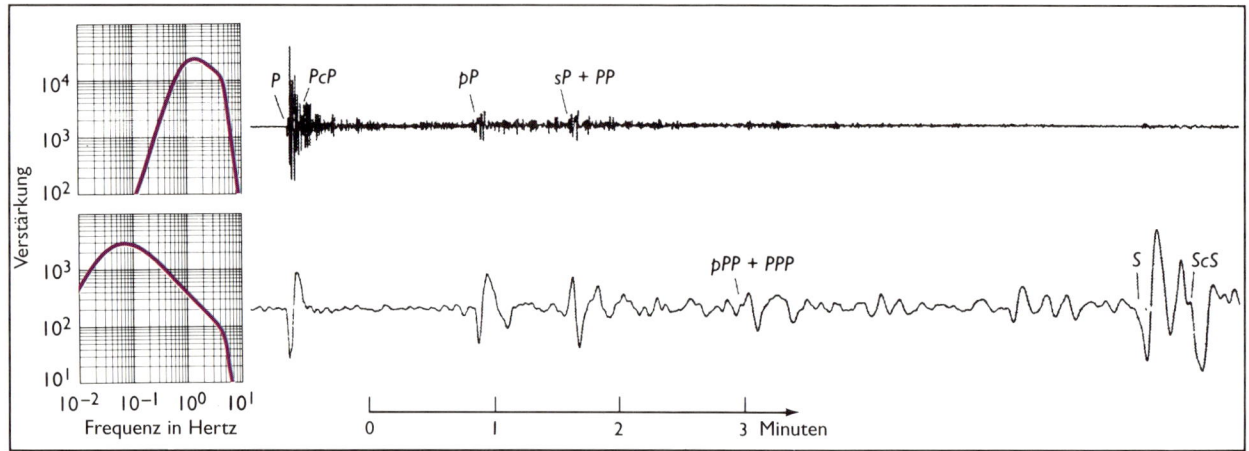

3.6 Diese Computersimulation der Erschütterungen durch ein Tiefbeben der Magnitude 5,9, das das Japanische Meer am 9. März 1977 heimsuchte, verdeutlicht den Einfluß elektronischer Filter auf die Komplexität der aufgezeichneten Wellenformen. Die wiedergegebenen Spuren sind Seismogramme der Vertikalkomponente, wie sie in Erlangen durch einen kurzperiodischen Seismographen (oben) und einen langperiodischen Seismographen (unten) aufgezeichnet worden wären. Die eingesetzten Filter sind links zu sehen.

dem Grund eines verlassenen Minenschachtes in der Nähe von Jamestown am westlichen Rand der Sierra Nevada, Kalifornien. Sie lag weit entfernt von der Brandung an der Küste und menschlicher Aktivitäten, so daß die durchschnittliche mikroseismische Bodenbewegung eine Amplitude von lediglich 10^{-8} Metern (zehn Nanometern) aufwies. Das Rauschen der hochfrequenten Oberflächenwellen, die durch die obersten Bodenschichten laufen, wurde durch den unterirdischen Standort beträchtlich reduziert. Das fast völlige Fehlen von Hintergrundrauschen erlaubte dem Jamestown-Seismographen sogar den Empfang des schwachen Echos eines Bebens auf der anderen Seite der Erdkugel, das die Wellen auf ihrem Weg durch das Erdinnere mitbrachten. Ein Beispiel dieser erstaunlichen Präzision wird in Kapitel 6 erläutert.

Die Arbeit in einer Erdbebenwarte besteht aus täglicher Routine. Tag für Tag müssen Photopapier oder Magnetband ausgetauscht und die Aufzeichnungen des Vortages analysiert werden. Ein Seismologe interpretiert die Wellenmuster, indem er die Erdbe-

benwellen von dem mikroseismischen Rauschen trennt.

Seismologen müssen über große Erfahrungen verfügen, um die *P*- und *S*-Wellen ausfindig zu machen, die die Erde auf unterschiedlichen Wegen durchlaufen haben. Sie suchen den plötzlichen Anstieg der Amplitude, die oft mit einem Frequenzwechsel einhergeht und die Ankunft einer bestimmten Erdbebenwelle markiert. Dann bestimmen sie möglichst genau die Ankunftszeit der ersten Welle (auf eine zehntel Sekunde). Oft werden auch noch Amplitude und Wellenperiode ermittelt.

In den moderneren Observatorien werden die seismischen Signale auf Magnetband oder im Computer gespeichert. Diese Datenreihen repräsentieren ein arithmetisches Abbild des kontinuierlichen Signals. Der Wissenschaftler schaut sich die Kurven dann auf einem Bildschirm an und wählt die ihn interessierenden Abschnitte aus, genau wie er das auf dem Photopapier getan hätte. Er kann mit Hilfe des Rechners auch die Ankunftszeiten der *P*- und *S*-Wellen ermitteln. Zusätzlich kann das Programm den Zeitcode ablesen und die Ankunftszeit sowie die Amplitude jedes einzelnen Ersteinsatzes ausdrucken. Auf diese Weise ist viel von der Mühsal vergangener Jahre verschwunden. Für die Erforschung der winzigsten Details seismischer Wellen muß sich der erfahrene Forscher aber noch immer jedem einzelnen Seismogramm widmen.

Nach der Identifizierung der Ankunftszeit einer jeden Hauptwelle klassifiziert der Seismologe die Wellen nach Typ und Weg und versieht sie mit einem Standardsymbol. So wird aus der ersten Welle einfach eine *P*-Welle und aus der ersten Scherwelle eine *S*-Welle. Es folgen dann *PP*, *SS*, *PcP* und *SKS* (zur

Erläuterung siehe Abbildung 6.5), Bezeichnungen, die den ungefähren Weg der Welle beschreiben und aussagen, ob sie auf ihrem Weg an irgendeiner Fläche reflektiert wurde. Der gesamte Prozeß ähnelt der Dechiffrierung eines Geheimcodes.

Im letzten Schritt werden Ankunftszeiten, Amplituden, Perioden und Identität der Ersteinsätze aufgezeichnet, um sie einem Erdbebenregister oder direkt an die regionalen oder internationalen seismologischen Zentren zu übermitteln.

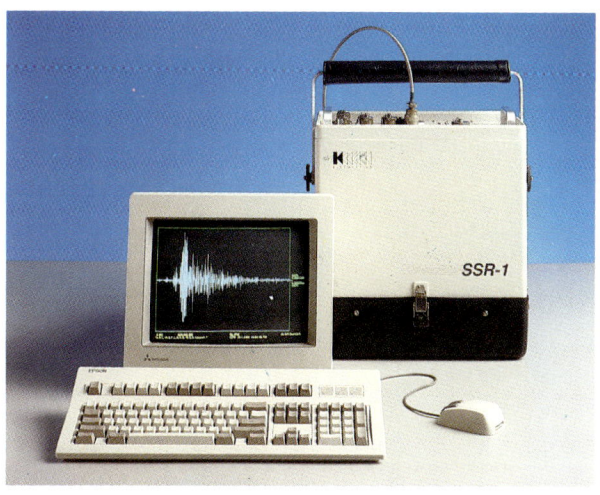

3.7 Ein moderner Feldseismograph mit Gehäuse (hinten) überträgt seine digitalen Daten einem Computer, der diese Zahlen in der vertrauten Wellenform darstellt.

Die globale Verteilung der Erdbeben

Das weit gespannte Netzwerk seismographischer Beobachtungsstationen, das von John Milne initiiert worden war, feierte seinen ersten großen Erfolg mit der Erstellung eines globalen Verteilungsmusters aller Erdbeben. Am Ende des letzten Jahrhunderts hatten die Seismologen eine recht einseitige Vorstellung von der Erdbebenverteilung, denn ihr Wissen beschränkte sich zumeist auf die Beben, die an Land

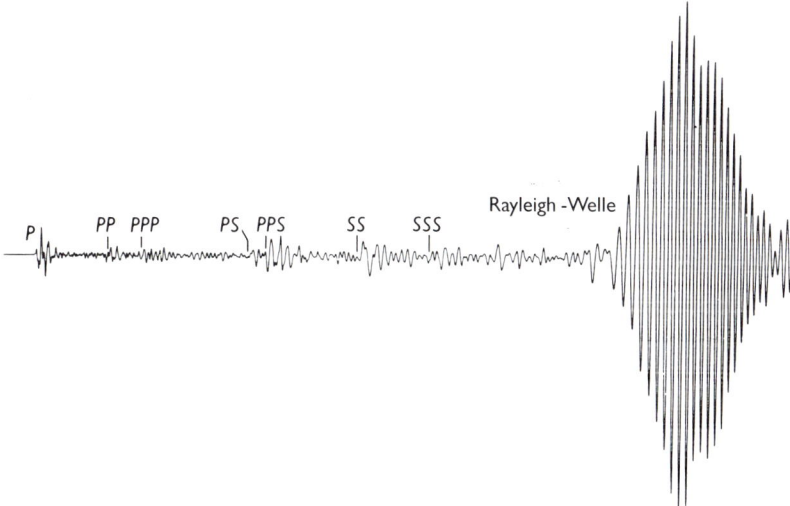

3.8 Das Seismogramm eines mittleren Erdbebens in Costa Rica vom 3. April 1983, aufgezeichnet in Bayern, zeigt die vertikalen Bewegungskomponenten. Die *PP*-, *PPP*-, *PS*- und *PPS*-Wellen sind *P*-Wellen, die ein- oder zweimal an der Erdoberfläche reflektiert worden sind und in zwei Fällen den Rest des Weges als *S*-Wellen zurückgelegt haben. Die *SS*- und *SSS*-Wellen sind Oberflächenreflektionen von *S*-Wellen. Die Aufzeichnung wird von der dominanten Rayleigh-Welle bestimmt, die sich entlang eines zumeist ozeanischen Weges fortgepflanzt hat.

51

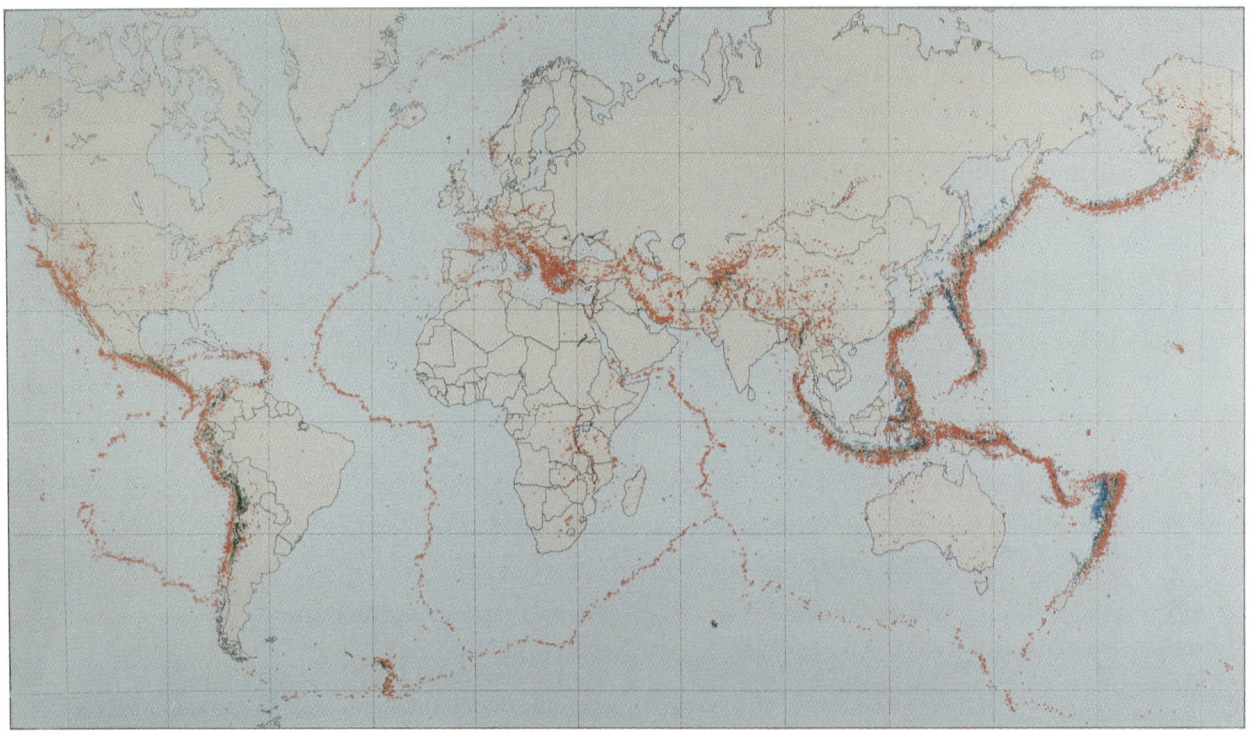

3.9 Die globale Verteilung aller Epizentren im Zeitraum von Januar 1977 bis Dezember 1986. Die Erdbebenherde sind rot, grün oder blau angelegt und repräsentieren Herdtiefen von 0–70, 70–300 und mehr als 300 Kilometern.

spürbar waren. Mit Beginn des 20. Jahrhunderts trugen die Anstrengungen des globalen Seismographen-Netzwerks erste Früchte: Heute verfügen wir über gutes Kartenmaterial, das beispielsweise die Lage von Tausenden von Erdbeben von 1977 bis 1986 zeigt (Abbildung 3.9). Es sollte ruhig betont werden, daß dieses Ergebnis auf der umfassenden Zusammenarbeit von Seismologen aller Nationen beruht – sowohl im Krieg als auch im Frieden.

Viele erstklassig ausgestattete Erdbebenwarten rund um die Welt senden ihre Daten von Erdbeben oder unterirdischen Explosionen per Kabel oder auf dem Postweg an das National Earthquake Information Center (NEIC) des U.S. Geological Survey in Golden, Colorado. Die Daten dienen dem NEIC dazu,

die Epizentren und Magnituden aller Beben zu errechnen. Diese Informationen gehen aber auch an das International Seismological Centre in Großbritannien, das ein kontinuierliches Register der globalen Seismizität mit den Listen aller Erdbeben führt. Diese Kataloge enthalten zudem die faszinierenden Karten der Erdbebenverteilung, von denen eine in Abbildung 3.9 zu sehen ist. Diese Karten bilden wiederum die Grundlage für Untersuchungen der tektonischen Zusammenhänge und für die Abschätzung der Erdbebengefahr in allen Ländern rund um den Globus.

Studien der globalen Erdbebenverteilung haben wesentliche Erkenntnisse über die gegenwärtige Geodynamik und die tektonische Entwicklung der ganzen Erde zutage gefördert. Sie haben Licht in das lange ungelöste Rätsel der Gebirgsbildung und Vulkanentstehung, der Spreizung des Ozeanbodens und der Spannungsverteilung innerhalb kontinentaler Gesteine gebracht. Über die Jahre erschienen exzellente Arbeiten zur Bedeutung dieser faszinierenden weltweiten Erdbebenmuster mit ihren Gürteln, in denen Erdbeben konzentriert auftreten und die durch nahezu aseismische Bereiche voneinander getrennt sind. Am Ende dieses Buches finden Sie dazu einige Literaturhinweise. Zunächst sollte man diese geographischen Muster erneut auf die Merkmale untersuchen, die vor nicht allzu langer Zeit schon einmal als umfassende Erklärung für das rastlose seismische Verhalten der Erde gedient haben. In Kapitel 5 werden wir uns der gegenwärtigen Theorie der Geodynamik zuwenden, mit der sich Erdbeben erklären lassen.

Genau wie Vulkane und Gebirgsketten sind auch Erdbeben nicht willkürlich verteilt, sondern vielfach in schmalen Zonen konzentriert. Viele Beben entstehen in abgelegenen Gebieten entlang den ozeanischen Rücken, wo sie für den Menschen keine Gefahr darstellen. Die stärkste seismische Aktivität konzentriert sich jedoch in dicht besiedelten Regionen entlang der Pazifikküsten sowie in Südeuropa und Südasien. Im Gegensatz dazu sind die Ozeane, abgesehen von den Ozeanrücken, nahezu aseismisch. Die Antarktis hat die ruhigsten Küsten und im Landesinneren fast keine Beben. Gemäß der letzten Liste der weltweit aufgetretenen Beben gibt es Jahr für Jahr zwischen 18 000 und 22 000 Flachbeben der Magnitude 2,5 und stärker.

Bei natürlichen Erdbeben kann die Tiefe des Herdes zwischen wenigen Kilometern und 700 Kilometern liegen. Beben mit einem Herd, der tiefer als 70 Kilometer liegt, sind besonders faszinierend. Diese Tiefbeben wurden Anfang des Jahrhunderts entdeckt. Der Nachweis erfolgte 1928 durch den japanischen Seismologen Kiyoo Wadati.

Die geographische Verbreitung der Tiefbeben ist recht begrenzt. Die meisten entstehen entlang von Inselbögen, wie dem Aleuten-Bogen, den japanischen Inseln, den Marianen, dem Tonga-Kermadec-Neuseeland-Bogen, der Neu-Hebriden-Kette, Indonesien und den Inselbögen der Karibik, der Antillen und in der Ägäis. Tiefbeben gibt es beispielsweise auch unter den südamerikanischen Anden und Mittelamerika, wo Kontinentalränder in Tiefseegräben

übergehen. Einige Tiefbeben ereignen sich auch unter kontinentalen Gebirgsketten wie dem Himalaya und den Karpaten, vereinzelt auch unter Spanien. Erst 1970 konnte man ihre Verteilung und damit auch ihre geologische Bedeutung erklären (siehe Kapitel 5).

Auf den Spuren der Erdbebenentstehung

Seismische Wellen werden in einem Punkt erzeugt, der in Kapitel 1 als Erdbebenherd oder Hypozentrum bezeichnet wurde und senkrecht unter dem Punkt an der Erdoberfläche liegt, der zum Epizentrum wird. Die erste Aufgabe, die sich Seismologen nach dem Aufbau der Erdbebenwarten stellten, war die Entwicklung einer Methode, mit der sich das Epizentrum und – sofern möglich – auch das Hypozentrum eines jeden Bebens exakt lokalisieren ließ.

Im einfachsten Fall bestimmt man das Epizentrum durch Triangulation (Dreiecksmessung, siehe Kapitel 4). Aus den Zeitabläufen bereits vorliegender Studien von Explosionen oder Beben in anderen Regionen werden in unterschiedlichen Entfernungen vom Epizentrum Kurven der durchschnittlichen Laufzeit der S- und P-Wellen konstruiert. Diese Laufzeitkurven sind Grundlagen für die Bestimmung der Entfernung der Erdbebenquelle vom Aufzeichnungsort.

Stellen Sie sich drei seismographische Beobachtungsstationen vor, die alle ein Beben registrieren und in verschiedenen Richtungen vom Ausgangspunkt der Wellen liegen. Die Belegschaft der Stationen kann die Ankunftszeit der P-Wellen und manchmal auch der S-Wellen festhalten. Da eine P-Welle etwa doppelt so schnell ist wie eine S-Welle, wird die Zeitspanne zwischen dem Eintreffen beider Wellenfronten immer größer, je weiter die Wellen wandern mußten. Daraus ergibt sich, daß aus den Ankunftszeiten der P- und S-Wellen das Intervall und somit direkt auch die Entfernung des Erdbeben-

Exkurs 3.1: Berechnung eines Epizentrums

In der Nähe der Stadt Oroville im nordöstlichen Kalifornien ereignete sich am 1. August 1975 ein Erdbeben der Magnitude 5,7. Bei diesem Erdbeben erreichten die *P*- und *S*-Wellen die Stationen Berkeley (BKS), Jamestown (JAS) und Mineral (MIN) zu den folgenden Zeiten (Weltzeit):

	P			S		
	Std.	Min.	Sek.	Std.	Min.	Sek.
BKS	15	46	4,5	15	46	25,5
JAS	15	46	7,6	15	46	28,0
MIN	15	46	54,2	15	47	7,1

Mit Hilfe der Differenz zwischen den *S*- und *P*-Ankunftszeiten wurden folgende Entfernungen abgeschätzt (aus der linken Spalte von Exkurs 3.2):

	S *minus* P (in Sekunden)	Distanz (in Kilometern)
BKS	21,0	190
JAS	20,4	188
MIN	12,9	105

Mit diesen Entfernungen als Radien lassen sich drei Teilkreise ziehen, wie in nebenstehender Abbildung zu sehen. Bitte beachten Sie, daß sie sich nicht genau in einem Punkt schneiden; doch durch Interpolation wird die Lage des Epizentrums auf etwa zehn Kilometer genau bei 39,5 Grad Nord und 121,5 Grad West ermittelt.

herdes errechnet werden kann. Es werden dann drei Kreise gezogen, in deren Mittelpunkt jeweils eine Beobachtungsstation liegt und deren Radien der errechneten Entfernung entsprechen. Die Kreise werden sich, zumindest näherungsweise, in einem Punkt, dem gesuchten Epizentrum, schneiden.

Selbst wenn nur die Ankunftszeit der *P*-Wellen bekannt ist, kann der Zeitpunkt der ersten Aussendung der *P*-Wellen, die sogenannte Herdzeit des Bebens, grob abgeschätzt werden. Die Ankunftszeiten minus der Herdzeit ergeben die Laufzeiten der *P*-Wellen zu den drei Stationen. Wie bei der ersten Methode werden um die Stationen drei Kreise gezogen, deren Radien proportional zur Laufzeit der *P*-Wellen sind. Nach einer rechnerischen Annäherung von Herdzeit und Epizentrum werden die Schnittpunkte der Kreise einen kleinen Bereich ausweisen, in dem sich das Epizentrum befindet. So lassen sich aus den Ankunftszeiten von *P*- und *S*-Wellen (oder nur der *P*-Wellen) Längen- und Breitengrad des Epizentrums und die Herdzeit bestimmen.

Daten für diese drei Parameter müssen von drei Observatorien in unterschiedlicher Entfernung und Himmelsrichtung zum Epizentrum kommen. Wenn auch die Tiefe des Erdbebenherdes ermittelt werden soll, ist eine vierte Messung erforderlich, entweder die Ankunftszeit einer *P*- oder *S*-Welle an einer weiteren Station oder die Ankunftszeiten einiger zusätzlicher *P*- und *S*-Wellen an den ursprünglichen drei Stationen. Sollte sich eine Beobachtungsstation direkt über dem Erdbebenherd befinden, ist die Laufzeit der *P*- oder *S*-Welle ein direktes Maß für die Tiefe des Bebens.

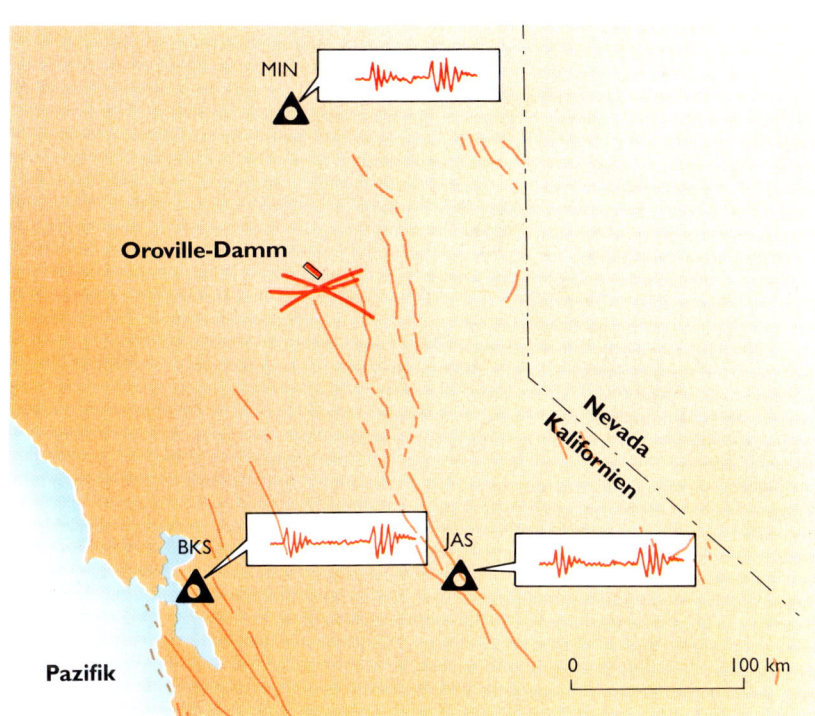

Kreisbögen um die drei kalifornischen seismographischen Stationen BKS (Berkeley), JAS (Jamestown) und MIN (Mineral) im Mittelpunkt schneiden sich in der Nähe des Epizentrums. Die dünnen roten Linien markieren oberfläche Spuren einiger wichtiger Störungen.

Heutzutage setzt man rechnergestützte Statistikprogramme ein, um die Daten der S- und P-Wellen vieler Stationen zu bearbeiten und die Lage eines Erdbebenherdes überall auf der Welt zu berechnen. Um größte Genauigkeit zu gewährleisten, müssen die Stationen bei einer ausgewogenen Anzahl von fernen und nahen Observatorien annähernd gleichförmig um den Erdbebenherd verteilt sein. Die Herde lassen sich noch genauer bestimmen, wenn man die Berechnungen gegen frühere Aufzeichnungen aus dem gleichen Gebiet mit genau bekanntem Herd kalibriert. In den meisten Bereichen der Welt lassen sich Epizentren mit einer Genauigkeit von etwa zehn Kilometern und die Herdtiefen mit etwa 20 Kilometern angeben.

Genauere Ortsangaben und Wellenmessungen entfernter Erdbeben lassen sich mittels verknüpfter seismographischer Stationen gewinnen. Solche Verbindungen sind entweder über Kabel oder bei weit auseinanderliegenden Seismographen durch Chronometer oder Funkuhren herzustellen, die die Aufzeichnungen mit jeweils gleichen Zeitmarken versehen. Aufgrund dieser gemeinsamen Zeitbasis wird eine Gruppe von Seismographen in einer Region zu einem „seismischen Array". Der große Vorteil für die Erdbebenanalyse besteht dann darin, daß sich die Variationen der seismischen Wellen an benachbarten Stationen derselben Anordnungen mit hoher Präzision korrelieren lassen. Mit Hilfe theoretischer Überlegungen können die Gradienten solcher Variationen rechnerisch direkt mit den Fortpflanzungswegen der Wellen verknüpft werden.

Eine solche reguläre Anordnung „mit großer Blende" (large-aperture seismic array, LASA) wurde Mitte

der sechziger Jahre vom US-Verteidigungsministe-
rium bei Billings im Bundesstaat Montana errichtet.
Es handelte sich um eine der größten Anordnungen
der Welt und hatte die Aufgabe, unterirdische Atom-
bombenexplosionen mit größerer Zuverlässigkeit zu
entdecken, als es mit einfachen Stationen möglich
war. LASA bestand aus einem Netzwerk von
525 Seismographen, die in Gruppen zu 21 Geräten
zusammengefaßt und über ein Gebiet von 200 Kilometern im Durchmesser verteilt waren. Als sie nicht
mehr benötigt wurde, wurde diese Anordnung 1982
stillgelegt. Ähnliche Einrichtungen, beispielsweise in
Norwegen, Australien und Alaska, registrieren nach
wie vor die Erschütterungen entfernter Erdbeben.
Seismische Anordnungen, die auf Beben in der
Umgebung ausgerichtet sind, werden in Kapitel 7
vorgestellt.

Bestimmung der Erdbebenstärke

Eine der ersten Fragen sowohl von wissenschaftlicher Seite als auch von der Öffentlichkeit ist stets die
nach der Stärke eines Bebens. Daher haben die Seismologen einfache Methoden entwickelt, die Bebenstärke aus den seismographischen Aufzeichnungen
zu entnehmen. Die gebräuchlichste Größe an Observatorien ist die seismische Magnitude. Die Astronomen haben schon lange die Größe der Sterne auf
einer stellaren Größenklassenskala angeordnet, die
auf der teleskopisch gemessenen relativen Helligkeit
des Sterns beruht. 1935 entwickelte Charles Richter
am California Institute of Technology ein analoges
Maß für Erdbeben, ähnlich dem, das schon Kiyoo
Wadati auf die japanischen Beben angewendet hatte.
Richter schlug vor, die Erdbeben nach der Amplitude
der seismischen Welle, wie sie vom Seismographen
aufgezeichnet wird, einzustufen. Ursprünglich war
dieses System nur auf die Erdbeben in Südkalifornien anwendbar, heute ist es in der ganzen Welt
Grundlage vieler Studien.

Aufgrund der enormen Bandbreite der Erdbebenstärke, empfiehlt es sich, die gemessene Amplitude

3.10 Charles Richter (1900–1985), der die Richter-Magnituden-
Skala aufstellte.

zu logarithmieren. Um genau zu sein: Die Richter-
Magnitude, M_L, ist der dekadische Logarithmus der
maximalen Amplitude der seismischen Welle. Die
Amplitude wird in tausendstel Millimeter gemessen,
und zwar von dem speziellen Wood-Anderson-Seis-
mographen. Richter legte sich nicht auf einen
bestimmten Wellentyp fest, so daß die Maximalam-
plitude jeder Wellenform mit der höchsten Amplitude entnommen werden kann. Da die Amplituden
in der Regel mit der Entfernung kleiner werden,
wählte Richter als Standard eine Entfernung von
100 Kilometern vom Epizentrum. Der Definition
nach gilt: Wenn der Wood-Anderson-Seismograph in
100 Kilometern Entfernung eines Erdbebens eine
maximale Amplitude von einem Zentimeter (oder
10^4 Tausendsteln eines Millimeters) aufzeichnet, hat
es die Stärke 4.

Die Magnitude selbst hat keine obere oder untere
Grenze (obwohl Erdbebenstärken selbstverständlich
eine Begrenzung nach oben haben). Nur einige
wenige Erdbeben haben seit Einführung der Seismographen in diesem Jahrhundert geschätzte Magnituden von mehr als 8,5 erreicht. Das große Alaskabe-

Exkurs 3.2: Beispielberechnung der Richter-Magnitude M_L

Mit Hilfe spezieller Nomogramme ist der Vorgang der Berechnung der Magnitude M_L eines lokalen Erdbebens recht einfach:

1. Man mißt die Entfernung zum Erdbebenherd über das Zeitintervall zwischen den S- und P-Wellen ($S - P = 24$ Sekunden).

2. Man mißt die Höhe des maximalen Wellenausschlags auf dem Seismogramm (23 Millimeter).

3. Man zieht eine Verbindungslinie zwischen den betreffenden Punkten auf der Entfernungsskala (links) und der Amplitudenskala (rechts) und erhält die Magnitude $M_L = 5,0$.

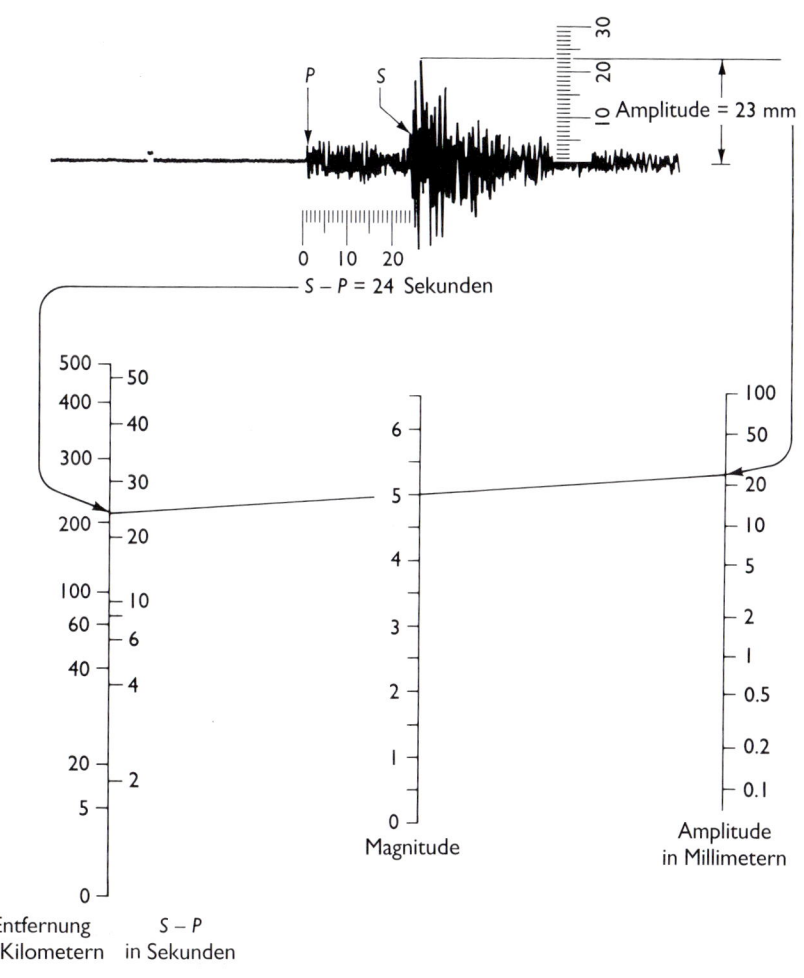

ben vom 27. März 1964 im Prince-William-Sund erreichte beispielsweise 8,6 auf der Richter-Skala. Auf der anderen Seite kann die Aktivität kleiner Störungen Beben produzieren, deren Magnitude unter null, das heißt im negativen Bereich liegt. Hochempfindliche Seismographen können zum Teil Beben der Magnitude –2,0 registrieren. Solche Erdbeben setzen etwa soviel Energie frei wie ein Ziegelstein, der von einem Tisch auf den Boden fällt.

An den Erdbebenwarten konzentriert man sich seit einigen Jahren auf drei neuere Magnitudenskalen mit Namen M_s, m_b und M_w. Die Richter-Magnitude M_L ist auch heute noch in den Medien und bei der Bevölkerung weit verbreitet. Da hier aber der Wellentyp nicht festgelegt ist und der Wood-Anderson-Seismograph nur begrenzte Aufzeichnungskapazitäten hat, findet M_L in der Forschung kaum noch Anwendung. Bei Flachbeben mit detailliert aufgezeichneten Oberflächenwellen suchen die Seismologen die größte Amplitude der Oberflächenwellen mit Perioden um 20 Sekunden heraus. Der daraus berechnete Wert ist die Oberflächenwellenmagnitude M_s. M_s-Werte stellen im wesentlichen eine Ausweitung der lokalen Richter-Magnitude auf weit entfernte Erdbeben dar und erlauben eine vernünftige Schätzung der potentiellen Schäden bei sehr starken, aber auch bei mittleren Erdbeben. Das San-Francisco-Erdbeben von 1906 erreichte eine M_s-Magnitude von 8,25.

Die M_s-Skala kann nicht auf Tiefbeben angewendet werden, da in diesen Fällen keine großen Oberflächenwellen auftreten. Daher haben die Seismologen eine zweite Skala m_b entwickelt, die auf der Höhe der P-Wellen (und nicht der Oberflächenwellen) beruht. Alle Erdbeben setzen mit einer P-Welle ein, die eindeutig bestimmt werden kann, so daß die m_b-Skala den großen Vorteil hat, auch aus großer Entfernung auf alle Beben, seien sie tief oder flach, anwendbar zu sein.

Die Magnitude erlaubt problemlos, die ungefähre Größe oder „Stärke" eines Erdbebens durch nur eine Zahl auszudrücken. Leider hat dieser Wert keine physikalische Einheit. Er wird oft irrtümlicherweise als ein Maß für die Energie eines Erdbebens angesehen. Er gibt jedoch die gesamte mechanische Kraft der seismischen Quelle genausowenig wieder, wie die stärkste Windböe Maß für die gesamte Kraft eines Sturms sein kann.

Auf der Suche nach einem physikalisch sinnvollen Maß für die Stärke eines Erdbebens haben sich die Seismologen der klassischen Theorie der Mechanik bedient, die die Bewegung von Körpern als Folge einer Krafteinwirkung beschreibt. Ein solches Maß, das seismische Moment, hat sich weithin durchgesetzt. Wir werden in Kapitel 4 näher darauf eingehen.

Der Vorteil dieser Methode besteht darin, daß das Erdbebenmoment über die Analyse von Seismogrammen oder aus Feldmessungen des Störungsbruchs einschließlich seiner Tiefe berechnet werden kann. Dieses Maß läßt sich aus allen Seismogrammen jedes modernen Seismographen ermitteln. Es berücksichtigt sämtliche während eines Bebens auftretenden Wellentypen. Dank dieser Vorteile wird heute überwiegend mit der Magnitude des Moments, M_w, gearbeitet.

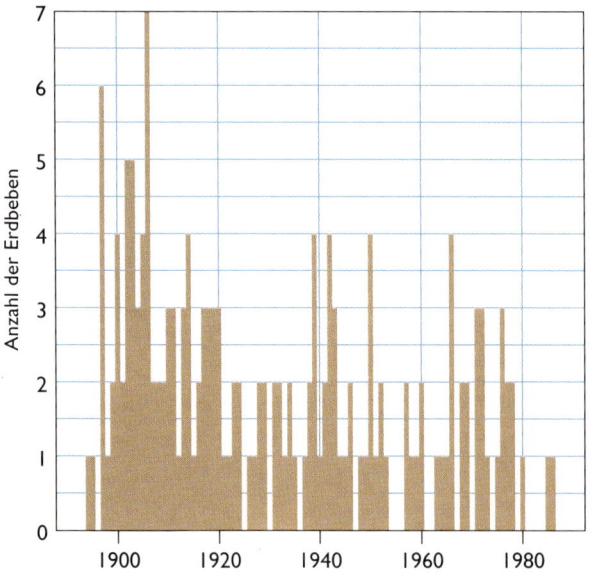

3.11 Die globale Häufigkeit von Beben der Magnitude 8 und höher in diesem Jahrhundert.

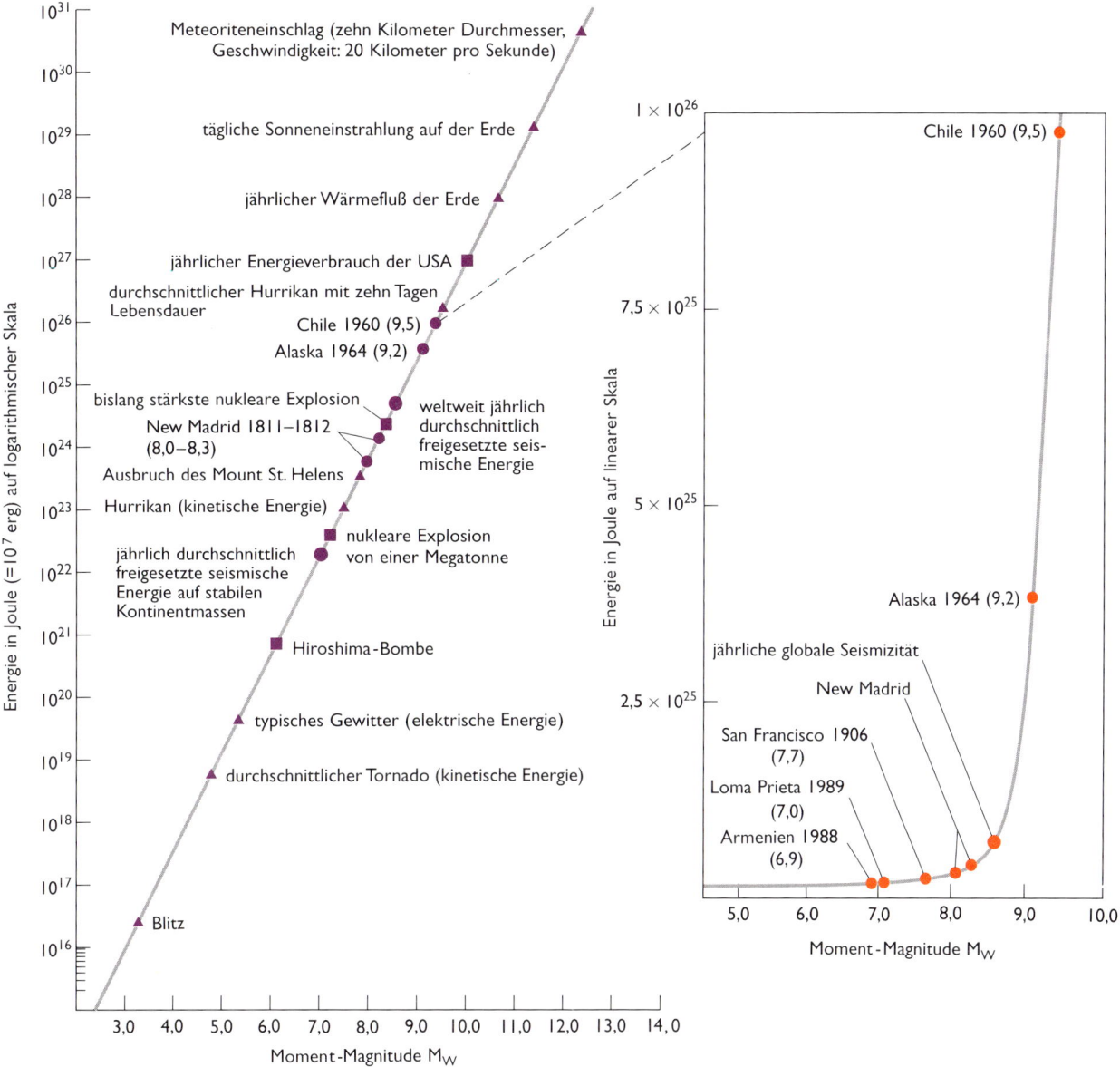

3.12 Die bei Erdbeben freigesetzte Energie im Vergleich.

Die neue Skala beruht auf physikalisch aussagekräftigeren Messungen, speziell bei sehr starken Erdbeben. Das Loma-Prieta-Erdbeben von 1989 beispielsweise hatte eine Magnitude der Oberflächenwelle von 7,1 M_s und eine Magnitude des Moments von 6,9 M_w. Sowohl das San-Francisco-Erdbeben von 1906 als auch das Chile-Beben von 1960 wiesen Magnituden der Oberflächenwellen von 8,3 auf, doch auf der Skala des seismischen Moments ist das San-Francisco-Erdbeben bei 7,9, das chilenische immerhin bei 9,5 zu finden.

Alternative Messungen der Bodenbewegung

Bisher haben wir uns auf Instrumente konzentriert, in denen ein einfaches Pendel zu schwingen anfängt, wenn das Gehäuse durch Erdbeben versetzt wird. Im Laufe der Jahre sind jedoch auch andere ausgeklügelte Geräte konstruiert worden, von denen einige zur modernen Ausrüstung gehören.

Wenn P-Wellen Erdgesteine durchlaufen, dehnen und komprimieren sie diese abwechselnd, wobei sich ihr Volumen und mitunter auch ihre Dichte verändern. Dieses Gesteinsverhalten macht man sich bei einer Meßanordnung zunutze: Stellt man sich einen großen, mit Wasser gefüllten unterirdischen Hohlraum vor, der über eine Röhre mit der Erdoberfläche verbunden ist, dann würde erhöhter Druck auf das nahezu inkompressible Wasser die Wassersäule in der Röhre zum Steigen zwingen. Die Unterschiede im Wasserspiegel wären ein Maß für die Kompressionskomponente der P- und Rayleigh-Wellenbewegungen. Der Wasserstand würde durch die S-Wellen nicht beeinflußt. Diese sogenannten Dilatometer sind Anfang des Jahrhunderts vorgestellt worden.

In den fünfziger und sechziger Jahren wurden Versuche gemacht, unterirdische Wassermassen als Dilatometer zu nutzen. Das Steigen und Fallen von Schwimmkörpern in Brunnen, um ein Vielfaches durch das große Wasservolumen in den unterirdischen Hohlräumen verstärkt, war ein Maß für die Wellenbewegung während eines Bebens. Obwohl sich diese Bemühungen in der Praxis nicht durchsetzen konnten, gibt es heute gute Dilatometer, die für spezielle Zwecke eingesetzt werden. In Japan werden sie beispielsweise nicht so sehr für die Messung der seismischen Aktivität genutzt, sondern vielmehr zur Beobachtung der allmählichen Kompression der Gesteine, die einem Erdbeben vorausgehen kann.

Das Dilatometer ist das einfachste Beispiel eines Gerätes, das die unterschiedliche Untergrunddeformation mißt und weniger die Trägheitskräfte, die an dem seismischen Ereignis beteiligt sind. Ein weiteres frühes Instrument zur Messung von Bodendeformationen, dem größerer Erfolg beschieden war, ist der Strain-Messer (*strain* = Beanspruchung, Verformung). Während seines Aufenthalts in Japan hat John Milne eines der ersten Geräte konstruiert, das die Entfernungsänderungen zwischen zwei fest im Untergrund verankerten massiven Pfeilern messen konnte. Der vielseitig begabte amerikanische Seismographenhersteller Hugo Benioff bahnte einem praktischeren Instrument den Weg. Es registrierte Entfernungsschwankungen zwischen zwei Stegen, die sich in 20 Metern Abstand befanden. Das Instrument maß die Änderung des Spaltes zwischen einem Steg und einem Rohr mit Standardlänge, das aus dem anderen Steg herausragte. Das Rohr bestand zunächst aus Stahl, wurde jedoch später durch einen Quarzstab ersetzt, um temperaturbedingte Längenänderungen weitgehend auszuschließen. Solch ein Instrument ist ein Dehnungsmesser (Extensiometer). Ähnliche Geräte, bei denen zwischen zwei Punkten gespannte Drähte zum Einsatz kommen, sind für die Messung langsamer Dehnungen des Untergrundes aufgrund ansteigender elastischer Gesteinsspannungen eingesetzt worden. Solche Messungen sind für das Verständnis der Erdbebenentstehung von großer Wichtigkeit.

Schließlich gibt es im Untergrund noch langsame Verschiebungen, die sich über Tage oder noch längere Intervalle erstrecken. Diese kann man messen, indem man die Positionsänderung eines freihängenden langperiodischen Pendels oder die unterschiedlichen Pegel wassergefüllter Behälter, die miteinander verbunden sind, aufzeichnet.

Insgesamt hat sich herausgestellt, daß die Aufzeichnung unterschiedlicher Bewegungen zwischen einer freihängenden Masse und dem sich bewegenden Untergrund die effektivste Methode zur Messung seismischer Wellen verschiedenster Art ist. Geräte auf der Basis dieses Verfahrens bleiben auch nach nunmehr hundert Jahren die am häufigsten eingesetzten Instrumente.

3.13 Hugo Benioff (1899–1968), Erbauer wichtiger moderner Erdbebenaufzeichnungsgeräte, befaßte sich auch mit den Zonen der Tiefbebenherde.

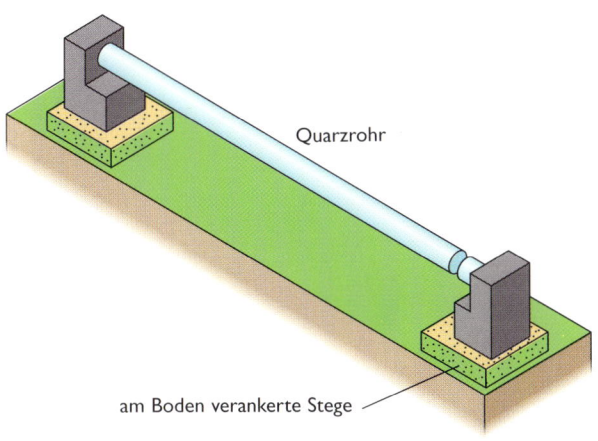

Quarzrohr

am Boden verankerte Stege

3.14 Der Benioff-Dehnungsmesser. Die Entfernung zwischen zwei am Boden verankerten Stegen verändert sich in dem Maß, wie der Untergrund als Reaktion auf den Aufbau elastischer Spannung oder die Freisetzung von Energie in einem Erdbeben mit Längenänderungen reagiert. Diese Änderungen werden mittels eines elektronischen Bewegungsmelders gemessen, der sich in dem Spalt befindet.

Strong motion- Beschleunigungsmesser

Seismographen mit Pendeln sind dann am vorteilhaftesten, wenn geringe Bodenbewegungen oder Wellen von weit entfernten Erdbebenherden aufgezeichnet werden sollen. In der Nähe eines starken Bebens sind die Erschütterungen jedoch so stark, daß normale Geräte mit Pendeln „überdrehen". Gelegentlich lösen sich dabei die Pendel aus ihrem Lager oder zerbrechen sogar. Selbst wenn die Instrumente intakt bleiben, reicht der Ausschlag des Pendels weit über den Meßbereich des Gerätes hinaus. Außerdem sind Pendel mit sehr langer Periode, die bis vor kurzem aus meterlangen Gestängen bestanden, über Stunden und Tage nicht ausreichend stabil. Die Abweichungen der Ausschläge beruhen auf geringen Temperaturänderungen in den Aufzeichnungsgehäusen, Konvektionsströmen der Luft oder der langsamen Kippung des Untergrundes selbst. Zur Vermeidung dieser Instabilitäten müssen die Geräte ständig überprüft werden.

Nach dem Erdbeben in San Francisco von 1906 machte die State Earthquake Investigation Commission auf den Bedarf nach einem Gerät aufmerksam, das in oder nahe einem normalen Gebäude über Monate und Jahre unbeaufsichtigt stehen bleiben kann, bis es ein starkes Erdbeben registrieren kann. Das Instrument muß robust sein, stabile Aufzeichnungen liefern und über einen zuverlässigen Auslöser verfügen, der das Gerät nach dem ersten festen Stoß in Betrieb setzt.

Nach vielen Versuchen und Fehlschlägen entstand ein Instrument, das mittlerweile weltweit für die Aufzeichnung schwerer, naher Erdbeben eingesetzt wird. Dieser Beschleunigungsmesser (oder Accelerometer) wurde etwa 1925 in Kalifornien zum ersten Mal getestet. Die ersten Instrumente besaßen kurzperiodische Pendel; heutzutage werden Federinstrumente mit geringer Trägheit benutzt. Diese Sensoren mit kurzen Perioden reagieren auf langsame Bodenverkippungen oder Temperaturänderungen nicht annähernd so empfindlich wie Pendel mit längerer

Periode. Dazu kam noch, daß bei dem Sensor aufgrund der kurzen Eigenschwingungsperiode bei Bodenbewegungen von längerer Periode die Amplitude des erzeugten Signals direkt proportional zur Beschleunigung des Untergrundes und weniger zu seiner Versetzung war. Diese Beschleunigungsmesser konnten mit hoher Genauigkeit und über ein breites Spektrum von Wellenfrequenzen die tatsächliche Bodenbeschleunigung messen. Die sehr geringe Empfindlichkeit des Instruments stellte zudem sicher, daß Bodenerschütterungen bis zu Beschleunigungen, die über der Erdbeschleunigung lagen, noch innerhalb des Meßbereichs lagen.

Die erste Generation von *strong motion*-Beschleunigungsmessern, die über ein optisches Aufzeichnungssystem verfügten, schien nach Meinung der Ingenieure die langersehnten, zuverlässigen und quantitativen Daten über die Kräfte zu liefern, denen Bauwerke, ob nun beschädigt oder nicht, während eines Bebens ausgesetzt sind. In den letzten zehn Jahren hat die Entwicklung der digitalen Elektronik auch zu verbesserten *strong motion*-Beschleunigungsmessern geführt. Sie sind einfacher und leistungsfähiger als ihre Vorgänger. Der erste wesentliche technische Fortschritt bestand darin, die Instrumente mit einer absoluten Zeitmessung auszustatten, über die auch normale Seismographen verfügen. Die exakte *Greenwich Mean Time* läßt sich über sehr genaue Quarzuhren, preiswerte Funkuhren oder neuerdings auch über Satellit einstellen. Zum zweiten gibt es bei den neuen Instrumenten nicht mehr den gravierenden Nachteil der Geräte der ersten Generation, die nach dem Auslösen einige Sekunden der *P*-Wellenbewegung verloren, da ihre Motoren erst auf Geschwindigkeit kommen mußten. Die neue Generation von *strong motion*-Beschleunigungsmessern ist dagegen so konstruiert, daß sie die Bodenbewegung kontinuierlich, auch in ruhigen Zeiten, messen und bis zu zehn Sekunden speichern. Auf diese Weise werden nach dem Auslösen durch eine Welle mit großer Amplitude auch einige Sekunden *vor* der ersten *P*-Welle gespeichert.

Diese Instrumente sind mittlerweile mit einem PC gekoppelt. Digitale *strong motion*-Beschleunigungs-

messer verfügen über Festspeicher, so daß die Bewegungen des Untergrundes digital aufgezeichnet und auf Diskette, CD-ROM oder Magnetband gespeichert werden können. Heute nimmt der Betreiber eines Gerätes nach einem Erdbeben seinen Laptop mit ins Gelände, schließt ihn an den digitalen *strong motion*-Beschleunigungsmesser an, überträgt die Daten auf seinen Computer und nimmt sie zur Auswertung mit ins Büro. Es gibt auch *strong motion*-Instrumente, die über Telefonleitung mit einer zentralen Erdbebenwarte verbunden sind. Auf diese Weise läßt sich die Aufzeichnung heftiger Bodenerschütterungen auch an entlegener Stelle innerhalb kürzester Zeit auf

3.15 Installation von Seismographen auf einem kalifornischen Hügel.

dem Bildschirm sichtbar machen. Diese unmittelbare Verfügbarkeit von *strong motion*-Daten in einem erdbebengefährdeten Land ist mitterweile für Versorgungs- und Transportunternehmen von großer Wichtigkeit, die so nach einem Beben sehr schnell abschätzen können, welche kritischen Bauten wie Dämme, Gleisanlagen und Straßenüberführungen wahrscheinlich ohne Schäden geblieben sind.

Die meisten Observatorien im Erdbebenland Kalifornien betreiben heutzutage neben den herkömmlichen Geräten digitale *strong motion*-Beschleunigungsmesser. In den sechziger Jahren, als ich Direktor des seismographischen Netzwerks der University of California in Nordkalifornien wurde, hatte ich die Befürchtung, daß, trotz des Anspruchs, über eine der weltweit besten seismographischen Ausstattungen zu verfügen, die heftigen Bewegungen des Untergrundes während eines starken Bebens unsere empfindlichen Seismographen überlasten würden. Ich müßte mich dann einer neugierigen und aufgeregten Presse stellen, nur um zu sagen: »Unsere Instrumente konnten wegen der starken Bodenbewegungen keine Informationen aufzeichnen!« Aus diesem Grund fing ich an, neben den hochverstärkenden Seismographen, die traditionell in der geophysikalischen Forschung eingesetzt wurden, *strong motion*-Beschleunigungsmesser zu installieren, die bis dahin hauptsächlich für technische Untersuchungen genutzt wurden. Glücklicherweise müssen die Direktoren der Observatorien in Kalifornien meine damaligen Befürchtungen heute nicht mehr teilen. Die Seismographen der neuesten Generation mit digitaler Aufzeichnung und einem breiten Frequenzband sind wertvolle Forschungsinstrumente für alle Disziplinen, die sich mit Erdbeben befassen.

4

Die Entstehung natürlicher und künstlicher Erdbeben

4.1 Ein frischer Geländebruch nach dem Erdbeben von 1988 in Armenien. Im Hintergrund liegt die Stadt Spitak.

Eine der größten Leistungen der Seismologie war die vollständige Ergründung des erdbebenerzeugenden Mechanismus. Noch zur Jahrhundertwende kommentierte einer der führenden Wissenschaftler auf dem Gebiet der Erdbebenkunde, daß »die Ursachen für Erdbeben immer noch im Dunkeln liegen und wahrscheinlich auch dort bleiben werden, da diese gewaltigen Erschütterungen in Tiefen weit unter dem Bereich der menschlichen Beobachtungsmöglichkeiten entstehen«. Viele seiner Zeitgenossen sahen Vulkanismus als den Hauptverursacher großer Erdbeben an, während andere die an hohe Bergketten gebundenen Gravitationsunterschiede als Auslöser vermuteten.

Nach der Errichtung des seismographischen Netzwerks zu Beginn des 20. Jahrhunderts wurde durch die weltweite Überwachung der Erdbebenaktivitäten deutlich, daß sich viele große Erdbeben auch weit entfernt von Vulkanen und Gebirgen ereignen. Zunehmend machten es sich Geologen damals zur Aufgabe, die durch Erdbeben zerstörten Gebiete zu besuchen. Sie waren fasziniert von den langen Oberflächenrissen, die kartographisch häufig als lineare Systeme mit abrupten Wechseln in der Topographie dargestellt werden konnten. Zu Anfang dieses Jahrhunderts wurde dann deutlich, daß normale Erdbeben in engem Zusammenhang mit weitreichenden Verformungen der Erdkruste stehen, die Bergketten, Grabensysteme, mittelozeanische Rücken und Tiefseegräben entstehen lassen. Die Geologen vermuteten den Grund für die heftigen Bodenerschütterungen in schnellen, großräumigen Hebungen von Oberflächengesteinen. Ihre Theorien verdichteten sich bald zu der Überzeugung, daß der Mechanismus für die Entstehung der überwiegenden Anzahl von Erdbeben gefunden war.

Heutzutage werden fast alle Flachbeben auf die gleiche Ursache zurückgeführt. Diese Bodenerschütterungen resultieren letztlich aus großräumigen Verformungen der äußeren Erdschale, die wiederum auf tief ansetzende Erdkräfte, sogenannte tektonische Kräfte, zurückzuführen sind. Der unmittelbare Auslöser für die Ausbreitung seismischer Wellenenergie ist die plötzliche Bewegung entlang einer geologischen Störung.

Geologische Störungen

Wenn Gesteine im Labor hohem Druck ausgesetzt werden, können sie auf verschiedene Weise „brechen" oder „nachgeben". An einigen Schwachstellen bilden sich Brüche, die das Gestein teilen. Die Flanken werden als Störungsflächen bezeichnet und gleiten beim Bruch des Gesteins schlagartig aneinander vorbei. Könnten die Bruchstücke wieder zusammengesetzt werden, spricht man von einem Sprödbruch. Bei Brüchen, an denen die Bewegung nicht plötzlich stattfindet, sondern das Gestein langsam zerreißt, bleibt die Kohäsion entlang der geneigten Störungsfläche erhalten. Diese können die gespeicherte elastische Energie nicht so schnell freisetzen wie ein Sprödbruch.

In der Natur werden ausgedehnte Trennfugen als geologische Störungen bezeichnet. Wie beim Gesteinsbruch im Labor können die Störungsflächen allmählich und nicht wahrnehmbar aneinander vorbeigleiten oder plötzlich brechen und die Energie in Form eines Erdbebens freisetzen. In diesem Fall bewegen sich die beiden Seiten der Störung in entgegengesetzte Richtungen, so daß Gesteine, die vorher über die Störung hinweg eine Einheit bildeten, nun versetzt sind. Viele Störungen sind extrem lang, einige können entlang der Erdoberfläche über Tausende von Kilometern verfolgt werden.

Störungen können eine Vielzahl von Merkmalen aufweisen. Sie können als klare Brüche mit nur geringem, kaum sichtbarem Versatz ausgebildet sein oder aber als zehn bis Hunderte von Metern breite, diffus zertrümmerte Gesteinszonen – das Ergebnis immer wiederkehrender Bewegungen entlang der Störungszone. Hat sich eine Störung erst einmal gebildet, wird sie als Reaktion auf die anhaltende Beanspruchung zum Schauplatz andauernder Verschiebung. Dies wird durch zermalmtes Gestein und toniges Material in der Nähe von Störungsflächen belegt. Die meisten Gesteine an der Erdoberfläche weisen eine Fülle von Brüchen auf, an denen Gesteinsverschiebungen stattgefunden haben. Das Gestein in einer Störungszone kann im Verlauf mehrerer Erdbe-

4.2 In diesen Gesteinsschichten bei Kanab in Utah sieht man kleine, aber deutliche Abschiebungen.

ben dermaßen zermahlen und zerschert werden, daß es sich zu einem plastischen Ton verändert – man spricht dann von einem Mylonit oder auch von einem Störungsletten. Dieses Material hat eine geringe Festigkeit und kann keine elastische Energie speichern, wie es bei dem festen elastischen Gestein in größeren Tiefen der Fall ist.

Die Einteilung von Störungen erfolgt gemäß ihrer Geometrie und relativen Bewegungsrichtung. Wie in Abbildung 4.3 gezeigt wird, ist die Orientierung einer Störung in den drei Dimensionen durch zwei Winkel festgelegt. Der erste ist der Einfallswinkel der Störung, also der Winkel der Störungsfläche zur Horizontalen. Der zweite ist das Streichen der Störung, die Richtung der Störungslinie an der Oberfläche relativ zur Nordrichtung.

Störungen werden anhand der Bewegungsorientierung entlang des Einfallens und Streichens unterschieden. An einer Horizontalverschiebung bewegen sich die beiden Schollen horizontal gegeneinander. Das Gestein wird parallel zum Streichen verschoben. Wenn wir auf der einen Seite einer solchen Störung stehen und sehen, daß die Bewegung auf der anderen Scholle von links nach rechts verläuft, ist dies eine rechtslaterale Horizontalverschiebung. Entspre-

chend gibt es auch linkslaterale Horizontalverschiebungen.

An Störungen können auch ausschließlich vertikale Bewegungen ablaufen. Bei Verwerfungen kommt es zu vertikalen Relativbewegungen der Schollen. Der Bewegungssinn ist dabei weitgehend parallel zum Einfallen der Störung gerichtet, und manchmal bildet das vertikal versetzte Gestein kleine, aber sichtbare Geländestufen. Dieser Störungstyp wird wiederum in zwei Untergruppen aufgeteilt. Bei einer Abschiebung bewegt sich das Hangende (oder überlagernde Gestein) auf der geneigten Störungsfläche relativ zum Liegenden (oder unterlagernden Gestein) nach unten. Im Gegensatz dazu ist eine Aufschiebung eine Störung, an der sich die Scholle oberhalb der Störungsfläche nach oben bewegt. Überschiebungen sind Aufschiebungen mit kleinem Einfallswinkel. Selten sind Störungen ausschließlich Auf- oder Abschiebungen, gewöhnlich kommt es sowohl zu horizontalen als auch vertikalen Bewegungen. Solche Störungen werden als Schrägabschiebungen bzw. -aufschiebungen bezeichnet.

Einige Störungsbrüche dringen nicht vom Grundgebirge durch die überlagernden Erdschichten, da der Versatz nahe der Oberfläche absorbiert wird. In sol-

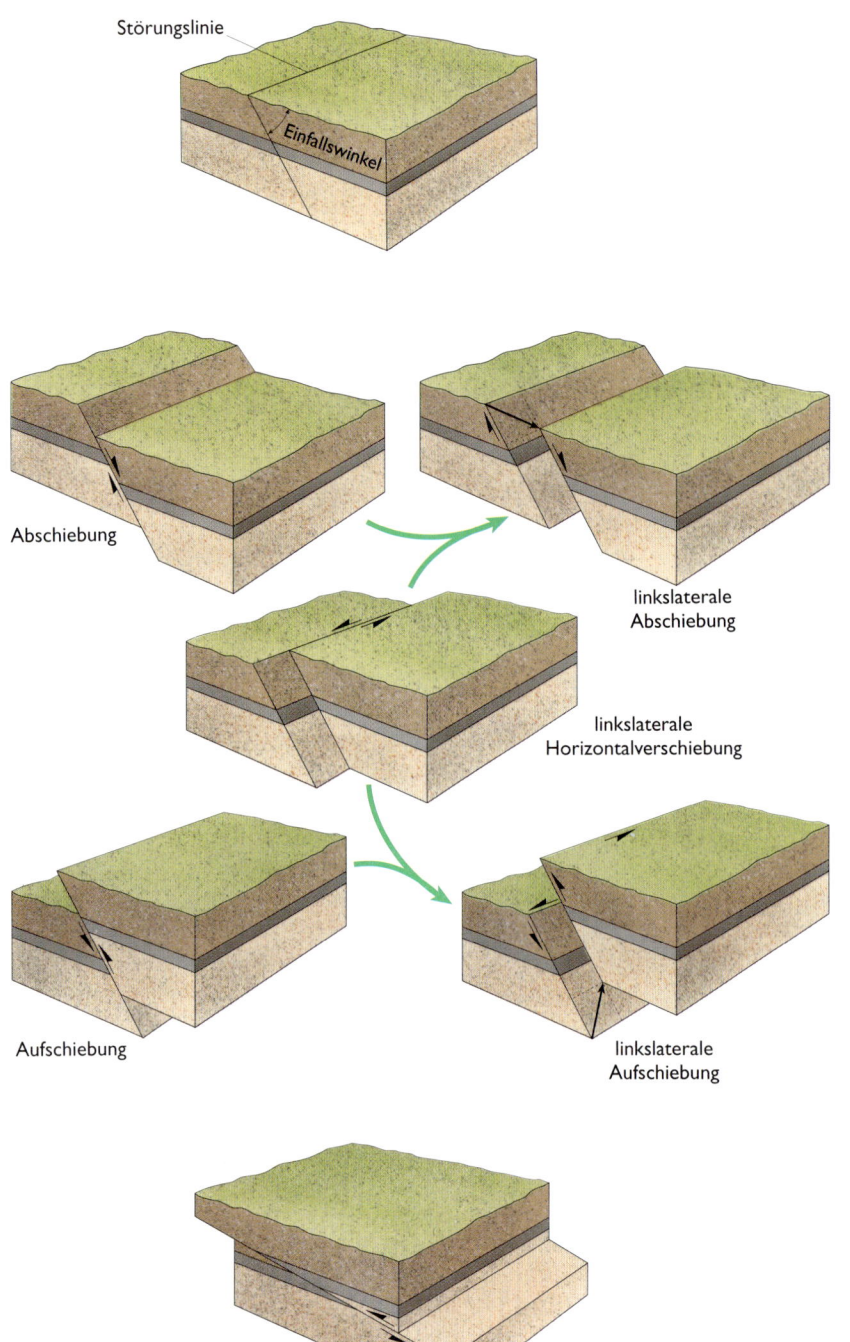

Störungslinie

Einfallswinkel

Abschiebung

linkslaterale
Abschiebung

linkslaterale
Horizontalverschiebung

Aufschiebung

linkslaterale
Aufschiebung

Überschiebung

4.3 Die Arten geologischer Störungen. Schrägauf- und -abschiebungen (rechts) vereinen Charakteristika von Störungen, die eine horizontale Bewegung (Horizontalverschiebungen) und die eine vertikale Bewegung (Auf- und Abschiebungen) haben.

chen Fällen kann die Bewegung nur durch das Ausheben von Gräben oder durch Anschnitte entlang der Störungsböschung untersucht werden.

Weitere Ursachen seismischer Unruhe

Die Mehrheit der zerstörerischen Erdbeben – wie 1906 das Erdbeben von San Francisco, 1988 das Erdbeben von Armenien und 1992 das Landers-Erdbeben von Kalifornien – entstehen dann, wenn Gesteine entlang eines Störungsbruches plötzlich nachgeben. Obwohl wir normalerweise gerade diese sogenannten tektonischen Erdbeben mit dem Wort *Erdbeben* verbinden, entstehen solche Erdstöße auch aufgrund anderer Ursachen.

Ein zweiter bekannter Typ von Erdbeben ist eine Begleiterscheinung von Vulkanausbrüchen. Viele Menschen waren mit den alten griechischen Philosophen der Ansicht, daß Erdbeben mit vulkanischer Aktivität verbunden seien. In der Tat ist es erstaunlich, daß Erdbeben und Vulkane in vielen Teilen der Welt korreliert sind. Mittlerweile wissen wir jedoch, daß Vulkanausbrüche und Erdbeben auf tektonische Kräfte im Gestein zurückzuführen sind, aber nicht unbedingt zusammen vorkommen müssen. Heute bezeichnen wir ein Erdbeben, daß in Verbindung mit vulkanischer Aktivität auftritt, als vulkanisches Erdbeben.

Der eigentliche Mechanismus der Erzeugung seismischer Wellen bei großen vulkanischen Erdbeben ist wahrscheinlich der gleiche wie bei tektonischen Erdbeben. In der Umgebung eines ausbrechenden Vulkans bauen sich im Gestein als Folge der Ansammlung und Bewegung von Magma elastische Spannungen auf. Sie führen zu Störungsbrüchen, genau wie bei den tektonischen Erdbeben, die in keiner Weise in Verbindung mit Vulkanen stehen. Darüber hinaus können Erschütterungen aber auch durch die schnelle Bewegung von aufsteigendem Magma in den För-

derröhren unterhalb des Vulkans oder durch die explosive Entladung von überhitztem Wasserdampf und Gasen hervorgerufen werden. Dieser vulkanische Tremor oder auch harmonische Beben sind durch relativ konstante Wellenlängen gekennzeichnete Beben.

Ein weiterer Erdbebentyp tritt auf, wenn Höhlen oder Bergwerksschächte kollabieren und ein kleines Einsturz-Erdbeben verursachen. Eine häufig beobachtete Variante dieses Phänomens ist der sogenannte Bergschlag. Er entsteht, wenn der durch Arbeiten im Bergwerk hervorgerufene Druck um das Abbaugebiet große Gesteinsmassen von der Abbaufront explosiv absprengt und seismische Wellen hervorruft.

Ein aufsehenerregender Erdrutsch entlang des Flusses Mantaro in Peru verursachte am 25. April 1974 seismische Wellen, die einem Erdbeben der Magnitude 4,5 entsprachen. Eine Gesteinsmasse von mehr als 1,6 Kubikkilometern Volumen rutschte sieben Kilometer weit und begrub ungefähr 450 Menschen unter sich. Dieser Erdrutsch wurde nicht durch ein nahes tektonisches Erdbeben, sondern durch die natürliche Instabilität des Berghangs ausgelöst. Ein Teil der Gravitationsenergie verlor sich in der schnellen Abwärtsbewegung der Gesteinsmasse und wurde in seismische Wellen umgewandelt, die auch noch Hunderte von Kilometern entfernt von Seismographen deutlich aufgezeichnet werden konnten. Ein Seismograph in 80 Kilometern Entfernung registrierte drei Minuten lang Bodenbewegungen. Diese Dauer entspricht der Geschwindigkeit und Ausdehnung der Rutschung, die sich mit ungefähr 140 Kilometern in der Stunde über eine Entfernung von sieben Kilometern bewegte.

Da Erdbeben sehr oft Erdrutsche hervorrufen, manche von gigantischem Ausmaß, kann es schwierig sein, Ursache und Wirkung zu unterscheiden. Der vielleicht größte Erdrutsch in der jüngeren Geschichte ereignete sich 1911 bei Usoy im russischen Pamirgebirge. Prinz B. B. Galitzin, ein Pionier der modernen Seismographie, zeichnete mit seinem Seismographen bei St. Petersburg Erdbebenwellen

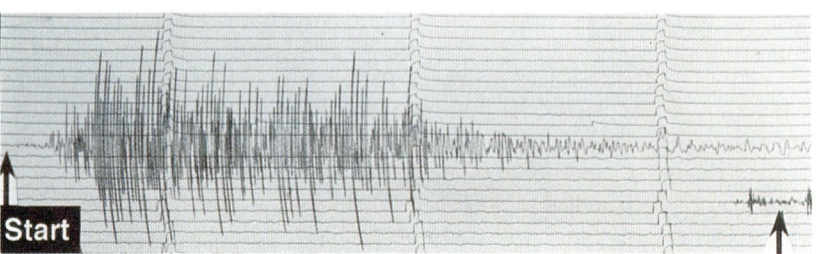

4.4 Oben: Ein Blick auf den Mount Cook in Neuseeland, nachdem am 15. Dezember 1991 durch eine Lawine 14 Millionen Kubikmeter Gestein und Schnee in Bewegung geraten waren. Unten: Die seismische Aufzeichnung der Mount-Cook-Lawine, aufgenommen in einer Entfernung von 75 Kilometern. Die Schwingungen der Wellen sind mit einem tektonischen Erdbeben der Stärke 3,9 vergleichbar.

auf, die von einem über 3 000 Kilometer entfernten Bergsturz ausgingen. Zuerst nahm er an, ein normales tektonisches Erdbeben aufgezeichnet zu haben. Erst 1915 wurde eine Expedition zur Erforschung des Usoy-Erdrutsches losgeschickt, die herausfand, daß hier 2,5 Kubikkilometer Gestein in Bewegung geraten waren!

Es ist selten, daß die Atmosphäre und Erdoberfläche von sehr großen Meteoriten getroffen werden, die dann Auslöser von Einschlagsbeben sind. Ein faszinierender Fall ist daher der Tunguska-Meteorit, der am 30. Juni 1908 in einer entlegenen Region Sibiriens in die Erdatmosphäre eintrat. Unter dem Druck und der Hitze, ausgelöst durch die schnelle Abbremsung in der Atmosphäre, explodierte der

Meteorit weniger als zehn Kilometer über der Erdoberfläche und ebnete dabei ein riesiges Waldgebiet ein. Zahlreiche Seismographen in Rußland und Europa zeichneten bis in 5 000 Kilometern Entfernung seismische Wellen auf. Aufgrund der Werte wurde zunächst angenommen, daß es sich um ein starkes tektonisches Erdbeben gehandelt hatte.

Es sind auch einige Fälle von Erdbeben gut beschrieben, die nach der Injektion von Flüssigkeiten (beispielsweise Spülungen) in tiefe Bohrlöcher oder dem Auffüllen von großen Stauseen ausgelöst wurden. Obwohl auch hier das Freisetzen von Spannung durch Störungsbrüche als Ursache angesehen wird, stellt sich die Frage, in welchem Umfang Bewegungen durch Wasser in einem Bohrloch oder einem

Stausee ausgelöst werden können, die sonst erst viele Jahre später aufgetreten wären.

Ein gut belegtes Fallbeispiel ist der Lake Mead, der 1935 hinter dem Hoover Dam des Colorado aufgestaut wurde. Bevor der See entstand, gab es keinerlei Aufzeichnungen von Erdbebentätigkeit in dieser Gegend, danach jedoch kam es häufig zu kleinen Erdbeben. Ferner haben lokale seismographische Stationen, die nach dem Auffüllen des Stausees errichtet wurden, einen engen Zusammenhang zwischen der Häufigkeit der Erschütterungen und den Wasserspiegelschwankungen festgestellt.

Dieser Effekt zeigt sich besonders bei großen Reservoirs mit mehr als 100 Metern Wassertiefe und einem Kubikkilometer Wasservolumen. Die Mehrzahl dieser großen Stauseen aber ist seismisch völlig ruhig. Von den 26 größten Reservoirs auf der Welt haben nur fünf zweifelsfrei Erdbeben verursacht, darunter der Kariba-Damm in Sambia und der Assuan-Damm in Ägypten. Die plausibelste Erklärung ist vielleicht, daß das Gestein in der unmittelbaren Nähe von Bohrlöchern oder Reservoirs schon vorher tektonisch gespannt war, so daß bereits vorhandene Störungen kurz vor der Entlastung standen. Die Wassermasse fügt einen zusätzlichen Druck hinzu, der die Spannung im Gestein verstärkt und die Rutschung auslöst.

Letztendlich verursachen auch wir Menschen durch Sprengung von konventionellen oder nuklearen Sprengsätzen Explosionsbeben. Bei oberflächennahen Explosionen ruft die Verdichtung des Gesteins in den Bruchzonen seismische Wellen hervor, die sich in alle Richtungen ausbreiten. Wenn die erste seismische Druckwelle die Oberfläche erreicht, wölbt sich der Boden nach oben. Reicht die Wellenenergie aus, werden Erde und Gestein wie in einem Steinbruch weggesprengt und Gesteinsbrocken durch die Luft geschleudert.

Kleine Erdbeben können sogar durch das Stampfen von Mensch und Tier ausgelöst werden.

Der langsame Anstieg elastischer Energie

Lassen Sie uns ausführlicher über die Ursache tektonischer Erdbeben nachdenken. In seismisch aktiven Regionen deformieren tief angreifende Kräfte im Laufe der Zeit das Gestein im Untergrund. Ein großer Teil dieser Deformationen ist zumindest über einen Zeitraum von Jahrtausenden im Zustand elastischer Spannung gespeichert. Größe und Gestalt des Gesteinskörpers ändern sich, und wenn die Kräfte schlagartig freigesetzt werden, schnellen die Gesteine wie ein komprimierter Gummiball in ihren energetischen Ausgangszustand zurück. Solche elastischen Gesteinsbewegungen können durch sorgfältige geodätische Vermessungen aufgespürt werden, die die Unterscheidung der elastischen und irreversiblen Verformungen erlauben.

Es gibt drei wesentliche Methoden geodätischer Vermessungen, die für diesen Zweck geeignet sind. Bei zweien wird das Ausmaß der horizontalen Bewegung bestimmt. Bei der Triangulation werden kleine Teleskope benutzt, um den Winkel zwischen Markierungen auf der Erdoberfläche zu messen. Bei der Trilateration werden die Entfernungen von Markierungen auf der Bodenoberfläche entlang ausgedehnter Profile bestimmt. In der modernen Trilaterationstechnik wird Licht (manchmal ein Laserstrahl) mit Hilfe eines sogenannten Geodimeters von einem Spiegel an einem entfernt liegenden hohen Punkt, zum Beispiel einem Berggipfel, reflektiert. Dabei wird die Zeit, die das Licht für den Hin- und Rückweg braucht, gemessen. Über große Entfernungen verändert sich die Geschwindigkeit des Lichts unter den atmosphärischen Bedingungen; daher werden bei präzisen Vermessungen kleine Flugzeuge oder Hubschrauber eingesetzt, die Luftdruck und -temperatur entlang der Meßlinien erfassen und spätere Korrekturen ermöglichen. Solche Messungen haben eine Genauigkeit von ungefähr einem Zentimeter über eine Distanz von 20 Kilometern.

Bei der dritten Vermessungsmethode wird durch Festlegung von Höhenniveaus im Gelände der Grad

71

4.5 In Parkfield in Kalifornien werden für geodätische Messungen Laserstrahlen auf entfernte Spiegel ausgerichtet.

der Vertikalbewegung bestimmt. Diese Methode der Höhenbeobachtung besteht einfach in der Messung der Höhenunterschiede zwischen vertikalen Meßlatten, die an festen Vermessungspunkten an verschiedenen Stellen der Erdoberfläche verankert sind. Wiederholungen dieser Vermessungen lassen jede Veränderung zwischen den Messungen erkennen. Die Markierungspunkte befinden sich über das Land verteilt auf einem nationalen Netzwerk von Fixpunkten. Wo immer es möglich ist, wird das Vermessungsnetz zu den Küsten hin ausgedehnt, so daß auch der mittlere Meeresspiegel als Referenzgröße zur Bestimmung der absoluten Änderungen der Landhöhen herangezogen werden kann. In den letzten Jahren kamen als Bezugspunkte zudem geostationäre Satelliten hinzu. Entfernungen werden dabei über die Laufzeit von Radiowellen von Sendern an festgelegten Punkten auf der Erdoberfläche zum Satelliten gemessen.

Die unterschiedlichen Vermessungsmethoden zeigen, daß in seismisch aktiven Gebieten wie Kalifornien oder Japan horizontale und verikale Krustenbewegungen in deutlich meßbaren Größenordnungen stattfinden. Sie bestätigen darüber hinaus, daß auf den stabilen Kontinentalgebieten, wie zum Beispiel den alten Landmassen des Kanadischen und Australischen Schildes, zumindest in der jüngsten Vergangenheit kaum Veränderungen stattfanden.

Die vielleicht wichtigsten geodätischen Daten zu regionalen Deformationen in bezug auf Erdbeben stammen aus Kalifornien. Sie reichen zurück bis in das Jahr 1850 und trugen im Anschluß an das Erdbeben von 1906 in San Francisco entscheidend zur Entwicklung der modernen Theorie der Erdbebenentstehung bei. In den letzten Jahrzehnten wurden entlang des San-Andreas-Störungssystems verbesserte Messungen im Hinblick auf Erdbebenvorhersagen durchgeführt. Mit optischen und Lasergeodimetern werden die Entfernungen zwischen Festpunkten auf den Berggipfeln beiderseits der San-Andreas-Störung vermessen. Entwicklungen im Aufbau von Spannungen sind erstaunlich deutlich: Die Messungen bestätigen rechtslaterale Deformationen entlang der Störung, während Vermessungslinien, die die Hauptstörungszone nicht queren, nur sehr kleine Längenänderungen aufweisen.

Die Theorie vom elastischen Rückstoß

In der wissenschaftlichen Forschung ist die erste Beschreibung eines Vorfalls oder einer Hypothese oft von geringerer Bedeutung als der Nachweis, der die wissenschaftliche Gesellschaft davon überzeugt, daß wirklich etwas Neues entdeckt worden ist. Dementsprechend etablierte sich die heute allgemein anerkannte Theorie von der Erdbebenentstehung durch Störungsbrüche erst aufgrund der überzeugenden Studien über das San-Francisco-Erdbeben von 1906. Vor 1906 wurden mittels Triangulation zwei Dreiecksnetze über die Region gelegt, durch die die San-Andreas-Störung verläuft: ein Netz von 1851–1865, das andere von 1874–1892. Der amerikanische Ingenieur H. F. Reid stellte fest, daß sich weit auseinanderliegende Punkte auf beiden Seiten der Störung über einen Zeitraum von 50 Jahren vor 1906 um 3,2 Meter gegeneinander verschoben hatten, wobei die westliche Seite nach Nordnordost gewandert war. Als diese Messungen mit Daten einer dritten Vermessung kurz nach dem Erdbeben verglichen wurden, fand man eine auffällige horizontale Scherung, die das Gestein parallel zu der gerissenen San-Andreas-Störung sowohl vor als auch nach dem Erdbeben versetzt hatte (siehe Abbildung 8.5, Seite 180).

Seit dieser Arbeit von Reid gilt die seismologische Theorie, daß ein natürliches Erdbeben durch die schlagartige Bewegung ausgelöst wird, die sich entlang einer geologischen Störung in dem oberen Teil der Erdkruste fortpflanzt. Entsprechend dieser Theorie des elastischen Rückstoßes baut sich Spannung über Hunderte oder gar Tausende von Jahren *langsam* im Gestein auf. Im schwächsten Bereich des beanspruchten Gesteins schließlich, gewöhnlich an einer bereits bestehenden Störung, verursachen *plötzliche* Entspannungen einen Versatz, so daß sich die gegenüberliegenden Krustenteile gegeneinander verschieben. Der Versatz breitet sich entlang der Störungsfront mit einer Geschwindigkeit aus, die geringer ist als die der seismischen Scherwellen im umgebenden Gestein. Die aufgestaute elastische Spannungsenergie wird freigesetzt, indem die beiden Flanken der Störung in einen mehr oder weniger ungespannten Zustand zurückfallen. Daraus folgt in der Regel: Je länger und breiter der Bereich der Versetzung ist, desto mehr Energie wird freigesetzt und desto stärker wird das tektonische Erdbeben sein.

Kräfte wie jene, die das Erdbeben von 1906 hervorriefen, sind im Modell in Abbildung 4.6 dargestellt. Stellen Sie es sich als einen Zaun aus der Vogelperspektive vor, der quer über die San-Andreas-Störung verläuft. Der Zaun verläuft über viele Meter geradlinig auf jeder Seite der Störungslinie. Die tektonischen Kräfte sind durch gelbe Pfeile symbolisiert und wirken auf die elastischen Gesteine. Dadurch krümmt sich der Zaun; die linke Seite wandert im Verhältnis zur rechten. Die Gesteinsverschiebungen summieren sich im Verlauf von etwa 50 Jahren auf mehrere Meter. Diese Beanspruchung kann sich jedoch nicht auf unbestimmte Zeit fortsetzen; früher oder später werden die schwächsten Gesteinspartien oder diejenigen im Bereich der größten Spannung nachgeben. Diesem Bruch folgt eine Rückformung oder ein Rückstoß auf jeder Seite der Störung. Wie in der Abbildung 4.6 zu sehen ist, schnellt das Gestein auf beiden Seiten der Störung von D zu den Punkten D_1 und D_2 zurück. Das darunterstehende Photo zeigt den Versatz eines Zauns über einer Störung nach dem Erdbebenbruch von 1906.

In den Jahren nach 1906 wurde immer wieder dieser elastische Rückstoß als unmittelbarer Auslöser für tektonische Erdbeben bestätigt. Es ist wie bei einer Uhrfeder, die immer strammer aufgezogen wird: Je größer die elastische Spannung der Gesteine, desto mehr Energie speichern sie. Wenn eine Störung bricht, wird die im Gestein gespeicherte Energie teilweise in Form von Wärme und teilweise als elastische Wellen schlagartig freigesetzt. Diese Wellen lösen das Erdbeben aus.

Häufig sind auch Gesteinsverschiebungen in vertikaler Richtung. In solchen Fällen ereignet sich die elastische Rückformung entlang der geneigten Störungsfläche und verursacht vertikale Spalten, die als Linien auf der Oberfläche erkennbar sind und steile Bruchstufen bilden. Bei großen Erdbeben sind sie viele Meter hoch und dehnen sich entlang der Bruchfläche manchmal über zehn bis Hunderte von Kilometern aus.

Experimente in gesteinsmechanischen Labors haben die Veränderungen der beanspruchten Gesteine in der

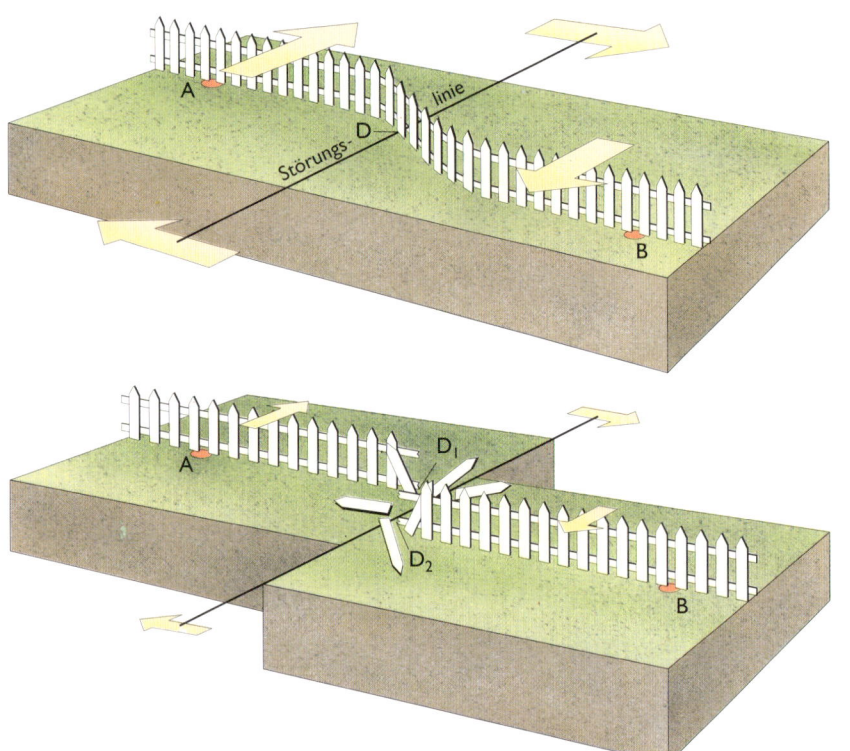

4.6 Die Aufsicht auf einen Zaun, der die Störungslinie kreuzt, zeigt eine Versetzung aufgrund einer elastischen Rückformung. Oben: Als Reaktion auf die Aktivitäten der tektonischen Kräfte bewegen sich die Punkte A und B in entgegengesetzte Richtungen und verbiegen dabei den Zaun über der Störung. Unten: Der Bruch setzt bei D ein, und das gespannte Gestein schnellt auf jeder Seite des Störungsrisses zurück nach D_1 und D_2.

4.7 Dieser Zaun in Marin County verläuft über die San-Andreas-Störung und wurde bei dem San-Francisco-Erdbeben von 1906, als sich das Land hinter der Störungslinie nach rechts bewegte, um 2,6 Meter versetzt.

Phase vor dem Erdbeben geklärt. Bei diesen Untersuchungen werden Proben von wassergesättigtem Gestein bei hohen Temperaturen in hydraulischen Pressen unter Druck gesetzt. Die Ergebnisse deuten darauf hin, daß die langsame Beanspruchung der Kruste unter lokalen tektonischen Kräften eine Konzentration von feinen Rissen in der Umgebung der tektonischen Störung zur Folge hat. Langsam diffundiert das Wasser in die Brüche und Gesteinsporen. Während dieser Phase nimmt das Volumen der hoch beanspruchten Region entlang der Störung zu, wobei dieser Dehnungsvorgang die Störungszone anfänglich zusätzlich schwächt. Gleichzeitig reduziert das Wasser in den Brüchen die zusammenhaltenden Kräfte und setzt die Reibung entlang der angrenzenden Störungsfläche herab. Schließlich löst sich ein Segment, so daß sich der Hauptbruch durch Bewegung entlang der Störungsfläche ausdehnen kann. Auf diese Weise beginnt die elastische Rückformung an der beanspruchten Störung und breitet sich aus.

Auch Vor- und Nachbeben können durch die Untersuchung der Bruchentwicklung in der Umgebung der Hauptstörung erklärt werden. Ein Vorbeben wird durch einen einleitenden Bruch im verformten und zerrütteten Bereich entlang der Störung ausgelöst. Der Bruch entwickelt sich jedoch nicht weiter, denn die physikalischen Bedingungen sind zu diesem Zeitpunkt noch nicht optimal. Der begrenzte Versatz bei Vorbeben hat eine geringfügige Veränderung des Kräftemusters, der Wasserbewegung und der Verteilung von Mikrorissen zur Folge. Schließlich kommt es zu einem ausgedehnteren Bruch und damit zum Hauptbeben. Die Trennung des Gesteins entlang des Hauptbruches ist begleitet von einem heftigen Beben und lokaler Wärmentwicklung und führt entlang der Störungszone zu physikalischen Bedingungen, die sich sehr von denen vor dem Hauptbeben unterscheiden. Als Ergebnis werden zusätzlich kleine Brüche ausgelöst, die Nachbeben hervorrufen. Die Spannungsenergie in der Region nimmt wie in einer ablaufenden Uhr nach und nach ab, bis schließlich nach vielen Monaten wieder Stabilität einkehrt.

Das größte Erdbeben der letzten vierzig Jahre in den USA

Da ein starkes Erdbeben die Spannung entlang einer Störung löst, sollte nach den Nachbeben eigentlich Ruhe einkehren. Aber eine große Störung ist im allgemeinen nur ein Teil eines komplexen Netzwerks von Störungen, das sich durch die betroffene Region zieht. Der katastrophale Abbau der elastischen Deformation einer Störung kann zuweilen den Druck in angrenzenden Störungen erhöhen. Anhand des größten Erdbebens, das in der letzten Zeit die Vereinigten Staaten getroffen hat, lassen sich die unvorhersehbaren Auswirkungen eines großen Erdbebens auf die seismische Aktivität einer Region und somit auf die unmittelbare Erdbebengefahr verdeutlichen.

Am Sonntag, dem 28. Juni 1992, ging um 4.58 Uhr morgens ein starker Ruck durch ein Gebiet in der Nähe der Stadt Landers in der entlegenen Mojave-Wüste Kaliforniens. Die Oberflächenwellen, das eigentliche Erdbeben, erreichten eine Magnitude von 7,5 (Magnitude des Moments 7,3). Später wurde eine umfangreiche Schar größerer Störungen entdeckt, die „zurückgeschnellt" waren und dadurch den heftigen Erdstoß in weiten Teilen Südkaliforniens und die schwächeren Erschütterungen, die bis Denver in Colorado spürbar waren, ausgelöst haben.

Nahe dem Epizentrum zwischen den Städten Landers und Yucca Valley, ungefähr 30 Kilometer nordöstlich der San-Andreas-Störungszone, berichteten Anwohner dieser schwach besiedelten Gegend von Erdstößen hoher Intensität. Jerry Gobrogge beschrieb die Bewegung, die ihn die Seitenwand seiner Bowlingbahn in Yucca Valley kostete: »Es war furchtbar, es war einfach nur furchtbar, es hörte nicht auf, es schüttelte einfach weiter, und es hörte nicht auf.« Dieses Erdbeben, offiziell das Landers-Erdbeben genannt, war das stärkste seit dem häufig zitierten seismischen Ereignis von 1952 in Kern County, Kalifornien. Aufgrund der einsamen Lage in der Wüste forderte es nur ein Menschenleben und 25 Schwerverletzte. Über 77 Häuser wurden zerstört und wei-

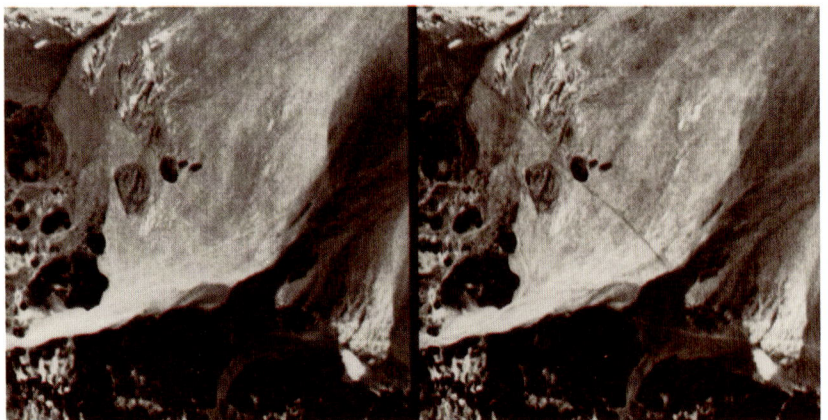

4.8 Zwei Satellitenbilder über einer 2,56 Kilometer entlang der Emerson-Störung gelegenen Gegend in der Mojave-Wüste, eine der vielen Störungen, die während des Landers-Erdbebens aktiv waren. Das linke Bild wurde am 27. Juli 1991, elf Monate vor dem Erdbeben, aufgenommen. 27 Tage nach dem Erdbeben entstand die rechte Aufnahme. Die Oberflächenbrüche, die durch das Brechen der Störung während des Erdbebens entstanden, sind deutlich erkennbar. Sie verlaufen von oben links nach unten rechts. Die Bewegung der Störung betrug in dieser Gegend etwa vier Meter.

tere 4300 beschädigt. Der Schaden wurde auf ungefähr 50 Millionen Dollar geschätzt.

Hunderte von Seismologen und Geologen, die sich in den folgenden Tagen am Ort des Geschehens einfanden, konnten die dramatischen Folgen des Störungsbruches besichtigen. Spektakuläre rechtslaterale Oberflächenversätze folgten dem Bruch, ausgebildet als eine Serie von „en-echelon"-Abschiebungen. Sie waren fiederspaltenartig angeordnet. Fiederspalten sind an der Grenze zweier bewegter Schollen auftretende und diagonal zur Störungslinie gestaffelte, oft s-förmig geschwungene Spalten und Klüfte, etwas versetzt auf der rechten oder der linken Seite der Störung und von vorn ähneln sie Treppenstufen. Diese Serie von größeren Störungen wurde bereits in die geologische Karte des Staates Kalifornien aufgenommen. Da die Brüche an ihren Enden aber bis zu zehn Kilometer auseinander liegen, kartierte man sie zunächst als separate Störungen und nicht als Segmente eines kontinuierlichen tieferen Bruches. Von diesen separaten Störungen ist bekannt, daß sie bereits vor mehr als 12000 Jahren aktiv waren, aber seitdem ruhig gewesen sein sollen. Unter diesem Gesichtspunkt kam ein Erdbeben mit der Magnitude 7,5 und einem Störungsversatz von 80 Kilometern Gesamtlänge gänzlich unerwartet.

Der entlang der Störung gemessene Oberflächenversatz betrug zwischen durchschnittlich zwei Metern

bei Landers, wie in Abbildung 4.10 zu sehen, und mehr als 5,5 Metern entlang des nordwestlichen Teils des Bruches. Eine weitere Überraschung waren die einen Meter hohen Geländesprünge, die in Krümmungen der Störungssegmente entlang eines begrenzten Teils des Hauptbruches auftauchten.

Auf das Hauptbeben von Landers folgte eine höchst ungewöhnliche seismische Kettenreaktion. Obwohl sich dem Hauptbeben, wie es nach starken Flachbeben die Regel ist, entlang der Störungen unmittelbar eine große Anzahl von Nachbeben anschloß, steigerte sich in den folgenden Tagen die seismische Aktivität plötzlich und dramatisch innerhalb einer erheblich größeren Region. Drei Stunden nach dem Hauptbeben erzitterte der Boden erneut unter einem zweiten heftigen Erdbeben ($M_s = 6,5$) mit Zentrum nahe Big Bear Lake. Dieses Beben wurde durch Versetzungen an einer separaten Störung in ungefähr 45 Kilometern Entfernung vom ersten Störungsherd hervorgerufen. Computer-Modelle wurden eingesetzt, um die Veränderungen in der Beanspruchung entlang des regionalen Störungssystems zu berechnen. Die Ergebnisse wiesen darauf hin, daß die Bewegungen entlang der Störungen, die das Landers-Erdbeben hervorriefen, den Druck auf die Störung am Big Bear Lake verstärkten. Die Berechnungen ließen zudem vermuten, daß das Landers-Erdbeben die Spannungen in der südlichen San-Andreas-Störung vergrößert haben könnte, wodurch die Tendenz zu horizontalen

4.9 Der frische Anschnitt durch den Riß der Emerson-Störung zeigt nach dem Landers-Erdbeben von 1992 Rutschungsstreifen, sogenannte Harnische.

Verschiebungen gewachsen wäre. Gleichzeitig hätten sich die Drücke verringert, die die Flanken der San-Andreas-Störung wie eine unsichtbare Reihe von Heftklammern zusammenhalten. Beide Auswirkungen könnten die Wahrscheinlichkeit eines heftigen Erdbebens in dieser Region vergrößert haben.

In den 24 Stunden nach dem Hauptbeben registrierten die Seismographen im Umkreis von 600 Kilometern um das Epizentrum elf separate Erdbeben mit Ausschlägen von mehr als 3,4. Legt man die normale Erdbebenrate in dieser Region Kaliforniens und Nevadas zugrunde, liegt allein die Wahrscheinlichkeit, daß solche Ereignisse in dieser Verbindung auftreten, bei eins zu 100 Milliarden. Tatsächlich wäre dieses zufällige Zusammentreffen eines der unwahrscheinlichsten Ereignisse in der geologischen Geschichte! Wir müssen annehmen, daß diese Serie von Erdbeben durch das Landers-Erdbeben ausgelöst wurde, und zwar entweder durch direkte Verstärkung der elastischen Deformation im Gestein oder durch seismische Wellen, die die Spannung an jeder einzelnen Störung veränderten.

Am schwierigsten war die auffällige Zunahme kleinerer Erdbeben entlang der Ostseite der Sierra Nevada von Owens Valley im Süden bis zur Long Valley Caldera im Norden, 400 Kilometer von Landers entfernt, zu erklären. Auch so weit nördlich wie Mono Basin, Mount Lassen und Mount Shasta im äußersten Norden Kaliforniens, 800 Kilometer von dem Hauptbruch entfernt, verstärkte sich die seismische Hintergrundaktivität signifikant. Die Erforschung dieses spannenden Problems der Nachbeben in großer Entfernung vom Hauptbeben geht weiter.

Viele Beschleunigungsmesser reagierten auf das Landers-Erdbeben, und ihre Aufzeichnungen zeugten von einem heftigem Beben. An zahlreichen Stellen um den Störungsursprung sind diese Aufnahmen am plausibelsten, wenn man davon ausgeht, daß der dominante Bruch vom Erdbebenherd aus nordwärts verlief. Die Bodenversetzungen am Nordende der Störung haben erheblich mehr Energie freigesetzt, als an den Erdbebenstationen im Süden der Störung gemessen wurden. Ein Zuhörer erfährt den gleichen Effekt, wenn die Tonhöhe eines näherkommenden Lautsprechers zunimmt. Der Fachbegriff *directivity focusing* („zielgerichtete Anpeilung") beschreibt die Konzentration von Energie in einer Richtung als Folge der Bewegung der Wellenquelle. Diesen Effekt gilt es zu berücksichtigen, wenn Vorhersagen über starke Bodenbewegungen in der Nähe von aktiven Störungen gemacht werden. Bewegungen können in

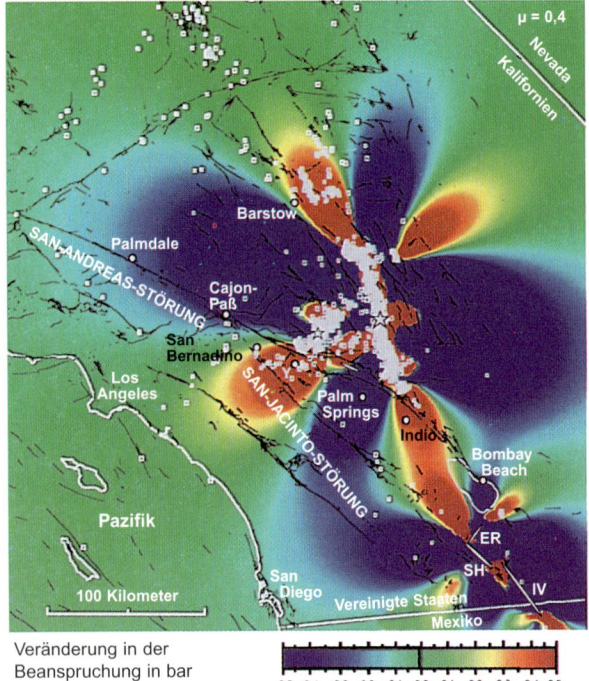

4.10 Diese Karte des südlichen Kalifornien zeigt die Hauptstörungen dieser Gegend und die Epizentren der Erdbeben, die sich in den 25 Tagen nach dem eigentlichen Landers-Erdbeben ereigneten. Die Farben weisen auf Veränderungen in der Beanspruchung hin, die aus regionalen Erdbeben von 1979 bis 1992 resultierten. Die Spannung in der San-Andreas-Störung setzte östlich des Cajon-Passes ein und verringerte sich nach Westen.

Abhängigkeit von der Bruchrichtung gegenüber den Durchschnittswerten sowohl verstärkt als auch abgeschwächt sein.

Seismisches Moment

Das mechanische Modell einer schlagartig aktivierten Störungsfläche als Antwort auf tektonische Beanspruchungen hat zu einem brauchbaren Maß für die Gesamtgröße von Erdbeben geführt. Dieses Maß (siehe Kapitel 3) wird das seismische Moment genannt und wurde zuerst 1966 von dem amerikanischen Seismologen K. Aki geprägt. Mittlerweile bevorzugen es die Seismologen, da es direkt mit den physikalischen Vorgängen bei Störungsbrüchen in Beziehung gesetzt werden kann. Tatsächlich kann es sogar der Herleitung geologischer Parameter entlang aktiver Störungszonen dienen.

Das zugrundeliegende mechanische Konzept vom Moment kann durch ein einfaches Experiment demonstriert werden. Legen Sie beide Hände auf die gegenüberliegenden Ecken eines schweren Tisches, drücken Sie in horizontaler Richtung auf eine Ecke und ziehen Sie an der anderen. Je weiter der Abstand zwischen den Händen, desto leichter wird es, den Tisch zu drehen. Mit anderen Worten, die erforderliche Energie zur Drehung des Tisches wird durch die Steigerung der Hebelkraft, die durch beide Arme ausgeübt wurde, vermindert – selbst wenn die Kraft der Hände gleich bleibt. Diese beiden gleichen, aber entgegengesetzt wirkenden Kräfte werden als Kräftepaar bezeichnet. Die Größe dieses Paares heißt das Moment: Sein numerischer Wert ist das Produkt des Wertes einer der beiden Kräfte und der Entfernung zwischen ihnen.

Dieses Prinzip kann leicht auf das Kräftesystem übertragen werden, das für Rutschungen entlang einer geologischen Störung verantwortlich ist. In diesem Fall ist das seismische Moment als Produkt dreier Mengen definiert: der elastischen Festigkeit des Gesteins, dem Bereich, auf den die Kraft einwirkt, und der Sprunghöhe, die Folge eines schlagartigen Versatzes ist. Ein Vorteil dieses Maßes ist, daß im Unterschied zu Größen, die auf seismischen Wellenamplituden beruhen, die Resultate nicht durch Streuung der Energie aufgrund der Gesteinsreibung in der sich fortpflanzenden Welle verzerrt sind. In günstigen Fällen kann das Moment einfach über die im Feld gemessene Länge des Oberflächenbruches und die Tiefe des Bruches, die sich aus der Lage der Nachbebenherde ergibt, abgeschätzt werden.

Die seismischen Momente schwanken vom schwächsten bis zum stärksten Erdbeben über mehrere Größenordnungen. Zwischen den Magnituden 2 und

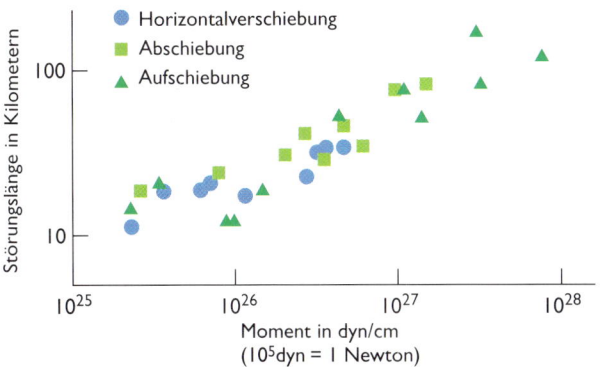

4.11 Dieses Diagramm von großen Intraplatten-Erdbeben verdeutlicht, daß sich das seismische Moment mit der Länge des Störungsbruches vergrößert.

8 eines Erdbebens bewegt sich das seismische Moment über sechs Größenordnungen. Das Moment des San-Francisco-Erdbebens von 1906, hervorgerufen durch den über 450 Kilometer langen Bruch der San-Andreas-Störung, wurde auf das Zehnfache des Moments des Loma-Prieta-Erdbebens von 1989 geschätzt, wo sich der Bruch nur über 45 Kilometer ausdehnte.

Die Entwicklung eines Störungsbruches

Ein Störungsbruch setzt am Erdbebenherd innerhalb des Krustengesteins ein und breitet sich in alle Richtungen entlang der Störungsfläche aus. Da sich Störungen in ihren physikalischen Eigenschaften von Ort zu Ort verändern, pflanzen sich die Ränder des Bruches nicht gleichmäßig fort, sondern zickzackförmig und unregelmäßig. Auf der Störungsfläche befinden sich Rauhigkeiten, Änderungen der Störungsrichtung und andere Strukturen, die die Bewegungen erschweren. Manchmal werden diese Hindernisse beim Bruch zerstört, aber gelegentlich bleiben sie auch erhalten. Dann wird die Bruchfront aufgrund der Verlagerung elastischer Kräfte plötzlich

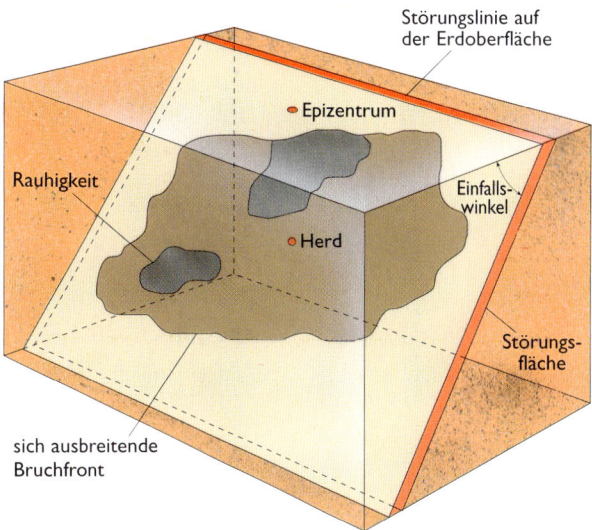

4.12 Dieses Blockbild aus der Erdkruste zeigt einen Bruch, der sich entlang der rutschenden Störungsfläche nach außen bewegt. An den Rauhigkeiten kann der Bruch seine Geschwindigkeit ändern oder zeitweise sogar zum Stillstand kommen.

auf der anderen Seite des Hindernisses frei und pflanzt sich rasch fort, um sich später wieder mit dem Bruch zu vereinen. Bricht das Hindernis nach dem eigentlichen Erdbeben, resultiert daraus ein Nachbeben. Beobachtungen an frischen Störungsflächen im Gelände und kleinmaßstäbliche Modelle in Gesteinslabors haben bestätigt, daß Rauhigkeiten entlang der Störung für abwechselnde Blockierung und Lösung verantwortlich sind.

Der Prozeß der Erdbebenentwicklung wurde von Reid in seiner Studie über das San-Francisco-Erdbeben von 1906 treffend beschrieben: »Wahrscheinlich findet die gesamte Bewegung an irgendeinem Punkt nicht auf einmal, sondern in unregelmäßigen Schritten statt. Ein mehr oder weniger plötzliches Ende der Bewegung und Reibung sind Grund für die Erschütterungen [Wellen], die sich in die Ferne fortpflanzen. Der plötzliche Beginn von Bewegung würde ebenso wie das plötzliche Stoppen Erschütterungen hervorrufen.« Ein Großteil der Komplexität im hochfrequenten Bereich ist auf Geschwindigkeitsschwankungen der Bruchfront zurückzuführen. Diese

Geschwindigkeitsänderungen führen zu Ausbrüchen zusammenhangloser Wellen, die sich in ihrer Frequenz, Amplitude und Phase unterscheiden und die Komplexität der Wellenformen erhöhen.

Bei jedem Erdbeben hängt die Ausweitung des Störungsbruches von der Geschichte und Vielfalt der regionalen Gesteinsverformung und von der Eigenart des gestörten Gesteins und der Störungsfläche ab. Der Bruch breitet sich so lange aus, bis er Gesteine erreicht, die nicht ausreichend beansprucht sind, um die Energie für eine weitere Ausbreitung bereitzustellen. Die Bewegung kommt zum Ende.

In seiner Aufwärtsbewegung gegen die Erdoberfläche wird der Störungsbruch durch die aufgestaute Energie des elastischen, festen Gesteins angetrieben. In Tiefen von einem bis zwei Kilometern trifft der Bruch aber auf weniger festes Gestein, das durch Klüftung und Verwitterung mürbe geworden ist. Besonders in der Nähe der Störungsoberfläche gibt es oft tonige Gesteine und Mylonite, die erst allmählich gleiten. In diesem Material können sich seismische Wellen kaum ausbreiten.

Wenn ein Bruch die Oberfläche erreicht (was nur bei wenigen flachen Erdbeben passiert), verursacht er eine erkennbare Bruchspalte. Wissenschaftlich wurde dies zum ersten Mal in Verbindung mit dem Borah-Peak-Erdbeben in Idaho vom 28. Oktober 1983 beobachtet. Zwei Elchjäger sahen zu ihrem Erstaunen etwa 20 Meter vor ihrem Fahrzeug plötzlich eine markante, fast zwei Meter hohe Bruchstufe auftauchen. Sie beschrieben zuerst eine verschwommene Wahrnehmung (möglicherweise *P*-Wellen von dem entfernt liegenden Erdbebenherd?) und zwei bis drei Sekunden später die mehr oder weniger gleichzeitige Entstehung des Störungsbruches und ein heftiges Schaukeln des Autos.

Die Theorie der elastischen Rückformung bei der Erdbebenentstehung wird gestützt durch die Eigenschaften seismischer Wellen, die von Seismographen rund um die Welt aufgezeichnet wurden. Die registrierten Wellen stehen in Übereinstimmung mit Geländebeobachtungen, wo Bruchspalten an der

4.13 Eine treppenförmige Folge von oberflächigen Verwerfungsrissen, die durch den Störungsbruch gebildet wurde, der 1983 das Borah-Peak-Erdbeben auslöste.

Oberfläche auftraten und zugänglich waren. Unter den am besten dokumentierten Erdbeben der vergangenen Jahrzehnte ist das San-Fernando-Erdbeben in Kalifornien im Jahre 1971 dasjenige, an dem die Auswirkungen von Störungsbrüchen als Auslöser seismischer Wellen am besten studiert werden konnten.

Die berühmten Aufzeichnungen vom Pacoima-Damm

Die meisten Leute bereiteten sich morgens für die tägliche Arbeit vor, als am 9. Februar 1971 um 6.42 Ortszeit ein heftiger Ruck das San-Fernando-Tal, etwas nördlich von Los Angeles, erschütterte und seismische Wellen ausstrahlte, die noch in Los Angeles deutlich zu spüren waren. Durch viel Glück ergab sich für mich die Möglichkeit, mit einem Kollegen eines der ersten Flugzeuge von Berkeley nach Los Angeles zu nehmen. Wir fuhren in die betroffene Region und stießen in der Stadt Sylmar auf beträchtliche Zerstörungen und Bodenversetzungen. Nach unserer Ankunft dort brauchten wir nicht lange zu suchen, um Brüche und Versetzungen von Straßen, Zaunreihen und Bürgersteigen zu finden, die sich von einem Häuserblock zum anderen fortsetzten. Wir waren offensichtlich über den Hauptstörungsbruch gestolpert, der das Erdbeben einige Stunden zuvor verursacht hatte. Geologenteams haben später festgestellt, daß sich die frische Oberflächenverwerfung über 15 Kilometer entlang der Ausläufer der San Gabriel Mountains erstreckte.

Die Versetzungen an der Störung deuteten sowohl auf eine vertikale als auch auf eine linkslaterale horizontale Verschiebung hin. Das Streichen variierte von Ort zu Ort mit einem Mittelwert von umgerechnet 288 Grad und einem Einfallen der Störungsfläche von 45 Grad nach Nordnordost. Diese Verschiebung bewirkte, daß die San Gabriel Mountains südwärts über das San-Fernando-Tal geschoben wurden. Hinweise auf Überschiebungen entlang der Gebirgsfront waren in dieser Region nicht ungewöhnlich, allerdings stimmte die neue Störung nicht mit den Störungen auf den seinerzeit verfügbaren Karten überein.

Mehr als 200 *strong motion*-Beschleunigungsmesser wurden bei diesem Erdbeben ausgelöst und lieferten wichtige Daten. Einige der gemessenen Spitzenbeschleunigungen lagen bei mehr als 25 Prozent der Erdbeschleunigung. Die aufsehenerregendste Aufzeichnung aber stammt aus der Nähe eines Widerlagers der Staumauer am Pacoima Reservoir, der zu der Zeit trocken lag. Die maximale Beschleunigung der Bodenbewegung überschritt in Pacoima in ihrer horizontalen Komponente die Erdbeschleunigung. Mit anderen Worten, hätte diese Beschleunigung in vertikaler Richtung stattgefunden, wären Gegenstände nach oben geschleudert worden. Diese Messung war seit R. D. Oldhams Bericht vom großen Assam-Erdbeben in Indien im Jahr 1897 die erste

instrumentelle Bestätigung dafür, daß Bodenbeschleunigungen die Gravitation übertreffen können. Ungeachtet des hohen Spitzenwertes wurde der Betondamm genauso wenig beschädigt wie der Schornstein des nahegelegenen Hausmeisterhauses.

Wie sich später herausstellte, befanden sich die Beschleunigungsmesser in Pacoima direkt auf dem Gestein oberhalb der Störungsfläche. Sie zeichneten *P*-Wellen auf, die 2,7 Sekunden brauchten, um die Entfernung von der aktivierten Störung zu den Instrumenten zurückzulegen. Der Bruch der Störung konnte sehr gut rekonstruiert werden, und so konnten die Seismologen an diesem Beispiel untersuchen, inwieweit der Auslösemechanismus eines Erdbebens die Bodenbewegungen erklären kann, die so nahe an der Energiequelle aufgezeichnet wurden. Die abschließende Erklärung brachte Licht in einige wichtige Eigenschaften von Erdbeben in der Nähe der Bruchzone.

Das bei Pacoima aufgezeichnete Wellenmuster, das in Abbildung 4.14 wiedergegeben ist, spiegelt die Geschichte des Störungsbruches wider. Wir beginnen mit einer der horizontalen Komponenten der Bodenbewegung und folgen dem Einsetzen der verschiedenen Wellentypen über die ausklingenden Oberflächenwellen bis zum Ende der Bewegung. Beachten Sie zuerst die schwachen, ungefähr 1,7 Sekunden andauernden Bewegungen. Dies sind zweifellos die Haupt-*P*-Wellen, die Pacoima zuerst erreichten. Der einleitenden Bewegung folgt eine direkte *S*-Welle, die auf dem Beschleunigungs-Seismogramm als *S*1 bezeichnet wird. Sie leitet Bewegungen mit längerer Periode ein. Legen wir eine Ausbreitungsgeschwindigkeit der Bruchzone von drei Kilometern pro Sekunde zugrunde, würde der Bruch vom Herd aus entlang der abtauchenden Störung bis zu einem Punkt in der Nähe des Pacoima-Damms ungefähr 5,5 Sekunden benötigen. Nach einem Intervall von 5,5 minus 2,7 Sekunden beobachten wir in der Aufzeichnung das Einsetzen des als *F* bezeichneten Ausschlags mit längerer Periode. Folglich können wir den energiereichen *F*-Ausschlag als das Resultat des zurückschnellenden Gesteins an der Störungsfläche bei Pacoima interpretieren. Die plötzliche Verset-

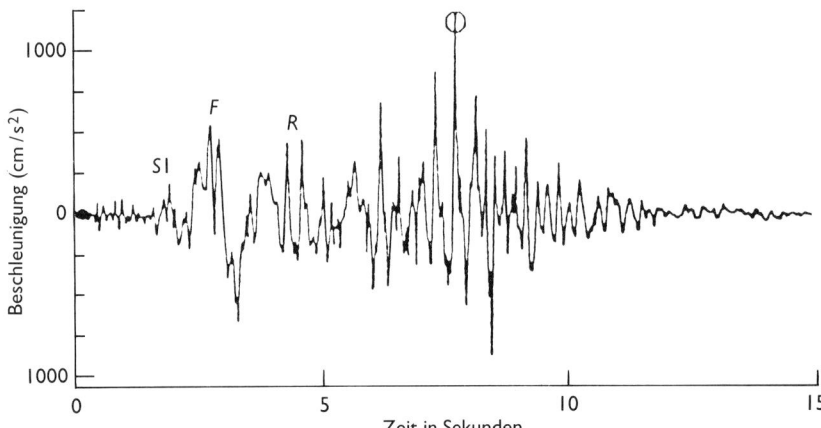

4.14 Die Beschleunigungsaufzeichnung des San-Fernando-Erdbebens von 1971 am Pacoima Dam.

zung des Untergrundes breitet sich als *S*-Welle aus. Wegen ihrer recht großen Amplitude und Periode stellt diese Welle für Gebäude in der Nähe von Störungsbrüchen eine Gefahr dar.

Als der Bruch die Oberfläche entlang der San Gabriel Mountains durchbrach, trat das Erdbeben in eine „Ausbruchsphase" ein, während der sich Rayleigh-Oberflächenwellen verschiedener Frequenzen gebildet haben. Die „rollende" Bodenbewegung erreichte Pacoima ungefähr 4,3 Sekunden nach der Ankunft der *P*-Wellen an einem Punkt, der auf dem Seismogramm als *R* markiert ist. Anschließend kamen nacheinander Wellen verschiedener Frequenzen und Amplituden aus immer entfernteren Bereichen der Störung in Pacoima an.

Nach der Ankunft des *R*-Pulses weist der letzte Abschnitt des Pacoima-Beschleunigungs-Diagramms hochfrequente seismische Wellen aus. Hier treten die höchsten Amplituden auf, einschließlich der Spitze maximaler Beschleunigung. Diese späten Ausbrüche hochfrequenter Energie wurden möglicherweise durch Rauhigkeiten (Unebenheiten auf der Störungsfläche) ausgelöst, als sich der Störungsbruch aus der Tiefe aufwärts zu seinen äußeren Grenzen ausbreitete. Die letzte Welle bestand aus hochfrequenter Energie und ging von einem Punkt kurz unterhalb des südlichen Endes des San-Fernando-Störungsbruches aus. Die Spitze mit der höchsten Amplitude, die

auf der Aufnahme ungefähr acht Sekunden nach der Ankunft der *P*-Welle erscheint, wurde möglicherweise durch einige besonders ausgeprägte Unregelmäßigkeiten ausgelöst, die sich seitlich in einiger Entfernung entlang der gebrochenen Störungsfläche befanden.

Tiefbeben

Es gibt eine Gruppe von Erdbeben, die nicht durch einfache elastische Entspannung entlang einer Störung entstehen. Diese Erdbeben haben ihre Herde tief unter der Erdoberfläche. Seit 1964 hat das International Seismological Centre in England mehr als 60 000 Erdbeben mit Herdtiefen von mehr als 70 Kilometern registriert. Das sind 22 Prozent aller Erdbeben, deren Tiefe bekannt ist. Obwohl diese Tiefbeben im allgemeinen an der Oberfläche schwächer als Flachbeben sind, können auch sie sich zuweilen zerstörend auswirken. Zum Beispiel beschädigte das Erdbeben unter den Karpaten am 4. März 1977 die Stadt Bukarest in Rumänien erheblich, obwohl seine Herdtiefe sogar bei etwa 90 Kilometern lag.

Die tiefsten Erdbebenherde liegen bei ungefähr 680 Kilometern. Die besondere Bedeutung dieser tiefen Erdbeben für eine Vielzahl geologischer Theorien wird in Kapitel 5 diskutiert. Da sich die tiefsten von ihnen dort ereignen, wo das Gestein großem Druck und hohen Temperaturen (etwa 2 000 Grad Celsius) ausgesetzt ist, liefern sie gleichzeitig Erkenntnisse über die Gesteinseigenschaften bei diesen extremen Bedingungen.

Gegenwärtig bleibt der Mechanismus für Erdbeben mit sehr tief gelegenen Herden spekulativ. Einig ist man sich jedoch, daß die durch Gleiten entlang von Störungen in sprödem Gestein entstehenden elastischen Rückformungen, die die flachen Erdbeben erklären, kaum zu übertragen sind. Seit Beginn der instrumentellen Seismologie waren Tiefbeben Diskussionsthema. Es dauerte lange, bis die Seismologen die Existenz dieser Erdbeben überhaupt akzeptierten. 1922 machte der Oxforder Professor und seinerzeitige Direktor des International Seismological Summary, H. H. Turner, auf einige Widersprüche hinsichtlich der Wellenlaufzeiten bei Erdbeben rund um die Welt, insbesondere bei japanischen Erdbeben, aufmerksam. Bei manchen Erdbeben kamen die seismischen Wellen an den auf dem Globus gegenüberliegenden Stationen später als erwartet an, bei anderen früher. Turner schlug eine normale Herdtiefe von 200 Kilometern vor.

Damit erlangte er die Aufmerksamkeit von Sir Harold Jeffreys, der vierzig Jahre lang der führende Theoretiker der Seismologie war. Jeffreys reklamierte, daß das Gestein in Tiefen unter 50 Kilometern aufgrund von Druck und Temperatur erweichen und somit bei zunehmender Spannung eher fließen als plötzlich brechen würde. Jeffreys schlug vor, Turners These durch die Analyse der Seismogramme von Tiefbeben nach Oberflächenwellen zu überprüfen. Theoretisch können ganz bestimmte Wellenformen, wie sie in Abbildung 2.9 gezeigt werden, nicht entstehen, wenn das System an einer Stelle gestört wird, an der keine Bewegung stattfindet. Da Bewegungen von Oberflächenwellen auf oberflächennahe Bereiche beschränkt sind, können sie somit keinen tiefen Ursprung haben. Jeffreys erinnerte sich später: »Ich wies Turner darauf hin, daß ein Tiefbeben sehr kleine Oberflächenwellen oder gar keine erregen würde. Dieses könnte durch eine einfache Überprü-

fung von Seismogrammen getestet werden, doch Turner war von seinen eigenen Argumenten so überzeugt, daß er sich nicht darauf einlassen wollte.«

Entschieden wurde die Angelegenheit endgültig durch Kiyoo Wadati, als er in der Meteorological Agency in Tokio arbeitete. 1928 veröffentlichte er überzeugende direkte Beweise, daß sich die Erdbebenherde unter Japan zwischen einigen zehn und Hunderten von Kilometern Tiefe befinden. Bald darauf bestätigten andere Seismologen Wadatis Ergebnisse mit Jeffreys Test. Jeffreys kritischer Einwurf aber blieb bestehen: Wie wird die Beanspruchung in Gesteinen freigesetzt, die durch überlagerndes Material stark zusammengepreßt werden? Wenn sich eine Spalte öffnete, würde das Gewicht des überlagernden Gesteins sie wieder zusammenschweißen. Wenn es bei so hohen Temperaturen überhaupt zu Deformationen käme, dann nur durch plastisches Fließen.

Die Seismologen begannen die Suche nach detaillierteren Anhaltspunkten für die Unterschiede von flachen und tiefen Erdbeben. Ein Unterschied bestand darin, daß tiefen Erdbeben im allgemeinen nur sehr wenige Nachbeben folgen. 1970 hat sich beispielsweise in Kolumbien in einer Tiefe von 650 Kilometern das vielleicht größte Tiefbeben der letzten 25 Jahre mit einer Magnitude von 7,6 ereignet. Die Seismographen registrierten überhaupt keine Nachbeben. Nach großen flachen Erdbeben liegen die Herde der Nachbeben gewöhnlich nahe der gerade aktivierten Störungsfläche. Im Gegensatz dazu sind die Nachbeben tieferer Erdbeben, wenn überhaupt, mehr oder weniger zufällig um den ursprünglichen Herd verteilt.

Diese Unterschiede deuten darauf hin, daß die Ursache für Tiefbeben in einem plötzlichen Wechsel des Gesteinsvolumens liegen muß, der aus der Phasenänderung der Minerale resultiert – genauso wie Wasser an Volumen zunimmt, wenn es zu Eis gefriert. Die plötzliche Ausdehnung des Gesteins könnte seismische Wellen hervorrufen. Diese Hypothese würde allerdings bedeuten, daß es entweder eine Implosion oder eine Explosion von Wellenenergie gibt, das heißt, daß die Seismographen weltweit bei den ersten

unterschiedliche Ankunftszeit der P- und S-Wellen in Sekunden

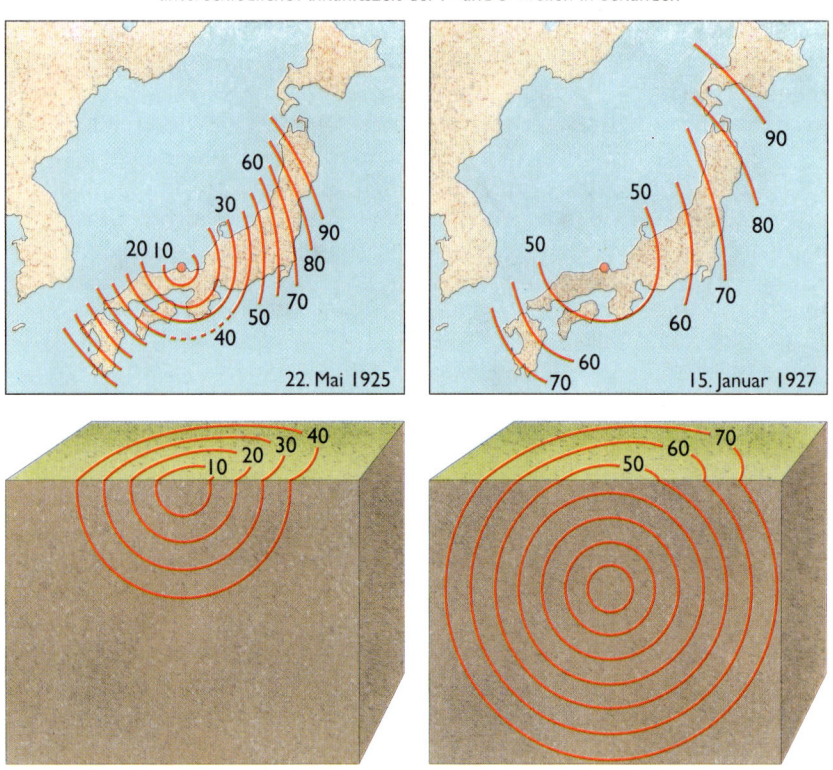

4.15 Das Intervall zwischen der Ankunft der P- und der S-Welle erlaubt die Unterscheidung zwischen flachen und tiefen Erdbeben. Die Zahlen an den Linien geben das Zeitintervall zwischen den Ankünften der S- und P-Wellen an jedem Punkt an. Eine Studie von Kiyoo Wadati hat gezeigt, daß der Unterschied in der Ankunftszeit von S- und P-Wellen am Epizentrum eines oberflächennahen Ereignisses von 1925 geringer als zehn Sekunden war. Die Verzögerung nahm mit der Entfernung aber schnell zu, während der Unterschied zwischen der S- und P-Welle bei einem Erdbeben 1927 mindestens 40 Sekunden betrug, wobei die Geschwindigkeitsdifferenz aber langsamer zunahm. Wadati war sogar in der Lage, für das Erdbeben von 1927 einen Erdbebenherd in einer Tiefe von 400 Kilometern anzugeben.

P-Wellen nur Kompression beziehungsweise nur Dilatation ermitteln würden. So ein regelmäßiges Muster hat man allerdings nie beobachtet. Die Ersteinsätze von P-Wellen auf Seismogrammen variieren mit größerer Tiefe in verschiedenen Zonen der Erde ganz ähnlich wie die ersten Ausschläge von P-Wellen bei flachen Erdbeben. Außerdem produzieren tiefe Erdbeben neben P-Wellen auch noch ausgeprägte S-Wellen, was nicht der Fall wäre, wenn eine Explosion oder Implosion die einzigen Auslöser wären. Die Scherkräfte wären dann nur sehr gering.

Für Tiefbeben wurden erst kürzlich zwei spezifische Mechanismen zur Diskussion gestellt. Die erste These geht davon aus, daß die spröden und plastischen Eigenschaften des Gesteins durch Wasser bei hohen Druck- und Temperaturverhältnissen in größe-

ren Tiefen grundlegend beeinflußt werden. Viele Mineralien der Krustengesteine enthalten Kristallwasser, das bei hohen Temperaturen und Drücken mobilisiert werden kann. Tatsächlich konnte in Laborexperimenten herausgefunden werden, daß sich Gesteine mit dem grünen, wasserhaltigen Silikat Serpentin unter diesen Bedingungen spröde verhalten. Die Bedingung dabei ist offenbar eine vollständige Migration (langsames Wandern) von fluiden Phasen in die Gesteinsporen, um dort als Schmiermittel an potentiellen Schwachstellen zu wirken und so das Einsetzen der Gleitung zu ermöglichen.

Die zweite der aktuellen Hypothesen geht die wenig befriedigende Theorie vom schnellen Wechsel der Mineralphasen anders an. Der Übergang der Phasen würde sich demnach an den Grenzen zwischen

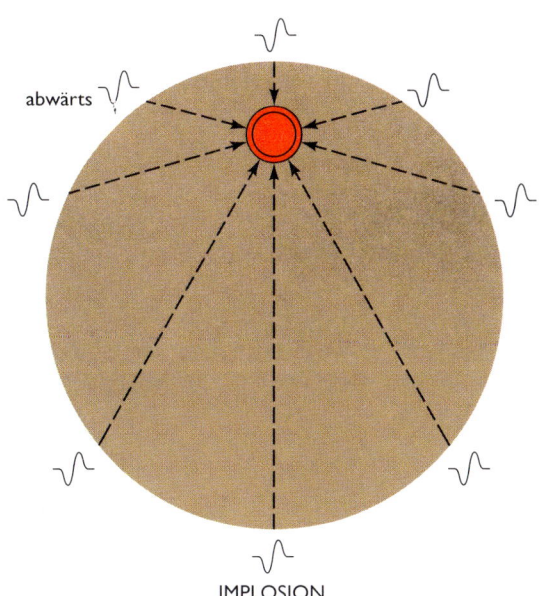

IMPLOSION

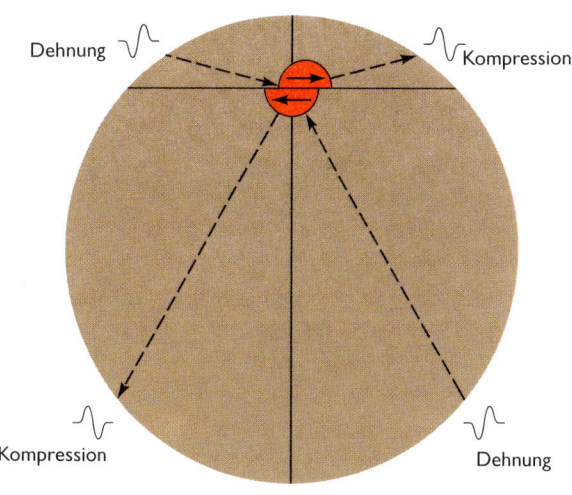

STÖRUNGSBRUCH

4.16 Links: Die *P*-Welle einer unterirdischen Implosion erreicht die Erdoberfläche überall als eine Abwärtsbewegung des Bodens. *P*-Wellen einer Explosion würden überall als eine Aufwärtsbewegung ankommen. Rechts: Durch einen Störungsbruch entstandene *P*-Wellen heben die Gesteinsschichten zunächst aufwärts in zwei diagonal gegenüberliegenden Quadranten an und senken sie in den anderen beiden nach unten ab.

Gesteinslinsen abspielen, möglicherweise dort, wo die Bedingungen im Porenchemismus für einen plötzlichen Übergang besonders günstig sind. Entlang existierender Korngrenzen könnte sich die Kristallstruktur schnell verändern und so die Bindungen zwischen den Körnern schwächen.

Zur Überprüfung dieser Hypothesen werden die tief in der Erde herrschenden Bedingungen in einem Labor simuliert, indem kleine Gesteinsproben zwischen zwei Diamanten gespannt werden. Ein durch den Diamanten geführter Laserstrahl erhitzt das Gestein und ermöglicht zudem, jeden plötzlich auftretenden physikalischen Übergang zu photographieren. Akustische Sensoren ermitteln, analog zu einem Erdbeben, jede schlagartige Energiefreisetzung. Auf diese Weise hofft man, das große Rätsel der Ursachen tiefer Erdbeben zu lösen, vielleicht sogar noch

zu Lebzeiten von Doktor Wadati, der 1993 auch im Alter von 91 Jahren noch Interesse an diesem Thema bekundete.

Die Unterscheidung von künstlichen und natürlichen Erdbeben

Eine besondere Quelle seismischer Aktivität beunruhigt die Menschheit seit dem Ende des Zweiten Weltkriegs. Es handelt sich dabei um die unterirdischen oder untermeerischen Kernwaffentests. Am 24. Juli 1946 zeichneten seismographische Stationen rund um die Welt zum ersten Mal Wellen nuklearen Ursprungs auf, als eine Atombombe nahe dem Bikini-Atoll im Pazifik unter Wasser detonierte. Obwohl die Anzahl der Aufnahmen dürftig war, gaben sie einen kleinen Vorgeschmack auf die geologische Bedeutung solcher kontrollierten künstlichen Erdbeben. So kann man zum Beispiel die Methode der Sprengseismik bei der Ölexploration mit allen experimentellen Begleitmaßnahmen auf Fragestellungen ausdehnen, die die Struktur und Zusammensetzung des tiefen Erdinneren betreffen. Auch wenn man auf diesem Wege zu wertvollen geophysikalischen Informationen kam, haben Versuche mit nuklearen Waffen die Seismologie im wesentlichen in einer ganz anderen Weise beschäftigt.

Die radioaktiven Stoffe aus nuklearen Explosionen stellen eine große Gefahr für alles Leben dar. Mitte der fünfziger Jahre sorgten sich weltweit sehr viele Menschen wegen der rasch wachsenden Menge radioaktiver Partikel, die durch oberirdische Atomtests in die Atmosphäre gelangten. Um den radioaktiven Fallout in der Atmosphäre möglichst gering zu halten, wurde das Testprogramm für Atombomben modifiziert. Unterwasserversuche erwiesen sich ebenfalls als gefährlich. Im März 1954 hatte zum Beispiel der amerikanische Test eines 15-Megatonnen-Sprengsatzes mit dem Namen „Bravo" eine Anzahl von Marshall-Insulanern einer großen Strahlungsmenge ausgesetzt, weil die radioaktiven Partikel über ein unerwartet großes Gebiet verbreitet wurden. Die weltweite Aufmerksamkeit stieg, als zwei Wochen später ein japanisches Fischerboot, das ironischerweise den Namen *Glücklicher Drachen* trug, mit 23 durch den Fallout erkrankten Besatzungsmitgliedern im japanischen Yazu-Hafen anlegte.

Auf die steigende Besorgnis hin schlug Präsident Eisenhower 1958 vor, Gespräche mit dem Ziel eines Abkommens für ein Testverbot zu diskutieren. Im Juli 1958 versammelten sich in Genf Fachleute zu einer historischen Konferenz, auf der die Grundlage für die Ausarbeitung eines Vertrages zum weltweiten Verbot von atmosphärischen und unterirdischen Waffentests geschaffen wurde. Zur Überwachung solcher Übereinkünfte müßte jede Seite in der Lage sein, die Vertragstreue der anderen Seite zu überprüfen.

Die Wissenschaftler kamen schnell zu der Übereinkunft, daß »die Empfindlichkeit moderner physikalischer, chemischer und geophysikalischer Meßmethoden ausreicht, nukleare Explosionen über beträchtliche Entfernungen auszumachen. Somit weiß man, daß Explosionen großen Ausmaßes, die von der Erdoberfläche oder den unteren Bereichen der Atmosphäre ausgehen, ohne Schwierigkeiten an

Punkten der Erde ermittelt werden können, die vom Schauplatz der Explosion weit entfernt liegen.« Für die Identifizierung atmosphärischer und überirdischer Explosionen listete das Komitee eine Reihe von Anhaltspunkten auf, darunter die Analyse von Schallwellen und radioaktiven Rückständen.

Das einzig schwierige Problem bestand in der Erkennung unterirdischer Explosionen. Bei der Explosion von Atombomben unter der Erde gibt es in der Atmosphäre keine verräterischen Signale, wie sie auf überirdische Explosionen folgen. Starke unterirdische nukleare oder konventionelle Explosionen produzieren aber in jedem Fall Erdbebenwellen.

Der eigentliche Beweis für so eine Explosion ist die Aufzeichnung seismischer Wellen, die sich von dort ausbreiten. Die Identifizierung dieser Wellen war das erste Problem. Schließlich ist die natürliche seismische Aktivität in Teilen der Vereinigten Staaten, der früheren Sowjetunion, China und anderen Ländern, die imstande sind, nukleare Waffen zu produzieren, recht hoch. Diese tektonischen Erdbeben würden auch Seismogramme erzeugen. Wie lassen sich die Wellen der vom Menschen hervorgerufenen Beben von denen natürlicher Erdbeben unterscheiden?

Das Atomteststoppabkommen

In den Vereinigten Staaten wurden Atomwaffen weitgehend unterirdisch in einem entlegenen Teil der Wüste Nevadas getestet, der als Nevada Test Site oder NTS Berühmtheit erlangte. Bis zum heutigen Tag fanden hier mehrere hundert unterirdische Explosionen statt. Die meisten davon konnten auf der ganzen Welt registriert werden.

Durch die Explosion unterirdischer nuklearer Sprengsätze wird das Gestein oberhalb häufig so zerrüttet, daß sich ein Einsturzkrater bildet. Abbildung 4.17 zeigt Staubwolken, die im Augenblick der Entstehung aus einem solchen Krater während eines Atombombenversuches auf dem NTS Mitte 1969 aufsteigen. Die nukleare Explosion läßt das umliegende Gestein schmelzen und verdampfen; seismische Druckwellen wandern nach außen, wobei das Gestein an der Oberfläche angehoben und zerrüttet wird. Der Gasdruck in den Hohlräumen fällt daraufhin innerhalb von Minuten oder Stunden ab, und das zertrümmerte Gestein unmittelbar über dem rundlichen Loch stürzt in einer Lawine nach unten. Über dem mit Trümmern gefüllten Hohlraum bildet sich ein zylindrischer Kamin. Wenn die Bombe im Verhältnis zur Explosionstiefe klein ist, wird dieser Kamin die Oberfläche nicht erreichen. Bei großer Sprengkraft in schwachen Gesteinen mit geringer Stabilität beginnt das zertrümmerte Gestein bis an die Oberfläche einzubrechen. In diesem Fall bildet sich an der Oberfläche ein „Trichter", der aus der Luft aussieht wie eine große Untertasse mit rissigem und brüchigem Rand. Eine solche Mulde kann von Aufklärungsflugzeugen oder Satellitenkameras aus beobachtet werden. Soll eine unterirdische nukleare Explosion geheim gehalten werden, muß die Bildung eines Kraters durch Druckausgleichsbohrungen im alluvialen oder weichen Gestein verhindert werden,

die aus Sicherheitsgründen tief genug sein müssen. Doch selbst dann kann der Kamin einstürzen und den heimlichen Test offenbaren. Auch wenn sich an der Oberfläche keine Anzeichen finden, rufen die eigentliche Explosion und die Hebung der Gesteinsschichten Effekte hervor, die selbst durch die tiefste Sprengung nicht verborgen werden können. Unwiderruflich laufen elastische Wellen durch die Erde und verkünden, daß sich ein nukleares Erdbeben ereignet hat.

Ein charakteristisches Unterscheidungsmerkmal zwischen einem natürlichen Erdbeben und einer Explosion besteht darin, daß im Unterschied zu einem natürlichen Erdbeben die Explosion in einem runden Hohlraum oder unter Wasser eine Quelle symmetrischer Wellenausbreitung ist. Die ersten P- und S-Wellen eines natürlichen Erdbebens entstehen am Ausgangspunkt des Gesteinsbruches. An manchen Beobachtungsstationen kommen die P-Wellen als ein aufwärtsgerichteter Druck des Oberflächengesteins an (Verdichtung des Bodens), während bei anderen Beobachtungsstationen die P-Wellen in Form eines

4.17 Staubwolken bei der Entstehung eines Kraters im Anschluß an eine unterirdische nukleare Explosion Mitte 1969 im Testgebiet von Nevada.

abwärtsgerichteten Druckes (Dehnung des Gesteinskörpers) eintreffen. Dieses Stoßen und Ziehen bestimmt die Richtung der ersten Bodenbewegung beziehungsweise die Polarität der ersten auftreffenden Welle. In deutlichem Gegensatz dazu wird die erste P-Welle aus einer symmetrischen Wellenquelle, wie einer nuklearen Explosion, auf allen Seismographen als Kompression des Untergrundes registriert, da die Explosion das Gestein gleichmäßig nach außen drückt. Im Prinzip sollten diese recht eindeutigen Muster die Quelle enttarnen. In der Praxis findet man die P-Polaritäten aufgrund der komplizierten Gesteinsstruktur jedoch manchmal in einem Durcheinander an Richtungen vor, und besonders bei kleinen Detonationen wird der Mechanismus des Störungsbruches nicht deutlich.

Glücklicherweise sind die Polaritätsmuster nicht der einzige Unterschied zwischen den beiden Erdbebenquellen. Da Störungsbrüche relativ lang sind, erstreckt sich der Wellenherd eines natürlichen Erdbebens über ein größeres Gebiet. Die durch eine Explosion freigesetzte Energie ist viel mehr auf einen Punkt im Gestein konzentriert als bei einem Störungsbruch. Folglich unterscheiden sich die Formen der P- und S-Wellen eines natürlichen Erdbebens zumindest ab einer gewissen Größe im allgemeinen von denen, die ihren Ursprung in unterirdischen Explosionen haben.

Zu Beginn der Evaluierung für ein umfassendes Atomteststoppabkommen lag die Schwierigkeit darin, diese grundlegenden Unterschiede zwischen beiden Erdbebenquellen zu erarbeiten und zu verfeinern. Hierzu mußte man bei der Genauigkeit und Empfindlichkeit der Aufnahmesysteme einen großen Schritt vorankommen. Von ähnlicher Bedeutung war, daß die Seismologen mehr Erfahrung brauchten, um zu erkennen, welche Reihe von Anhaltspunkten auf Seismogrammen eindeutig die eine Quelle von der anderen unterscheidet. Ferner durften in einem akzeptablen Überwachungssystem die Seismographen nicht zu weit vom Testgebiet entfernt liegen. Wenn sie nur an entfernten Punkten außerhalb des jeweiligen Landes ständen, könnten die Eigenarten der P- und S-Wellen durch die Gesteinsstruktur so

verändert werden, daß die entsprechenden Unterschiede verwischt wären. Solche Überlegungen führten zu zwei Verhandlungsbedingungen, zu der Definition eines effektiven Überwachungs- und vertraglich gesicherten Kontrollsystems und zum Aufbau von modernen Erdbebenobservatorien, die global sowohl Erdbeben als auch unterirdische Explosionen aufzeichnen können.

Es wurde entschieden, daß ein umfassendes Atomteststoppabkommen zunächst nur dann wirksam werden könne, wenn jede Seite freien Zutritt zu ihren Testgebieten gewährt. Da eine solche Überprüfung vor Ort auf der Bühne des kalten Krieges nicht durchführbar schien, ergab sich als Alternative nur ein begrenztes Verbot von Atomwaffentests in Friedenszeiten oberhalb der Erdoberfläche. Das Atomteststoppabkommen wurde am 5. August 1963 in Moskau unterzeichnet. Es war der Wendepunkt in der Geschichte der Kontrolle nuklearer Explosionen. Aufgrund der Verwechslung mit natürlichen Erdbeben waren unterirdische Tests aber von dem Verbot bewußt ausgeschlossen.

Um das Aufspüren von unterirdischen Nukleartests zu erleichtern, leiteten viele Länder umfassende Verbesserungsmaßnahmen bei der Aufzeichnung und Erforschung von Erdbeben ein. Zu den Nutznießern gehörten staatliche seismologische Forschungsinstitute in den Vereinigten Staaten und anderen Ländern sowie seismologische Forschungsgruppen an den Universitäten. Überaus beeindruckend war die Gründung eines globalen Netzwerks standardisierter Seismographen und die Tatsache, daß den forschenden Seismologen freier Zugriff auf die Aufzeichnungen gewährt wurde. Dieses neue System der Erdbebenaufzeichnung eröffnete Forschungsmöglichkeiten, von denen man bisher nur zu träumen gewagt hatte. Seismologen mußten nicht länger die physikalischen Laboratorien mit ihren Teilchenbeschleunigern oder astronomische Observatorien mit ihren hochentwickelten Teleskopen beneiden. Einem straffen Zeitplan folgend haben Seismologen der US-Regierung in den sechziger Jahren in ungefähr 120 auf über 60 Länder verteilten Stationen erheblich verbesserte Seismographen aufgestellt. Diese Seismographen waren die Grundlage einer neuen Ära in der Untersuchung von Erdbeben und ihrer Ausbreitung durch die Erde. Sie hielt an, bis in den achtziger Jahren die Entwicklung von digitalen Seismographen ein neues Zeitalter einläutete.

Unterscheidungsmerkmale

Das Jahr 1974 sah mit der Unterzeichnung eines erweiterten Vertrages zwischen den USA und der UdSSR in Moskau einem weiteren Fortschritt entgegen. Diese Übereinkunft verbot unterirdische Kernwaffentests über 150 Kilotonnen. Seismologen bereiteten sich weiterhin auf die Möglichkeit einer zukünftigen internationalen Vereinbarung zur Begrenzung oder sogar des Verbots von allen Kernwaffenversuchen vor. Der erste Schritt in diese Richtung war, sicherzustellen, daß sämtliche Erdbeben, auch die geringer Magnituden, ausnahmslos auch außerhalb der Grenzen des testenden Landes aufgenommen werden konnten. Das bedeutete, daß seismische Ereignisse bis hinunter zu einer Magnitude von 3,5, dem Äquivalent einer Kilotonne und damit viel kleiner als die Hiroshima-Bombe, erkennbar sein mußten. Jedes Jahr würden weltweit mehr als 5 000 natürliche Beben auf die Anzeichen heimlicher Explosionen hin genau untersucht werden müssen.

Nach beträchtlicher Forschungsarbeit haben Seismologen nunmehr drei geeignete Methoden entwickelt, die beiden Arten von Erdbeben zu unterscheiden. Das wichtigste Merkmal ist die Herdtiefe des seismischen Ereignisses. Wir haben in diesem Kapitel bereits beschrieben, warum Störungsbrüche in Tiefen von mehr als zwei Kilometern keine nennenswerten seismischen Wellen auslösen. Eine Nation, die versucht, das Atomteststoppabkommen zu unterlaufen, müßte demnach erwägen, für jeden geheimen Test Löcher mit Tiefen von mehr als zwei Kilometern zu bohren. Die gewöhnliche Detonationstiefe liegt bei Tests in Nevada bei ungefähr 500 Metern. Bohrungen für tiefere Sprengladungen wären kostspielig

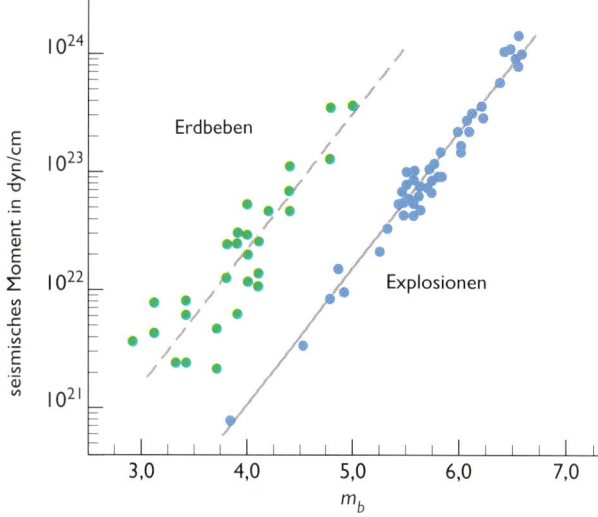

4.18 Ein Vergleich zwischen seismischem Moment und der Erdbebenstärke (m_b), die mit Hilfe entfernt aufgenommener Seismogramme von unterirdischen Explosionen und tektonischen Erdbeben berechnet wurde.

und könnten von Überwachungssatelliten leicht beobachtet werden.

Zum zweiten liefert die Form der P-Wellengestalt einen markanten Anhaltspunkt für den Typ des Erdbebenherdes, auch wenn den P-Wellen-Polaritäten nicht immer getraut werden kann. Die Komplexität der P-Wellenformen ermöglicht eine Unterscheidung selbst nahe beieinander stattfindenden natürlichen Erdbeben und Explosionen. Diese Möglichkeit kann allerdings versagen, wenn das Oberflächengestein über der Explosion schnell einbricht.

Ein zuverlässigerer Anhaltspunkt tauchte auf, als Seismologen von 1966 an nach effektiven Unterscheidungsmöglichkeiten suchten. Aufgrund der weltweit zunehmenden Anzahl von seismographischen Beobachtungsstationen konnten sie nun die Magnituden verschiedener Typen von natürlichen und künstlichen Erdbeben zuverlässig berechnen und vergleichen. Die Stationen müssen sich dabei für die notwendigen Messungen der Wellenamplitude nicht in der Nähe befinden. Die neuen Anhaltspunkte werden durch den Vergleich der Raumwellen-Magnitude (m_b) mit den Werten des seismischen Moments (M) sichtbar. Wie in der Abbildung 4.18 gezeigt, produzieren Explosionen bei gleichem m_b-Wert (= P-Wellen) kleinere M-Werte (kleinere Oberflächenwellen) als natürliche Erdbeben. Der Unterschied wurde durch den Vergleich von Messungen vieler nordamerikanischer und sowjetischer Explosionen und Erdbeben belegt. Bei der graphischen Darstellung der M- und m_b-Werte einer großen Zahl von Ereignissen fallen die Werte bei Explosionen in der Magnitudenskala bis auf m_b = 3,5. Dieser Wert liegt unter dem natürlicher Erdbeben.

Weiterführende Arbeiten sind erforderlich, um die Zuverlässigkeit der Unterscheidung bei kleineren Ereignissen im Untergrund mit Stärken unter m_b = 3,5 zu steigern. Sie können ihre Ursache in großen konventionellen Explosionen im Bergbau oder Tunnelbau haben. Man könnte kleine Explosionen durch das Zünden der Bomben zur Zeit eines nahen Erdbebens tarnen oder durch Sprengung in sehr weichem Gestein oder in großen unterirdischen Hohlräumen vertuschen. Trotzdem sind sich die Seismologen mittlerweile sicher, daß sie in fast allen Fällen zwischen schwachen natürlichen und künstlichen Erdbeben unterscheiden können. Selbst nach der Veränderung der Beziehung zwischen den Großmächten bleibt das Problem aufgrund der Gefahr einer unkontrollierten Verbreitung von nuklearen Waffen in kleineren Nationen bestehen.

5

Die Erdkruste und ihre Platten

5.1 Die San-Andreas-Störung bildet einen Teil der Grenze zwischen zwei der großen Krustenplatten, aus denen sich die Erdoberfläche zusammensetzt.

In den sechziger Jahren hatte das globale Netzwerk seismographischer Beobachtungsstationen zur Entdeckung höchst interessanter geologischer Strukturen geführt. Zum einen war nun erkennbar, daß sich fast alle Erdbeben in schmalen Gürteln geologisch junger Gebiete konzentrieren. Erdbeben und Vulkane treten massiv entlang der Pazifikränder auf und manche Epizentren zeichnen Linien inmitten der Ozeane nach. In deutlichem Kontrast dazu stehen Gebiete wie das Landesinnere der Antarktis, die nahezu keine seismische Aktivität aufweisen. Zum anderen treten die Störungen, an denen Erdbeben ausgelöst werden, nicht zufällig auf, sondern stehen in engem Bezug zu spezifischen großräumigen geologischen Strukturen. Während Überschiebungen beispielsweise häufig in Gebirgszügen vorkommen, werden die Beben, die entlang der Verbindungen von untermeerischen Rücken auftreten, zumeist durch Horizontalverschiebungen ausgelöst. Was in den sechziger Jahren noch fehlte, war eine umfassende Theorie, die die globalen Strukturen zu erklären und noch unbekannte vorherzusagen vermochte.

Die Offenlegung dieser Strukturen gehört zu den größten Erfolgen des seismographischen Netzwerks: Es steuerte damit in den siebziger Jahren einen wesentlichen Beitrag zur Entstehung einer geophysikalischen Theorie bei, mit der sich die wesentlichen geologischen Strukturen der Erde „in einem Atemzug" erklären ließen. Sie wurde als die Theorie der Plattentektonik bekannt und lieferte entwicklungsgeschichtliche Erklärungen nicht nur für die Verteilung der Erdbeben, sondern auch der Vulkane, mächtiger Gebirgszüge, Tiefseegräben und weiterer Phänomene. Aus diesem modernen Blickwinkel heraus sind es immer die gleichen globalen, „tektonischen" Kräfte, die für diese Strukturen verantwortlich sind. (Der Begriff „Tektonik" bedeutet einfach die großräumige Umformung der Erde durch die Kräfte in ihrem Inneren.) Der Theorie der Plattentektonik zufolge sind Erdbeben und die Störungsmechanismen, die sie verursachen, das Resultat systematischer Bewegungen der äußersten 200 Kilometer des Erdballs. Um die Kräfte kennenzulernen, die solche Bewegungen auslösen können, werden wir uns zunächst der Struktur und der mit der Tiefe ansteigenden Temperatur der äußeren Erdschale zuwenden.

Das Konzept der Erdkruste

Im ausgehenden 19. Jahrhundert stellte man fest, daß die Temperatur in Bergwerken und Bohrlöchern mit der Tiefe ansteigt. 1889 äußerte sich Reverend Osmond Fisher in seinem vielgelesenen Werk *Physics of the Earth's Crust* („Physik der Erdkruste") folgendermaßen: »Es gibt nichts in der terrestrischen Physik, was so gut belegt wäre wie die Tatsache, daß die Temperatur der Gesteine an der Erdoberfläche mit steigender Tiefe zunimmt. Selbst in der gefrorenen Erde von Sibirien findet man diesen Temperaturanstieg, obwohl die Erde bis in eine Tiefe von 620 Fuß (etwa 200 Meter) zu Eis erstarrt ist. Im Bergbau wird dieser allmähliche Anstieg der Temperaturen zu einem ernsthaften Problem, da die Arbeit in großen Tiefen einen schwerwiegenden Angriff auf die Gesundheit der Bergleute darstellt. Dieser Temperaturanstieg läßt sich zwar überall nachweisen, verläuft aber nicht immer gleich. Im Mittel beträgt er etwa ein Grad Celsius auf 50 Fuß (etwa 16 Meter) Tiefe.«

Dieses Phänomen bedeutet nichts anderes, als daß Hitze aus dem Erdinneren nach außen dringt. In jüngerer Zeit haben Geophysiker die Wärmemenge gemessen, die von den kontinentalen Gesteinen und den Ozeanböden abgestrahlt wird. Der Fluß wird dabei nicht direkt gemessen, sondern aus dem vertikalen Temperaturgradienten und der Wärmeleitfähigkeit errechnet, die ein Maß dafür ist, wie leicht oder schwer sich Wärme in dem entsprechenden Gestein ausbreiten kann. Der vertikale Temperaturgradient läßt sich durch Temperaturmessungen in verschiedenen Tiefen ermitteln. Am Meeresgrund werden Metallzylinder in die weichen Sedimente versenkt und mitsamt ihrem Schlammkern wieder heraufgezogen. Entlang dieser Zylinder befinden sich mehrere elektrische Thermometer, die die Temperaturintervalle messen. An Land werden die Thermometer in verschiedenen Tiefen in Bergwerken und Bohrlöchern plaziert. Die Wärmeleitfähigkeit der Gesteine wird an Proben im Labor bestimmt.

Der Wärmefluß ist in vulkanischen und geothermisch aktiven Gebieten allgemein recht hoch, da hier die Hitze mit den zirkulierenden Wässern (heißen Quellen, Geysiren) an die Oberfläche transportiert wird. Gering ist er dagegen in alten und stabilen Kontinentalmassen, die vielleicht schon seit Millionen von Jahren von tektonischen Prozessen unbehelligt sind. Generell läßt der Wärmefluß mit dem Alter der geologischen Provinz oder des Ozeanbodens nach. Normalerweise bewegt sich der Wärmefluß im Bereich zwischen 20 und 120 Milliwatt pro Quadratmeter und liegt bei einem globalen Mittelwert von etwa 60 Milliwatt pro Quadratmeter. Die meisten Meßwerte streuen weniger als 30 Prozent um diesen Mittelwert. Obwohl sich die Wärmeflußmuster der kontinentalen und ozeanischen Bereiche stark voneinander unterscheiden können, sind die am häufigsten gemessenen Werte im Meer und an Land identisch. Die Wärmequellen sind einerseits in der hohen Temperatur der ganz jungen, vielleicht sogar schmelzflüssigen Erde, andererseits in dem radioaktiven Zerfall instabiler Elemente im Gestein zu suchen.

Auf der Grundlage dieser Wärmeflußdaten können wir die Temperaturen der Gesteine im Erdinneren abschätzen. Solche Berechnungen zeigen, daß in Tiefen von 30 bis 50 Kilometern die Temperatur zwischen 500 und 800 Grad Celsius betragen muß. Diese Werte scheinen hoch, sind aber nicht extrem: Temperaturen in Schmelzöfen oder frisch ausgeflossener Lava liegen zwischen 1 000 und 1 500 Grad Celsius. Trotz allem hat man schon früh erkannt, daß die Gesteine der Erde, falls die Temperaturen zur Tiefe hin wirklich so stark ansteigen, nicht wie an der Erdoberfläche und in den tiefen Bergwerken fest wären, sondern aufweichen und sich verflüssigen müßten. Zu Lebzeiten von Osmond Fisher herrschte die allgemeine Ansicht, daß die ganz junge Erdkugel vollkommen schmelzflüssig gewesen war. Da Wärme von der Erdoberfläche in den Weltraum abgestrahlt wurde, kühlten sich die äußeren Schichten soweit ab, daß sie sich verfestigten und eine

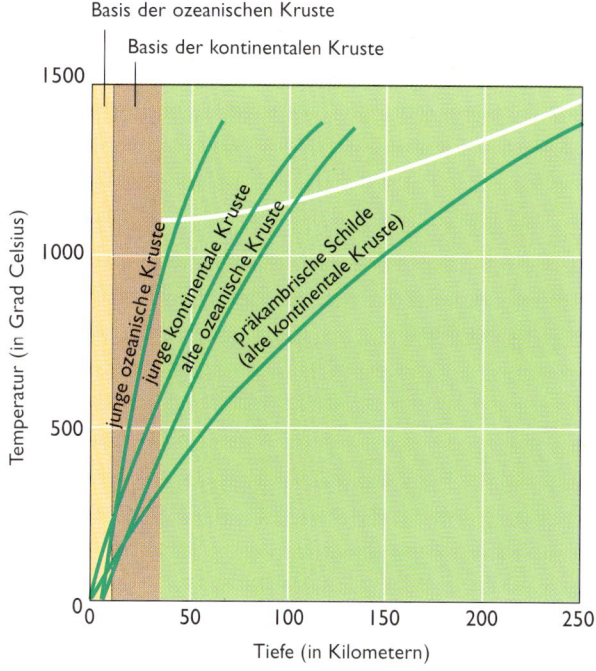

5.2 Die Temperatur in Kruste und Oberem Mantel steigt mit der Tiefe an. Der Anstieg hängt unter anderem vom Alter der Gesteine und ihrem ozeanischen beziehungsweise kontinentalen Ursprung ab.

äußere Haut oder Kruste bildeten, vergleichbar mit der Kruste, die sich in einem Hochofen an der Oberfläche der Schmelze bildet.

Nun sind Temperaturunterschiede nicht das einzige Kriterium, den Gesteinszustand in der Tiefe zu beschreiben. Mit der Tiefe steigt schließlich auch der Druck, und dieser Druckanstieg würde dem „Verflüssigungseffekt" höherer Temperaturen entgegenwirken. Erstaunlicherweise lassen sich bis heute die Rahmenbedingungen für den Übergang vom spröden zum zähflüssigen Zustand nicht genau vorhersagen. Demzufolge ist auch das Schmelzen komplexer Mineralgemenge, wie sie in natürlichen Gesteinen vorkommen, noch nicht umfassend erforscht und Druck und Temperatur am Übergang von Fest zu Flüssig nicht exakt bekannt – insbesondere bei Anwesenheit von Wasser.

Im Gegensatz dazu ermöglichen Erdbebenwellen eindeutige Aussagen über den elastischen Zustand der Gesteine in der Tiefe. Die S-Wellen der Erdbeben können Flüssigkeiten nicht durchdringen und sind dennoch – mit wenigen Ausnahmen – bis in eine Tiefe von 2900 Kilometern beobachtet worden. Fast alle Gesteine im äußeren Bereich der Erdkugel, etwa bis zur Hälfte ihres Radius, müssen also noch eine ausreichende Festigkeit aufweisen. Diese festen Gesteine bauen die Kruste und den darunterliegenden Erdmantel auf.

Die ersten deutlichen seismologischen Hinweise auf die besondere Ausbildung und Mächtigkeit der Erdkruste tauchten zu Beginn dieses Jahrhunderts auf, als man aus Erdbebenaufzeichnungen folgerte, daß es in etwa 30 bis 50 Kilometern unter den Kontinenten – je nach geographischer Lage – zu einem auffälligen strukturellen Wechsel kommt. Diese berühmte frühe Arbeit stammt von Andrija Mohorovičić von der Landesanstalt für Meteorologie und Geodynamik

in Zagreb, Kroatien. Bei der Auswertung von P- und S-Wellen aus Seismogrammen nahe des Epizentrums des kroatischen Bebens vom 8. Oktober 1909 stellte Mohorovičić fest, daß einige Wellen später eintrafen, als man es von den entlang der Oberfläche wandernden Wellen erwartet hätte. Um diese „Verspätung" erklären zu können, überlegte er, daß die P- und S-Wellen an einer Grenze in etwa 54 Kilometern Tiefe gebeugt worden sein mußten. Spätere Untersuchungen zeigten, daß diese sogenannte Mohorovičić-Diskontinuität, oder abgekürzt „Moho", ein weltweites Phänomen ist. Zumeist liegt sie aber in geringeren Tiefen als 54 Kilometer und bildet nicht immer eine so scharfe Grenze. Sie trennt die Kruste vom Mantel.

Die Erforschung der Kruste

Die ersten Daten der wenigen seismographischen Stationen vermittelten den Eindruck, als ob die Kruste einen gleichmäßigen Aufbau besäße. (Interessanterweise verbreitete sich diese Ansicht besonders unter Geologen, obwohl eigentlich ihnen die Komplexität der Oberflächenstrukturen am ehesten bekannt ist.) Ersten Annahmen zufolge bestand die Erdkruste lediglich aus zwei Gesteinsschichten, doch offenbaren neuere seismologische Untersuchungen beträchtliche Unregelmäßigkeiten. Tatsächlich variieren die Eigenschaften der Kruste ganz erheblich, besonders unter Flachmeeren und kontinentalen Gebirgsregionen. Nur wenige Bereiche haben einen einfachen, zweigeteilten geologischen Aufbau.

Moderne geophysikalische Feldmessungen, in denen Erdbebenstudien eine wesentliche Rolle spielten, führten zu erstaunlichen Erkenntnissen über die Details der Krustenvariabilität. Viele Studien von künstlich und natürlich ausgelösten Erdbeben haben zur Bestimmung der physikalischen Eigenschaften der Gesteine einer geologisch vielfältig gestalteten kontinentalen Kruste beigetragen. Der einfachste Aufbau und die gleichmäßigste Mächtigkeit sind in

5.3 Der kroatische Seismologe Andrija Mohorovičić (1857–1936), der die scharfe Grenze an der Unterseite der Kruste entdeckte.

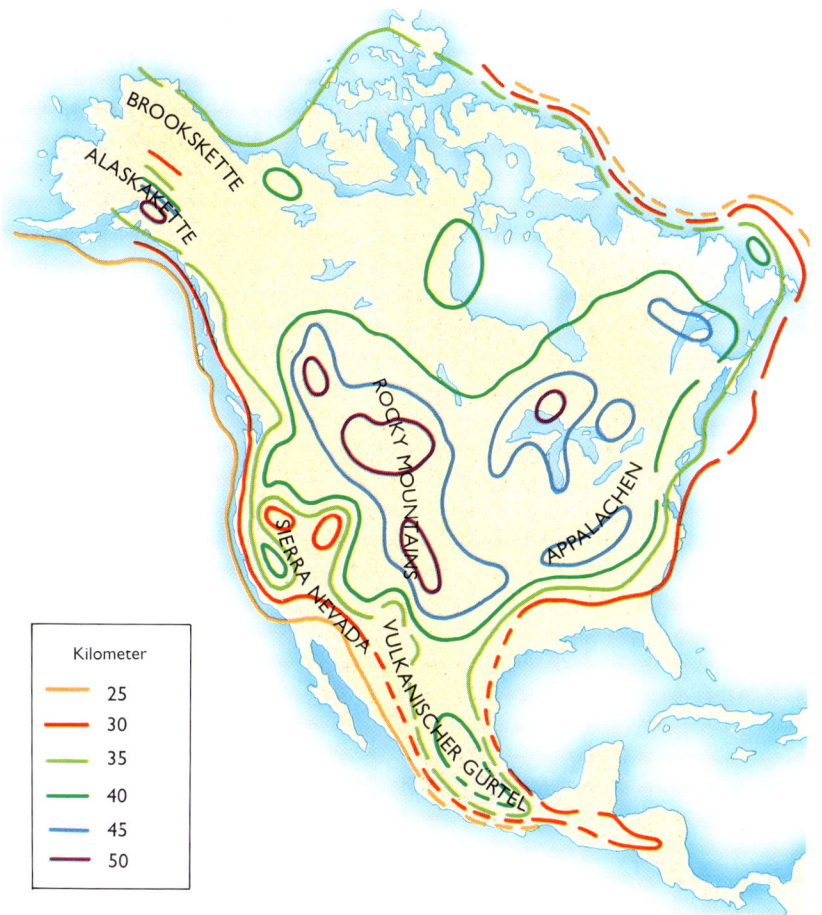

BROOKSKETTE

ALASKAKETTE

ROCKY MOUNTAINS

APPALACHEN

SIERRA NEVADA

VULKANISCHER GÜRTEL

Kilometer

— 25
— 30
— 35
— 40
— 45
— 50

5.4 Die Krustenmächtigkeiten in Nordamerika (Angaben in Kilometern) nehmen unter den Gebirgsketten zu und zu den Meeren hin ab.

den Krusten der alten präkambrischen Schilde zu finden, jenen ausdehnten Gesteinsschollen, die in Sibirien, Kanada und Australien zu finden sind und die seit dem Ende des Präkambriums vor etwa 600 Millionen Jahren nicht mehr „gestört" worden sind. Jüngere Gebiete, wie etwa der Westen Nordamerikas, besitzen Krustenstrukturen aus Schichten unterschiedlichster Mächtigkeit und Einfallswinkel.

Ein Teil der Bemühungen um die Entschlüsselung der Detailstruktur von Krustengesteinen stützt sich dabei auf modernste Technologie, die für die Erdölexploration entwickelt worden ist. Statt auf natürliche Erdbeben warten zu müssen, ersetzt ein auf

einem Lastwagen montierter und mit starken Motoren angetriebener Vibrationsmechanismus die Energiequelle seismischer Wellen. Etwa 20 Sekunden lang üben dabei die Vibratoren vertikale Kräfte von bis zu 30 Tonnen auf zwei Quadratmeter Erdoberfläche aus. Die dabei aufgewendete Kraft verläuft etwa entlang einer Sinuskurve, aber gleichzeitig steigt die Frequenz während des 20-Sekunden-Intervalls linear langsam von acht auf 32 Hertz an. Die Signale werden von den Strukturen der Erdkruste reflektiert und von zahlreichen, linear angeordneten Seismographen auf Magnetband aufgezeichnet. In einigen Großexperimenten wurden entlang eines zehn Kilometer langen Profils 100 Seismographen im Abstand von jeweils 100 Metern aufgereiht. Bei dieser Methode sind Bohrlöcher für Sprengstoff unnötig, sie ermöglicht den Wissenschaftlern aber die präzisere Bestimmung der charakteristischen Eigenschaften der Wellenverursacher.

Die spektakulären Ergebnisse so eines Experiments sehen Sie in Abbildung 5.5. Es wurde 1976 und 1977 von einer Gruppe des Department of Geological Sciences an der Cornell University in New York an der Wind-River-Verwerfung in den Wind River Mountains von Wyoming durchgeführt. Das Bild der Seitenansicht entstand, indem die Laufzeiten der seismischen *P*-Wellen vom Vibrator nach unten und zur Oberfläche zurück rechnergestützt aufbereitet und dargestellt wurden. Um die Laufzeiten auf die Tiefe umrechnen zu können, muß man den Vertikalmaßstab mit drei multiplizieren. Wenn wir das Profil von Südwesten nach Nordosten betrachten, fallen zunächst die Reflektionen zahlreicher Sedimentschichten im Green River Basin auf. Diese Sedimente werden bis zu zwölf Kilometer mächtig und sind nur schwach gefaltet. In Richtung auf die Wind River Mountains beobachten wir dann steil abtau-

chende Reflektoren, die Störungsflächen nachzeichnen (siehe Pfeile B bis D in Abbildung 5.5). Das Vorhandensein von Störungsbahnen deckt sich mit den geologischen Oberflächenbefunden, nach denen jüngere Sedimente im Green River Basin von präkambrischen Gesteinen der Wind River Mountains überschoben worden sind. Die Fortsetzung dieses Profils, die hier nicht mehr dargestellt ist, zeigt, daß die Störungszone durch das Sedimentbecken hindurch bis in eine Tiefe von etwa 25 Kilometern reicht. Resultate wie diese illustrieren, daß sich bei großräumigen Oberflächenstrukturen häufig tiefsitzende Strukturen durchpausen, die sich durch die ganze Erdkruste ziehen können. Solche Darstellungen zeigen uns die vielfältig gestaltete Struktur der Erdkruste so, als wenn wir uns eine Scheibe der Kruste abschneiden und direkt in sie hineinschauen könnten.

Die modernisierten seismographischen Netzwerke haben in jüngster Zeit einen bemerkenswerten Fortschritt im Verständnis der Beeinflussung von Erdbebenwellen durch die Struktur der Kruste ermöglicht. Da die seismischen Wellen nun über ein breites

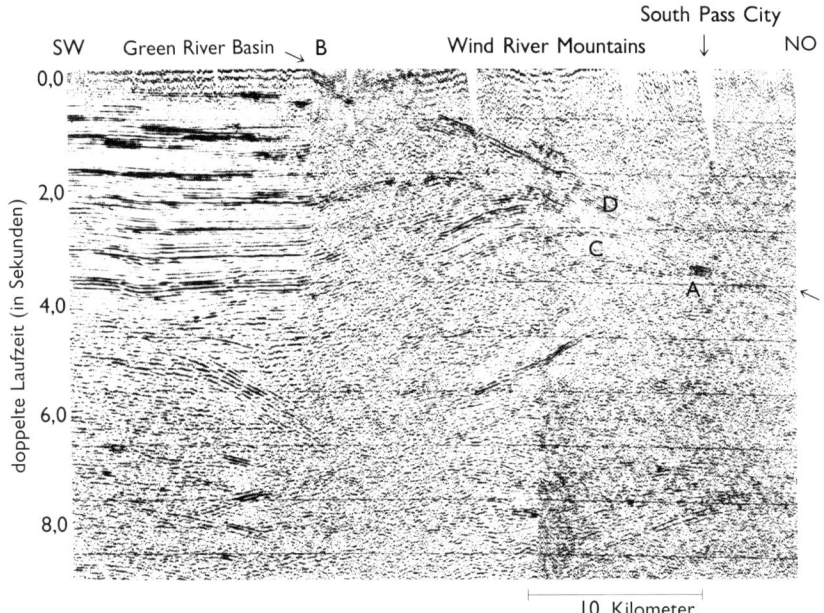

5.5 Ein seismisches Reflektions-„Röntgenbild" der Erdkruste unter den Wind River Mountains im US-Bundesstaat Wyoming. Der horizontale Maßstab steht für die Entfernung auf der Erdoberfläche, der vertikale Maßstab gibt die doppelte Laufzeit der Wellen – hinab zur reflektierenden Schicht und hinauf zur Oberfläche – wieder.

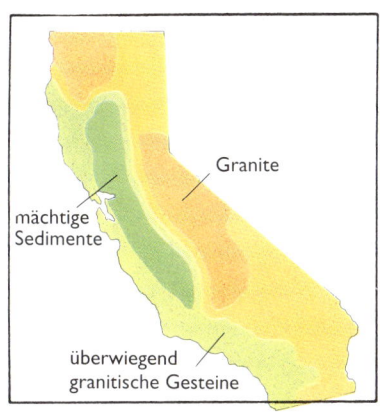

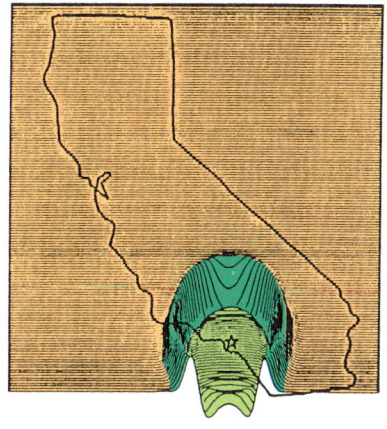

50 Sekunden

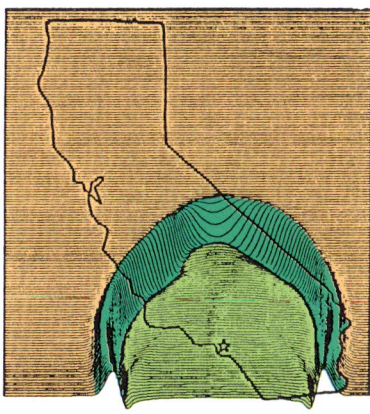

100 Sekunden

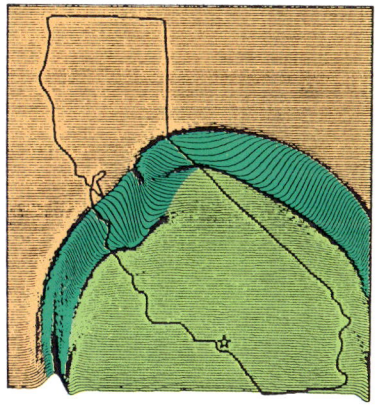

150 Sekunden

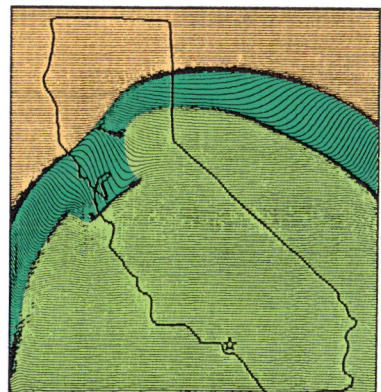

200 Sekunden

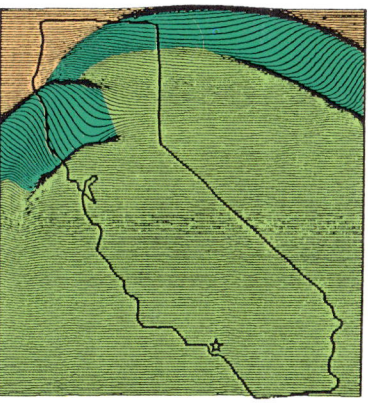

250 Sekunden

5.6 Die Computersimulation einer Love-Welle, die durch ein Beben bei Los Angeles in Kalifornien ausgelöst wurde, zeigt, daß die Welle auf ihrem Weg nach Norden an den großen geologischen Strukturen des Gebietes gebrochen wird (Zeit = Sekunden nach der Entstehung der Welle).

Abbildung 5.6 dargestellt. Mit Hilfe eines Computerprogramms lassen sich die sich verändernden Wellenfronten der Love-Wellen vom Whittier-Narrows-Erdbeben des Jahres 1985 auf ihrem Weg von Südkalifornien nach Norden verfolgen.

Die Wellenfronten passieren dabei drei breite Krustenzonen: die heterogenen metamorphen Gesteine an der Küste, die mächtigen Sedimente des Great Valley in Kalifornien und die granitischen Gesteine der Sierra Nevada. Love-Wellen sind in granitischen Gesteinen schneller als in Sedimenten. Auf der Grundlage dieser bereits bekannten Geschwindigkeiten berechnet das Programm, um wieviel die Love-Wellen in der Sierra Nevada schneller sind als ihre

Spektrum an Wellenlängen beobachtet werden können, ist es möglich, auch die Wellenfronten der langwelligen Oberflächenwellen auf ihrem Weg zu verfolgen, wie sie sich durch unterschiedliche Krustenstrukturen fortpflanzen, ganz wie Brecher im Meer, die auf ihrem Weg an einen geschützten Strand vorgelagerte Felsen passieren und sich an ihnen brechen. Ein geologisch recht einfacher Fall ist in

„Nachbarn" im Tal oder in den weniger festen Gesteinen an der Küste. Die simulierte Ausbreitungsfront wird durch aktuelle Seismogramme während des Bebens im Jahre 1985 aus nordkalifornischen Erdbebenbeobachtungszentren bestätigt, und diese lassen sich dann wiederum zur Verbesserung der Krustenmodelle heranziehen, die ursprünglich die Grundlage der Berechnungen war.

Unterschiede zwischen Ozeanen und Kontinenten

Der einschneidendste physiographische Kontrast auf der Erdoberfläche ist der zwischen den Kontinenten und Ozeanen. Kontinente machen etwa ein Drittel der Erdoberfläche aus und liegen im Mittel 800 Meter über dem Meeresspiegel. Sie setzen sich unter Wasser in flachen Kontinentalschelfgebieten von wenigen Dutzend Kilometern Breite fort. Am Rand des Schelfes fällt der Ozeanboden zu den abyssalen Ebenen der Tiefsee ab. Die durchschnittliche Meerestiefe beträgt etwa 4,8 Kilometer.

Über ein Jahrhundert lang gab es lediglich gewisse Hinweise darauf, daß sich die Kruste unter den Ozeanen und Kontinenten in ihrer Mächtigkeit unterschied. Weltweite Gravitationsmessungen hatten auffällige Unterschiede zwischen marinen und kontinentalen Bereichen ergeben. Diese Messungen mit Pendeln waren allerdings sehr zeitraubend und lieferten keine quantitativen Werte für die globale Krustenmächtigkeit. Mit dem weltweiten Einsatz von Seismographen stellte sich bald heraus, daß sich die geologischen Muster unter Ozeanen oder in Kontinenten deutlich in unterschiedlichen Wellenmustern widerspiegelten. Diese Wellenmuster gestatteten erstmals die indirekte Beobachtung der Eigenschaften großräumiger geologischer Strukturen.

Würden wir die Eigenschaften der Erde unter einem bestimmten Ozean oder Kontinent kennen, wären wir in der Lage, den Verlauf der Oberflächenwellen vorherzusagen. In der Praxis beobachten wir aber rätselhafte Muster, aus denen wir auf indirekte Weise auf die mittleren Gesteinseigenschaften schließen wollen. Im allgemeinen durchlaufen Oberflächenwellen auf ihrem Weg sowohl Ozeane als auch Kontinente. Manche seismographischen Stationen sind in der Lage, „reine" Wege durch nur eine Art von Kruste zu messen: Die Geräte in Kalifornien fangen beispielsweise Wellen auf, die seit ihrer Entstehung im Südpazifik nur durch die ozeanische Kruste des Pazifik gelaufen sind; seismographische Stationen in Schweden registrieren Wellen, die – ausgehend von Erdbeben im Himalaya – lediglich die eurasische Landmasse durchlaufen haben. Die stark voneinander abweichenden Wellenmuster zeigt Abbildung 5.7.

Erinnern wir uns aus Kapitel 2, daß sich Oberflächenwellen in Wellenzüge spreizen, da die längerwelligen Wellen in größere Tiefen vordringen, wo die Wellengeschwindigkeit höher ist. Sie kommen daher zuerst am Seismographen an. Da Krusten- und Mantelgesteine über recht unterschiedliche Geschwindigkeitsprofile verfügen, liefert das Ausmaß dieser Streuung sowohl von Love- als auch Rayleigh-Wellen einen indirekten Schlüssel zur Bestimmung der Krustenmächtigkeit. Wenn zum Beispiel Love-Wellen nur den Ozeanboden durchlaufen haben, erscheinen sie als ein einziger Puls horizontaler Bodenbewegung, der sich mit einer Geschwindigkeit von etwa 4,5 Kilometern pro Sekunde über eine Distanz von über 1000 Kilometern fortgepflanzt hat. Love-Wellen, die die gleiche Entfernung durch kontinentale Kruste zurücklegt haben, erzeugen keinen Puls, sondern vielmehr einen langen Wellenzug mit einer gleichmäßigen Spreizung der Periode in Abhängigkeit von der Zeit. In der Tat liefert dieser deutliche Unterschied ein gutes Indiz dafür, ob eine bestimmte Erdbebenquelle von der Beobachtungsstation durch rein ozeanische oder rein kontinentale Kruste getrennt ist. Rayleigh-Wellen, die im Gegensatz zu den Love-Wellen noch eine vertikale Komponente besitzen, zeigen in den ozeanischen und kontinentalen Aufzeichnungen dramatische Unterschiede. Wenn Rayleigh-Wellen ozeanische Kruste durchlaufen, fächern sie sich in einen Wellenzug auf, der – bei Perioden von etwa 15

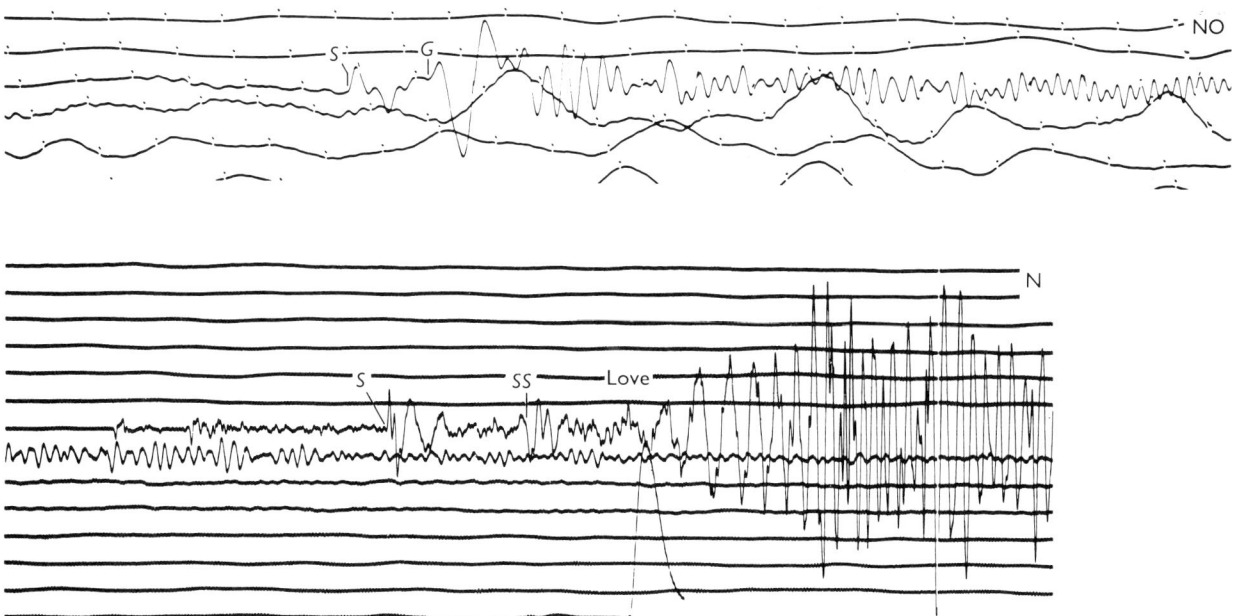

5.7 Oben: Das Seismogramm eines langperiodischen Seismographen in Berkeley, Kalifornien, zeigt den Puls der Love-Welle (den sogenannten G-Puls) in ozeanischer Kruste nach einem Erdbeben in Alaska (die Zeitmarken liegen jeweils eine Minute auseinander). Unten: Das Seismogramm zeigt den gestreuten Wellenzug einer Love-Welle in kontinentaler Kruste nach einem Beben in Sibirien, aufgezeichnet in Uppsala, Schweden (Zeit von links nach rechts; 0,9 Millimeter = eine Sekunde).

Sekunden – bisweilen viele Minuten andauern kann. Seismogramme von Erdbeben mit ähnlicher Entfernung, bei denen die Wellen allerdings nur kontinentale Kruste zu überbrücken haben, zeigen diesen langen monotonen Wellenzug nicht.

Bei dem Versuch, diese Phänomene zu ergründen, bemühten sich die ersten Forscher, das an der Erdoberfläche beobachtete Wellenmuster mit Modellen unterschiedlicher Krustenmächtigkeit in Einklang zu bringen. Sie entwarfen eine Reihe plausibler mathematischer Krustenmodelle, berechneten die theoretische Wellenstreuung und verwarfen dann die Modelle, deren Streuung der tatsächlich beobachteten widersprach. Aus den verbleibenden Modellen ergab sich, daß die Ozeankruste beträchtlich dünner

sein mußte, und tatsächlich ließen die Resultate der damals noch nicht so hochauflösenden Seismographen bereits darauf schließen, daß die Ozeankruste vielleicht 20 und die kontinentale Kruste etwa 35 Kilometer mächtig seien. Nach der Modernisierung des weltweiten seismographischen Netzes in den sechziger Jahren wurden die Stationen unter anderem mit längeren Pendeln ausgestattet, womit die exakte Aufzeichnung seismischer Bodenbewegungen mit Perioden zwischen zehn und 50 Sekunden möglich war. Jetzt klärte sich das Bild: Kontinentale Kruste ist zwischen 25 und 50 Kilometern dick, wobei sie unter Gebirgsregionen generell mächtiger ist. Die Dicke der Ozeankruste schwankt dagegen nur geringfügig zwischen fünf und acht Kilometern; in gewissen Übergangszonen und unter großen Meeren liegt die Mächtigkeit der Kruste zwischen der der ozeanischen und der der kontinentalen Kruste. Die neuesten Arbeiten über die „Durchleuchtung" der Erdoberfläche durch Erdbebenwellen haben gezeigt, daß die Untergrenze der Kruste oft wellig ausgebildet ist. Abbildung 5.9 zeigt die überhöht dargestellte Krustenunterseite und den Einfluß der wellenartigen Struktur auf seismische Wellen eines Erdbebenherdes.

Die gute Übereinstimmung, die schließlich bezüglich der Krustenstruktur zwischen zahlreichen unabhängigen theoretischen Berechnungen und den Beobachtungen der Love- und Rayleigh-Wellen erzielt wurde, führte zu einer Abschätzung der elastischen Eigenschaften der Gesteine kontinentaler und ozeanischer

Kruste. So gleicht die Kruste unter den Ozeanen mehr einer dünnen Haut aus Basalt, der die tieferliegenden Gesteinen ursprünglich als Lavafluß bedeckte. Schließlich hatte der Beweis, daß sich kontinentale und ozeanische Kruste wesentlich voneinander unterscheiden, die Entkräftung eines der wesentlichen Argumente gegen die Kontinentalverschiebung zur Folge.

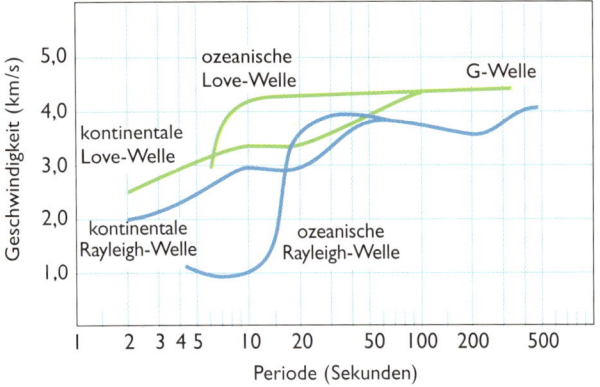

5.8 Diese Streukurven zeigen die Charakteristika von Love- und Rayleigh-Wellen aus ozeanischer beziehungsweise kontinentaler Kruste. Da sich beispielsweise die Love-Wellen verschiedener Perioden in ozeanischer Kruste mit der gleichen Geschwindigkeit fortpflanzen, kommen sie an dem Seismographen zur selben Zeit mit dem typischen G-Puls an. Die graduellen Abweichungen der Wellengeschwindigkeit in Abhängigkeit von der Periode führen bei Love-Wellen in kontinentaler Kruste dagegen zu einer breiten Streuung im Seismogramm.

Kontinentalverschiebung

Hinweise darauf, daß sich die Kontinente gegeneinander verschieben, finden wir schon im letzten Jahrhundert. Erst 1912 wurde von dem deutschen Meteorologen Alfred Wegener (1880–1930) in Vorlesungen erstmals ein quantitativer Ansatz vorgestellt. Vielleicht war der Erste Weltkrieg Schuld daran, daß diese Hypothese von Geowissenschaftlern weitere zehn Jahre nicht ernst genommen wurde. Am 16. Februar 1922 erschien in der führenden wissenschaftlichen Zeitschrift *Nature* eine kurze, namentlich nicht gekennzeichnete Rezension über das Buch mit Wegeners Theorie: »Dieses Buch gefällt Geophysikern auf Anhieb, erweckt in der Mehrheit der Geologen jedoch heftigen Widerstand.« Wegener

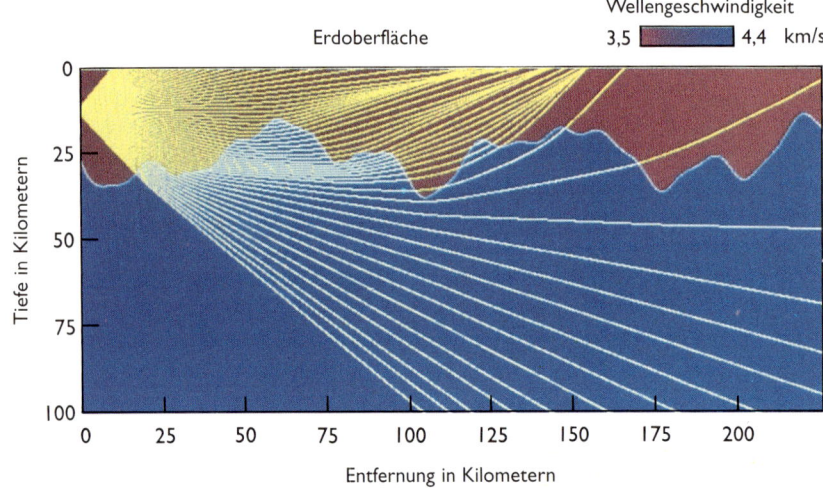

5.9 Diese Computersimulation zeigt die Wege seismischer *P*-Wellen, die an der unebenen Mohorovičić-Diskontinuität refraktiert und reflektiert werden.

postulierte, daß vor 300 Millionen Jahren ein Super-
kontinent zerbrochen sei und seine Fragmente bis zur
heutigen Konstellation auseinandergedriftet seien.
Zur Untermauerung seiner Theorie verwies er darauf, daß großräumige geologische Strukturen in weit
auseinanderliegenden Kontinenten, beispielsweise
die Westküste von Afrika und die Ostküste von
Südamerika, zusammenzupassen schienen. Hier war
endlich eine Theorie, die einen großen Teil der phy-
sischen Geologie zu erklären vermochte. In den folgenden Jahrzehnten stand sie immer mehr im Brenn-
punkt der Diskussion.

Einer der Begründer der modernen Geophysik, Sir
Harold Jeffreys, machte darauf aufmerksam, daß die
Theorie auf zwei Annahmen beruhte. Die erste lautet, daß jede Kraft, und sei sie auch noch so klein,
die Gesteine der Erde verformen könne, wenn sie nur
lange genug wirke. Jeffreys hielt das nicht für falsch,
obwohl auch einiges dagegen sprach. Er war jedoch
der Meinung, daß die zweite Prämisse falsch war.
Wegener nahm an, daß sich die driftenden Kontinente durch eine obere Gesteinslage bestimmter
Festigkeit bewegten. Jeffreys wies darauf hin, daß
dies unmöglich wäre, es sei denn, man setze voraus,
daß sich eine kleine Kraft gegen eine größere
behaupten könne, die zur selben Zeit in die entgegengesetzte Richtung wirkt. Jeffreys bestand zuerst
darauf, daß sich so eine Annahme nicht mit unserem
Verständnis von Physik vertrug. Daten aus Erdbebenwellen zeigten, daß die Struktur der Kontinente
tiefer hinabreicht als zunächst angenommen und
bestärkten Jeffreys in seinem Widerspruch. Die meisten Geologen wollten die Möglichkeit einer Kontinentalverschiebung nur zögernd akzeptieren, schließlich gab es noch keinen bekannten natürlichen Prozeß, der auch nur im geringsten dafür verantwortlich
sein könnte.

Wir haben bereits darauf hingewiesen, daß das Rätsel der weltweiten Unterschiede in der Krustenmächtigkeit Ende der sechziger Jahre durch seismologische Untersuchungen gelöst war. Dazu kam, daß die
intensive Beschäftigung mit der Streuung der Oberflächenwellen und der Ausbreitung der seismischen
P- und *S*-Wellen einen weiteren wichtigen Beitrag

5.10 Sir Harold Jeffreys (1891–1989), theoretischer Geophysiker
und Entdecker des flüssigen Erdkerns.

geliefert hatte: Sowohl unter den Ozeanen als auch
unter den Kontinenten existiert im Oberen Mantel
eine Schicht, in der die seismische Geschwindigkeit
geringer ist als in den darüberliegenden Krustengesteinen. Dieser Abfall in der seismischen
Geschwindigkeit ist ein Indiz dafür, daß auch die
elastische Festigkeit des Gesteinsmaterials mit der
Tiefe abnimmt. Statt nun nach Erklärungen suchen
zu müssen, wie sich die Kontinente durch festes
Gestein fortbewegen, konnten die Verfechter der
Kontinentalverschiebung nun das Konzept einer
weichen Zone unter den festeren geologischen
„Schollen" vertreten. Auch ein weiterer Widerspruch
zur Theorie – tiefsitzende Erdbeben setzen feste und
spröde Gesteine bis in Tiefen von nahezu 700 Kilometern voraus – konnte ausgeräumt werden. Die auf-
gerüsteten Erdbebenwarten lieferten mittlerweile
zuverlässigere Daten über die Tiefe von weltweiten
Erdbebenherden und zeigten unmißverständlich, daß

tiefe Herde nicht überall in den Ozeanen und Kontinenten entstehen, sondern nur in ganz speziellen Regionen.

Die Erdkruste gilt heute nur noch als die oberste Haut der festen Erdschicht. Diesen obersten Teil der äußeren, mechanisch festen Schale der Erde nennt man die Lithosphäre (vom griechischen *lithos* für „Stein"). Die Lithosphäre besteht aus der Kruste, aber auch aus einer mehr oder weniger festen Schicht, die bis in Tiefen von 150 Kilometern oder mehr hinabreicht, wobei sie unter den Ozeanen dünner und unter alten Kontinentmassen mächtiger ist. Diese Tiefen ergeben sich teilweise auch aus den tiefen Erdbebenherden, die in Kapitel 4 diskutiert wurden.

Aus dem Verhalten der seismischen Wellen läßt sich schließen, daß die Basis der Lithosphäre keine scharfe Grenze besitzt. Sie geht graduell in eine weitere Schicht des Erdinneren über, die Asthenosphäre (vom griechischen *asthenia* für „schwach"). Die Asthenosphäre ist bis in eine Tiefe von 600 bis 700 Kilometern durch geringere Wellengeschwindigkeiten und eine gegenüber der Lithosphäre deutlich höhere Abschwächung der P- und S-Wellen charak-

terisiert. Daraus läßt sich schließen, daß die Asthenosphäre weicher als die Lithosphäre ist und sich dem schmelzflüssigen Zustand nähert. Die Lithosphäre treibt demnach auf diesem zähflüssigen Material und bewegt sich in Zeiträumen von Millionen von Jahren darüber hinweg.

Mit dieser Vorstellung einer festen Lithosphäre, die auf einer weichen Asthenosphäre treibt, standen nun die wesentlichen Bestandteile für die Formulierung einer zufriedenstellenden Theorie der Kontinentalverschiebung zur Verfügung – man war nun in der Lage, den entnervenden Kritiken entgegenzutreten, deren Ziel sie über 50 Jahre gewesen war.

Die Theorie der Plattentektonik

Die grundlegende Idee der Plattentektonik lautet, daß die Lithosphäre aus einigen großen und recht stabilen Tafeln festen und relativ steifen Gesteins besteht, die man Platten nennt und die sich über den Globus spannen wie gewölbte Kappen über einer Kugel. Es gibt sieben große Platten, wie etwa die Pazifische

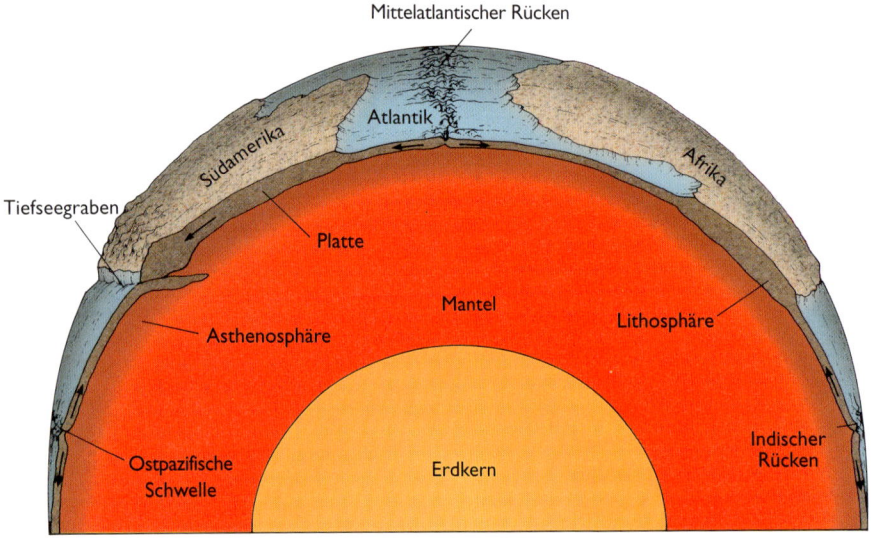

5.11 Eine feste Lithosphäre unterschiedlicher Mächtigkeit treibt auf der weicheren Asthenosphäre. Die Lithosphäre setzt sich aus tektonischen Platten zusammen, die sich in verschiedene Richtungen bewegen. Die Afrikanische und die Südamerikanische Platte driften am Mittelatlantischen Rücken mit einer Geschwindigkeit von einigen Zentimetern pro Jahr auseinander. Die Südamerikanische Platte und die Nazcaplatte treiben aufeinander zu und bilden so die Anden. Um die Mächtigkeit der Lithosphäre und Asthenosphäre überhaupt in diesem Maßstab darstellen zu können, wurde sie überhöht wiedergegeben.

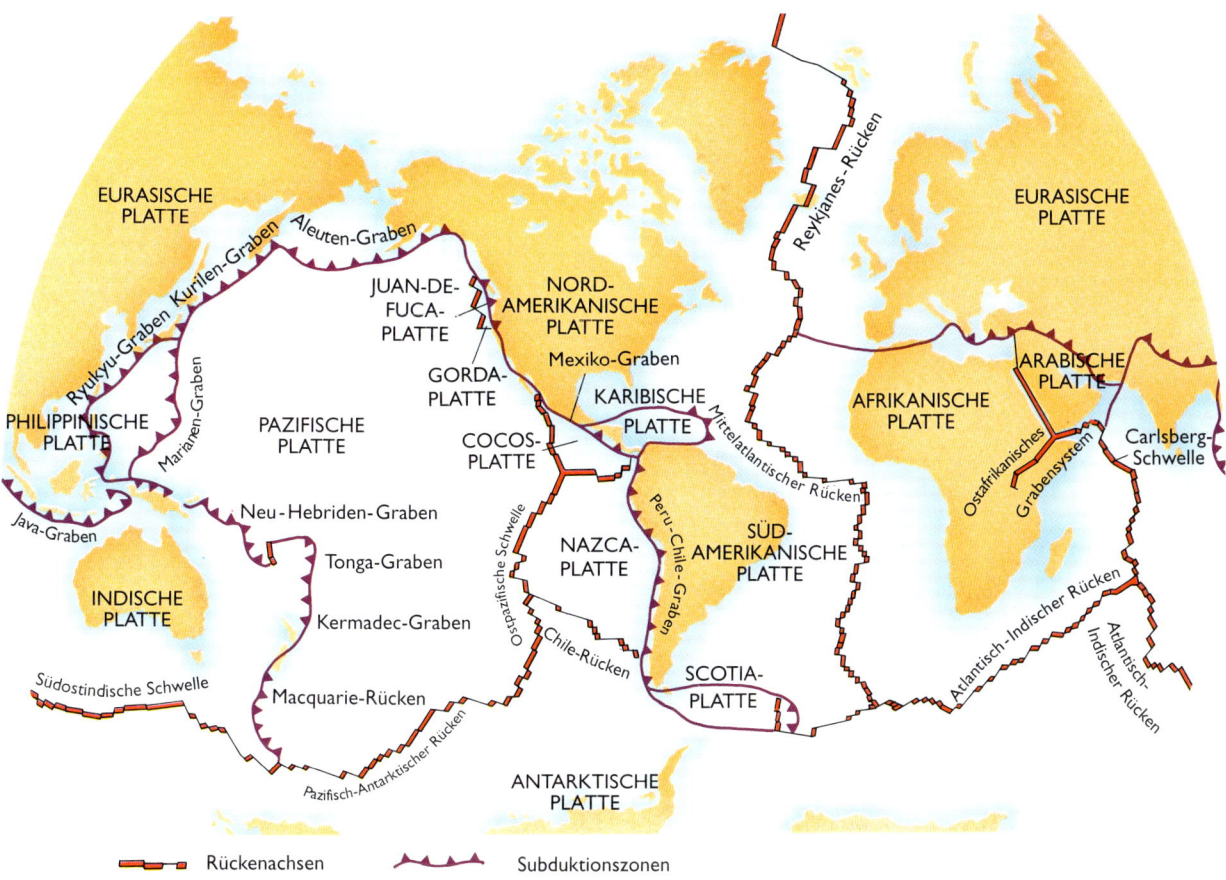

5.12 Die wesentlichen tektonischen Platten sind von mittelozeanischen Rücken, Tiefseegräben und Transformstörungen umgeben, die gleichzeitig ihre Ränder bilden.

Platte, und viele kleinere, wie die Gorda-Platte vor Nordkalifornien, die sich alle gegeneinander bewegen.

Da die Platten Bestandteile der Lithosphäre sind, reichen sie bis in Tiefen von 100 bis 200 Kilometern. Jede Platte bewegt sich auf dem unterliegenden weicheren Gestein horizontal, relativ zu den angrenzenden Platten. Am Rand einer Platte, dort wo sie mit einer oder mehreren Platten zusammenstößt, erzeugt die Plattenbewegung starke Zugkräfte, die in den Gesteinen der Lithosphäre zu physikalischen und sogar chemischen Veränderungen führen. Da die Platten im allgemeinen steif und fest sind, übertragen sie die Kräfte durch ihr Inneres, ohne sich zu verziehen; die relative Bewegung der Platten gegeneinander wird also fast gänzlich entlang der Plattengrenzen aufgenommen, die ihrerseits recht breit sein können. An diesen Plattenrändern wird die geologische Struktur der Erde durch Reaktionskräfte zwischen den Platten beeinflußt, und hier ist auch der Bereich, wo die massivsten und tiefgreifendsten geologischen Veränderungen stattfinden.

Die Ränder der Platten sind eindeutig Zonen von hoher Seismizität. Mühelos ist die enge Beziehung zwischen Plattengrenzen und dem Auftreten von Erdbeben in Abbildung 5.13 nachvollziehbar, die die Erdbebenhäufigkeit entlang der kalifornischen Rän-

105

5.13 Die Epizentren aller Beben von 1972 bis 1989 (gelb) in der San Francisco Bay Area zeichnen aktive Störungen nach.

begrenzte Bereiche zwischen diesen Störungen verteilt. Die großen Störungen sind Schwächezonen in der Kruste, an denen sich die relativen Plattenbewegungen abspielen. Die Geschwindigkeit beträgt an der San-Andreas-Störung etwa fünf Zentimeter pro Jahr – ein typischer Wert für große, an Plattengrenzen gebundene Störungen.

Die Theorie der Plattentektonik, die die Interaktionen und Wirkungen von Platten untereinander vorhersagt, beruht auf vier Annahmen:

1. Neues Plattenmaterial wird durch die Spreizung der Ozeanböden gebildet; neue ozeanische Lithosphäre entsteht entlang aktiver mittelozeanischer Rücken.
2. Die neue ozeanische Lithosphäre ist Teil der driftenden Platte; diese Platte kann, muß aber nicht, kontinentales Material enthalten.
3. Die Oberfläche der Erde bleibt konstant; daher muß der Bildung von Lithosphäre die Vernichtung von Platten an anderer Stelle gegenüberstehen.
4. Da die Platten Kräfte über große Entfernungen übertragen können, ohne sich zu verformen, läuft die relative Bewegung der Platten gegeneinander fast gänzlich an ihren Rändern ab.

Mehr als 70 Prozent der Plattenfläche wird von großen Ozeanen wie dem Pazifik, dem Atlantik und dem Indik bedeckt, an deren Grund die topographische Monotonie durch Tiefseeberge, vulkanische Inseln und sogar große Gebirgszüge aufgelockert wird. Das auffallendste Phänomen ist die Aufteilung der ozeanischen Kruste durch ein weltweites System von aktiven Vulkanrücken, an denen es auch zu nennenswerten Erdbeben kommt. Wo liegt der Grund für dieses geologische Muster?

Die gegenwärtige Plattenstruktur (Abbildung 5.12) ist nicht unveränderlich, sondern einem ständigen, graduellen Wechsel unterworfen. An divergenten Plattengrenzen treiben die Platten an den Ozeanrücken auseinander. Beständig fließt an den mittelozeanischen Rücken entlang von Plattenrändern aus der Asthenosphäre aufsteigende Lava aus und bildet neue Lithosphäre. Als junger Ozeanboden treiben die

der der Pazifischen und Nordamerikanischen Platte wiedergibt. Die graphische Darstellung aller Epizentren von schwachen Beben in diesem Gebiet führt zu einem eindrucksvollen regionalen Mosaik. Die dichten, perlschnurartigen Konzentrationen von Epizentren fallen mit dem Verlauf langer, aktiver Störungen, wie beispielsweise der San-Andreas-Störung, zusammen. Einige Epizentren sind aber auch über

Gesteine langsam an beiden Seiten des Rückens auseinander. Auf diese Weise wandern die Platten mit annähernd gleichförmiger Geschwindigkeit wie Transportbänder über die Oberfläche, wobei sie abkühlen und altern. Daher werden die mittelozeanischen Rücken auch Spreizungszonen (*spreading zones*) genannt.

Keiner dieser Rücken hat einen ungestörten Verlauf; vielmehr sind sie von zahlreichen horizontalen Versetzungen unterbrochen. Diese Versetzungen entstehen, wenn zwei Krustenblöcke lateral aneinander vorbeigleiten. Zusammen mit den mittelozeanischen Rücken bilden sie das System der Plattengrenzen. An beiden Enden der Versetzungen wird entlang der Rücken neuer Ozeanboden gebildet und zwingt die tektonischen Platten beider Seiten auseinander. Entlang der Störung gleiten die Plattenränder in entgegengesetzte Richtungen aneinander vorbei. Da der Versatz durch die Bildung neuen Ozeanbodens „transformiert" wird, nennt man diese Versetzungen Transformstörungen. Sie sind die Ursache für zahlreiche Erdbeben. Transformstörungen entstehen, weil der Rücken versetzt wird. Die Ursache für diese Versetzungen an sich ist nicht geklärt.

Wenn sich aber ständig neue Platten bilden, was geschieht dann mit den alten? Der Plattentheorie zufolge ist das „Grab" einer Platte an einem Tiefseegraben vor einem Kontinent oder einem Inselbogen zu suchen. In diesen sogenannten Subduktionszonen tauchen die Oberflächengesteine in das Erdinnere ab. Mit der Tiefe steigen Druck und Temperatur, so daß die abtauchende Lithosphäre langsam aufschmilzt und schließlich von den umgebenden Gesteinen chemisch absorbiert wird. Die abtauchende Platte kann dabei die Asthenosphäre bis in Tiefen von 700 Kilometern durchdringen, meistens jedoch wird sie schon in wesentlich geringeren Tiefen absorbiert. Gegenwärtig sind die Platten, denen Afrika, Antarktika, Nordamerika und Südamerika aufsitzen, im Wachstum begriffen, während die Pazifische Platte schrumpft. Die Aleuten, Japan und die Anden sind Zeugnisse für Subduktionsplattenränder, die typischerweise vulkanische Gebirgsregionen bilden.

5.14 Diese Darstellung des Mittelatlantischen Rückens, die auf der Basis von bathymetrischen Messungen (Messungen der Meerestiefe) entstanden ist, zeigt zahlreiche Transformstörungen, die den Rücken rechtwinklig durchschneiden; Versetzungen des Rückens entlang dieser Störungen sind deutlich sichtbar.

Die meisten konvergenten Grenzen, an denen Platten zusammenstoßen, sind als Subduktionszonen entlang von Tiefseegräben ausgebildet. In einigen Fällen kollidieren aber auch zwei Kontinente. Die resultierende Stauchung und Auffaltung der Kruste läßt massive Gebirgsketten entstehen, wie den Himalaya, die Zagros-Region (südwestlicher Iran und nordöstlicher Irak) und den Alpengürtel entlang des Mittelmeers (von der Türkei bis nach Spanien). Diese Kollisionen werden von unablässiger Erdbebenaktivität begleitet.

Entlang konservierender Plattenränder wird weder Lithosphäre zerstört noch neue gebildet, statt dessen bewegen sich hier die Platten aneinander vorbei. Dabei nehmen die Plattengrenzen oft die Form von Transformstörungen an. Ein Beispiel ist die San-Andreas-Störung in Kalifornien, die eigentlich die langgestreckte Versetzung zweier Spreizungszonen in Verlängerung des Ostpazifischen Rückens ist. Angrenzende Platten bewegen sich dabei relativ zueinander mit bis zu 15 Zentimetern pro Jahr aneinander vorbei.

5.15 Dieses beeindruckende Beispiel aus Israel zeigt einst horizontal abgelagerte feste Gesteine, die von langwirkenden tektonischen Druckkräften gefaltet wurden.

Die Geschwindigkeit, mit der Ozeankrustenteile an Spreizungszonen voneinander wegdriften, ist gewöhnlich mit Hilfe magnetischer Anomalien an den mittelozeanischen Rücken bestimmt worden. Jeweils nach einigen hunderttausend Jahren kehrt sich die Polarität des Erdmagnetfeldes um. Wenn nun das Magma an den mittelozeanischen Rücken austritt und erstarrt, konserviert es dauerhaft die zu dem Zeitpunkt herrschende Richtung des Magnetfeldes. Während dieser Streifen erstarrter Lava vom Rücken wegwandert, wird der Ozeanboden mit einem „Code" versehen, der aus einer Serie jeweils entgegengesetzt gepolter Streifen besteht. Da man genau weiß, wann diese geomagnetischen Umkehrungen jeweils stattgefunden haben, gibt die Breite eines Streifens von einer Umpolung zur nächsten die Spreizungsrate wieder.

Diese geomagnetischen Beobachtungen haben ergeben, daß die Spreizungsraten in den vergangenen Jahrmillionen zwischen etwa 1,2 Zentimetern pro Jahr am Arktischen Rücken und sogar 16 Zentimetern am Ostpazifischen Rücken zwischen der Pazifischen Platte und der Nazca-Platte lagen. Tiefseegräben kollidieren mit dem stabilen Kern einer Platte mit Geschwindigkeiten von etwa zwei Zentimetern pro Jahr am Südchile-Graben, wo die Antarktische Platte unter die Südamerikanische Platte taucht, und bis zu elf Zentimetern an der Indo-Australischen/Pazifischen Plattengrenze. Außer in den Ozeanen und Tiefseegräben sind magnetische Messungen zur Beschreibung der Plattenkinematik ungeeignet. Dies gilt insbesondere dort, wo durch die Plattenbewegung zwei Kontinente kollidieren. Dabei wird kontinentale Kruste von der Lithosphäre abhobelt und zu Gebirgsketten und ausgedehnten Hochlandplateaus wie dem Himalaya und Tibet aufgetürmt.

Obwohl konventionelle Meßmethoden im Fall der Ozeanböden ausreichend und generell aufschlußreich sind, sind einige Deformationsphänomene mit dem simplen Modell starrer Platten mit schmalen strukturellen Grenzen nicht zu erklären. Beispielsweise treten in der Äquatorialzone des Indischen Ozeans, weit entfernt von jeder Plattengrenze, immer wieder gewaltige Erdbeben auf. Hier haben Schätzungen der

Obwohl die Lithosphärenplatten sowohl aus ozeanischem als auch aus kontinentalem Material bestehen, betreffen Neubildung und Zerstörung gewöhnlich nur den ozeanischen Teil. An Subduktionszonen, wo sich Kontinent und Meeresboden treffen, ist es stets die ozeanische Platte, die abtaucht und verschluckt wird. Mit anderen Worten: Die Kontinente sind Schollen aus leichterem Material, die an der Oberfläche treiben, während die dichtere ozeanische Kruste subduziert wird und entweder unter ozeanische oder kontinentale Lithosphäre abtaucht.

seismischen Momente gezeigt, daß die Kräfte von schweren Beben an der San-Andreas-Störung als eine typische Transformstörung-Plattengrenze noch um ein Vielfaches übertroffen werden. Nach diesen und anderen geologischen Befunden gilt es als wahrscheinlich, daß die Indo-Australische Platte kein geschlossenes System ist, sondern interne Störungssysteme aufweist.

Im Prinzip wäre es am einfachsten, die derzeitigen Plattenbewegungen direkt anhand des Versatzes an der Störung zwischen zwei Platten zu messen. Das praktische Problem besteht allerdings darin, daß die Plattengrenzen der kontinentalen und der ozeanischen Platten Hunderte, sogar Tausende von Kilometern breit sind und es somit extrem schwierig ist, die relative Bewegung der Platten gegeneinander zu messen. Zudem sind natürlich einige Plattenränder nicht zugänglich.

Die genauen Bewegungen der tektonischen Platten werden mittlerweile per Satellit erkundet, der die Abstände zwischen zwei weit von einander entfernten Punkten an den jeweiligen Plattengrenzen mißt. Diese Methoden basieren auf Technologien, die für die Radioastronomie und die Satellitenvermessung entwickelt wurden. Das am meisten verwendete System ist das *Global Positioning System* (GPS), das mit Satelliten in großen Höhen (etwa 20000 Kilometer) arbeitet, die die Erde zweimal täglich umkreisen. Sie senden dabei Signale über Zeit und Position zur Erde. An den GPS-Empfangsstationen am Erdboden wird die Entfernung jedes Satelliten aus der Laufzeit des Signals berechnet. Die Entfernungen vieler GPS-Empfangsstationen zu vielen Satelliten ermöglichen es, die Position einer Empfangsstation über einfache Triangulation auf wenige Meter genau zu bestimmen. Das ähnelt der Methode, Epizentren durch die Triangulation der P- und S-Wellengeschwindigkeiten zu lokalisieren.

Wenn man sich eines Netzwerks von GPS-Empfangsstationen bedient, können Fehler minimiert und relative Positionen auf wenige Zentimeter genau berechnet werden. Die außerordentliche Genauigkeit verspricht, daß man in den nächsten zehn Jahren die relative tektonische Bewegung zwischen Platten und innerhalb der Plattengrenzen noch sehr viel genauer wird auflösen können.

Erdbebenmechanismen entlang von Plattenrändern

Während heutzutage feststeht, daß die Theorie der Plattentektonik die Bewegungen an Störungen vorhersagt, waren es doch zunächst im wesentlichen seismologische Befunde über die Bewegung an großen Störungen, kombiniert mit den Aufzeichnungen der Magnetisierungsstreifen in der Ozeankruste, die auch Zweifler von der Richtigkeit der Plattentheorie überzeugt haben. Die Untersuchungen ergaben an den verschiedenen Plattengrenzen konstante Muster von Bebenherden.

Seismologische Beobachtungsstationen registrieren P-Wellen von Beben an den Transformstörungen, die die versetzten Rückensegmente innerhalb des weltumspannenden mittelozeanischen Rückensystems verbinden. Diese Aufzeichnungen lassen vermuten, daß die P-Wellen in den meisten Fällen durch horizontale Rückformung erzeugt werden. Die Fernerkundung von Tausenden von Transformstörungen auf der ganzen Welt hat gezeigt, daß ein Rücken immer durch denselben Typ von Störung mit anderen Rücken oder Subduktionszonen verbunden ist. Diese Transversalverschiebung führt die sich spreizenden Platten vom Rücken fort, genau wie es die Theorie der Plattentektonik fordert.

An den Subduktionszonen, an denen der abtauchende und seismisch aktive Bereich bis in Tiefen von 700 Kilometern hinabreicht, sehen die Erdbebenaufzeichnungen ganz anders aus. Die Beben werden hier von einer Vielzahl möglicher Mechanismen ausgelöst, die von der sich verändernden Geometrie der subduzierten Platte abhängen. Wenn sich die Lithosphäre bereits im obersten Teil der Platte biegt, werden die Gesteine unter Zugbelastung gedehnt, und es entstehen Abschiebungen. An ihrem unteren Ende wird die Platte hingegen allmählich durch Druckkräfte verformt, da die Mantelgesteine dem Abtauchen Widerstand entgegensetzen. In diesen großen Tiefen besteht das vorherrschende Störungsmuster aus Aufschiebungen, die sich bei der Kollision zweier Gesteinsblöcke bilden. Offensichtlich ist die abtauchende Platte spröder Lithosphäre noch fest genug, um Störungen und Brüche verschiedener Orientierung zuzulassen, während sich ihre Gesteine an die neuen Druckverhältnisse anpassen und die oberen Bereiche mit hinunterziehen. In Tiefen von 650 bis 680 Kilometer – unterhalb sind bislang noch keine Erdbeben registriert worden – ist die Platte entweder von Gesteinen des Erdinneren absorbiert oder durch die hohen Temperaturen so „weich" geworden, daß sie nicht mehr spröde genug ist, um schlagartig in einem Erdbeben zurückzuschnellen.

Wenn Platten kollidieren, wie beispielsweise die Indo-Australische und die Eurasische Platte, kommt es gemäß der plattentektonischen Theorie entlang großer Verwerfungen zur Bildung von Gebirgsketten (zum Beispiel dem Himalaya). Diese Vorhersage stimmt mit den Geländebefunden überein, die entlang der südlichen Ausläufer des Himalaya ausgedehnte Überschiebungen nachgewiesen haben. Die

Aufschiebungen entlang dieser Störungsbahnen verursachen weiterhin die Auftürmung des gewaltigen Gebirgszuges gegen die Schwerkraft. Am Nordrand des Himalaya in Richtung Tibet versetzt die Kollision Asien nach Osten, ähnlich, wie weiches Material herausquillt, wenn man einen Keil in noch weichen Beton treibt. Die horizontal wirkenden Kräfte, die Asien nach Osten schieben, werden von entgegenwirkenden Horizontalverschiebungen ausgeglichen, die sich in Ost-West-Richtung über Tausende von Kilometern erstrecken. Dieser Zusammenprall zweier Platten nördlich von Indien und Myanmar (dem früheren Birma) hat dazu geführt, daß hier das Gebiet mit der stärksten Erdbebenaktivität der Welt liegt. Das Abtauchen der Indo-Australischen Platte unter die Eurasische wirkt sich in tiefsitzenden Erdbebenherden unter dem Tibetischen Plateau aus.

Da die Richtungen der Kräfte in einer Platte stark schwanken, unterscheiden sich auch die Bebenursachen und ihre Stärke in Abhängigkeit von ihrer Lage auf der Platte. Nur etwa zehn Prozent aller Erdbeben finden direkt an mittelozeanischen Rücken statt, und diese tragen sogar nur zu fünf Prozent zur gesamten seismischen Energie bei. Im Gegensatz dazu stehen die Beben an konvergenten Plattenrändern, beispielsweise an Tiefseegräben, wo mehr als 90 Prozent der seismischen Energie durch Flachbeben und ein Großteil der Energie durch Beben in mittleren und großen Tiefen freigesetzt wird. Die Mehrzahl schwerer Beben – wie die von 1960 und 1985 in Chile, die Beben in Alaska im Jahre 1964 und in Mexiko 1985 – sind an Subduktionszonen gebunden, wo sich eine Platte unter die andere schiebt.

Tektonische Platten und die Verteilung der Vulkane

Fast alle heute aktiven Vulkane liegen in recht eng begrenzten geothermischen Zonen in der Nähe von Plattengrenzen und konzentrieren sich in vielen Fällen – wenn auch nicht immer – auf Gebiete der größ-

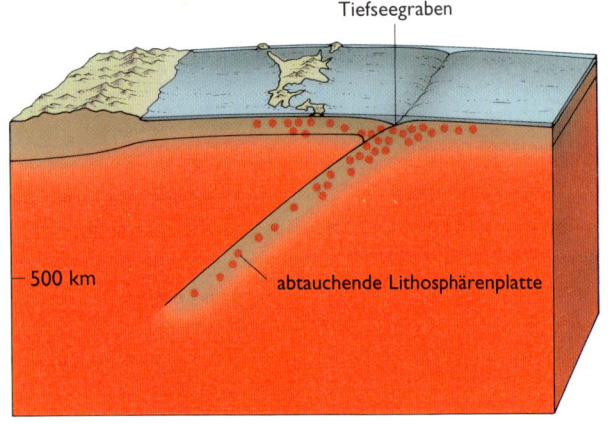

5.16 Zahlreiche Erdbeben (rote Punkte) werden entlang einer subduzierten Lithosphärenplatte erzeugt.

vorbeigleiten, und an konvergenten Rändern, wo zwei Kontinente kollidieren (zum Beispiel im Himalaya), ist die vulkanische Aktivität im Gegensatz dazu sehr gering.

Die meisten gefährlichen Vulkane befinden sich an konvergenten Zonen. Wo ozeanische Platte unter ebenfalls ozeanische oder aber kontinentale Kruste gedrückt wird, befinden sich die Vulkane einige Zehner Kilometer vom eigentlichen Plattenrand entfernt, auf der überlagernden Platte. Diese Vulkane entstehen durch partielles Aufschmelzen der Gesteine im oberen Teil der abtauchenden Platte samt ihrem Überzug aus wasserreichen Sedimenten. Da der Wassergehalt der Sedimente ihren Schmelzpunkt senkt, setzt der Schmelzvorgang bereits in Tiefen von 100 Kilometern ein. Die starke Reibungshitze, die durch die absinkende Platte erzeugt wird, versorgt die Schmelze zusätzlich mit ausreichendem Auftrieb für ihren Aufstieg an die Oberfläche. Die für konvergente Ränder typischen explosiven Vulkanausbrüche fördern Gesteinsfragmente, sogenannte Tephra, zutage; diese Bruchstücke bestehen zu 45 bis 99 Prozent aus vulkanischem Material. Asche-, Schlamm-, und Lavaströme, Glutlawinen und schwerer Aschenregen sind die üblichen Begleiterscheinungen.

Etwa fünf Prozent aller aktiven Vulkane liegen nicht an Plattenrändern. Eines der besten Beispiele ist das hawaiianische Archipel. Einer populären Hypothese zufolge fließt hier Lava aus der Asthenosphäre auf der Pazifischen Platte aus. Während die Platte weiter nordwestwärts driftet, wird der Vulkan von dem tiefsitzenden, stationären „Hot Spot" fortgetragen, so daß hinter ihm ein neuer entsteht, bis sich eine ganze Kette von Vulkanbergen gebildet hat. Die meisten Eruptionen hawaiianischer Vulkane erfolgen vergleichsweise ruhig, aber es gibt auch explosiveren Intraplattenvulkanismus. Der Aufbau riesiger Vulkankegel übt auf die Gesteine im Umfeld eine starke Belastung aus; dies wiederum kann zu Brüchen führen, an denen Erdbeben von zum Teil erheblicher Stärke entstehen können.

5.17 Der Thingvellir-Graben, ein Riftvalley in Island, ist ein Teil des Mittelatlantischen Rückens, der über die Meeresoberfläche gehoben wurde. Riftvalleys haben steile Hänge und eine zerklüftete Topographie, die durch die Bewegungen an den Abschiebungen entsteht.

ten Erdbebenhäufigkeit. Der vorherrschende Charakter des Vulkanismus wechselt dabei in Abhängigkeit vom Typ des Plattenrandes. Die volumenreichsten Lava-Eruptionen ereignen sich ohne Zweifel entlang der mittelozeanischen Rücken, wo die Platten auseinanderdriften. Da heißes Magma leichter ist als das bereits abgekühlte überlagernde Gestein, steigt die Lava durch ihren Auftrieb empor und nutzt dabei Risse oder Spalten als Aufstiegsbahnen, die in den Riftzonen durch die unablässig wirkenden Kräfte der Ozeanbodenspreizung entstanden sind. An konservierenden Plattenrändern, wo die Platten aneinander

Der philippinische Störungsbruch von 1990

Die Ursachen für die Lage eines Erdbebenherdes und die jeweiligen Mechanismen lassen sich mittlerweile vor dem Hintergrund der Theorie der Plattentektonik untersuchen. Die Rolle von Erdbeben bei dem Ausgleich entgegengesetzter Spannungen durch die Plattenbewegungen läßt sich anhand des verheerenden Erdbebens auf den Philippinen demonstrieren. Mit einer Stärke von 7,8 setzte es am Montag, dem 6.Juli 1990 um 16.26 Uhr Ortszeit ein. Die Erschütterungen während des Haupt- und während der Nachbeben kostete 1700 Menschen das Leben und verwundete weitere 3500 Opfer schwer. Die Schäden konzentrierten sich auf die zentrale Region von Luzón, aber auch im 240 Kilometer entfernten Manila wurden vereinzelt Gebäude beschädigt. Am schwersten betroffen waren Häuser in der abgelegenen Stadt Baguio, die auf dem weichen Schwemmsand des Flußufers gebaut waren. Zusätzlich kam es auf den wassergesättigten tropischen Böden zu massiven Hangrutschungen, die einzelne Häuser oder auch komplette Dörfer unter sich begruben und einen großen Teil der Überlandstraßen blockierten.

Die unmittelbare Ursache für das Haupt- und die Nachbeben waren Bewegungen an der Philippinen- und der Digdig-Störung auf der Insel Luzón. Der Störungsbruch konnte über eine Länge von 110 Kilometern verfolgt werden, doch da die Region bergig und unzugänglich ist, sind andere Brüche bis an die Oberfläche möglicherweise unbemerkt geblieben. Der horizontale Versatz an der Digdig-Störung betrug bis zu 6,1 Meter, der vertikale erreichte maximal zwei Meter, wobei vertikale Höhenänderungen nach Norden oder Süden der Störungsspur nicht einheitlich ausfielen.

Die Philippinen werden schon lange von Erdbeben heimgesucht. Als John Milne in Japan arbeitete, sprach er auch über die verheerenden Schäden, die Manila während des Luzón-Bebens von 1895 erlitten hatte. Er lenkte die Aufmerksamkeit auf die Erdbebengefahr auf den Philippinen und wies auf die außerordentlich große seismische Gefahr hin. Ein Blick auf Abbildung 5.12 erklärt die Bebenhäufigkeit: Das philippinische Archipel liegt zwischen

5.18 1990 stürzten während eines Bebens auf den Philippinen beide Türme und das Atrium des größten Hotels in Baguio zusammen.

zwei der größten tektonischen Platten, der Pazifischen Platte und der Philippinischen Platte. Eine auffällige Störungszone, zu der auch die Philippinen- und die Digdig-Störung gehören, verläuft als Rift quer über die Inseln Luzón, Leyte und Mindanao. In den vergangenen Jahrzehnten waren Bewegungen an dieser Rift und ihren Begleitstörungen für viele schwere Erdbeben verantwortlich.

Die Aktivität dieser Störungszone liegt in den Wechselwirkungen zwischen drei großen Platten begründet. Die Pazifische Platte drückt von Osten gegen die Philippinische Platte und zwingt so deren westlichen Rand, am östlichen Luzón-Graben mit einer Geschwindigkeit von etwa sieben Zentimetern pro Jahr unter den östlichen Rand des philippinischen Archipels abzutauchen. Der ozeanische Teil der langsameren Eurasischen Platte wird auf der Westseite der Inseln Luzón und Mindanao mit ungefähr drei Zentimetern pro Jahr verschluckt. Damit stecken die Philippinen in einem geologischen Schraubstock zwischen mächtigen horizontalen Kräften aus Osten und Westen. Als Reaktion auf diese Belastung wird die geologische Struktur des Archipels zerrüttet und geschert. Der Philippinen-Störung scheint dabei die Rolle zuzukommen, die nordwestwärts gerichtete Bewegung der Pazifischen Platte von der südostwärts gerichteten der Eurasischen Platte abzukoppeln. Diese beiden Platten driften mit unterschiedlicher Geschwindigkeit, und um diese Differenz auszugleichen, verlaufen die Störungen nicht parallel zu den Plattenrändern, sondern schiefwinklig dazu.

Um die geologische Entwicklung der Philippinen noch komplizierter zu machen, erzeugen die Subduktionszonen an beiden Seiten der Inselkette die übliche tiefsitzende Erdbebenaktivität vor Inselbögen und schaffen zahlreiche aktive Vulkane. Vielleicht zufällig brach weniger als ein Jahr nach dem Digdig-Beben von 1990 der Pinatubo aus. Er war über 400 Jahre inaktiv, so daß man in ihm einen ruhenden Vulkan sah. Die langandauernde und gewaltige Eruption führte auf den Inseln zu großen Schäden, so auch auf der ausgedehnten U.S. Clark Air Force Base, die sich 180 Kilometer südlich des Epizentrums und 50 Kilometer vom Pinatubo entfernt befand. Das Erdbeben

von 1990 war nicht vorhergesagt worden, nach einer Serie kleinerer Explosionen des Pinatubo wurde aber rechtzeitig vor der Haupteruption am 15. Juni die Evakuierung von mindestens 58 000 Menschen eingeleitet. Obwohl immer noch 230 Menschen durch den Vulkan starben, zumeist weil die aschebedeckten Dächer über ihnen zusammenbrachen, haben die Warnung und die anschließenden Vorsichtsmaßnahmen einen wesentlich größeren Verlust an Menschenleben und Eigentum abgewendet.

Intraplattenbeben

Die allgemeine Theorie der Plattentektonik vereinigt die auffälligen Erdbebenmuster und die systematischen Auslösemechanismen. Es hat aber auch viele Beben, darunter sogar recht schwere, weit entfernt von jeder Plattengrenze gegeben, für die die Theorie keine einleuchtende Erklärung bereithält. Dieser Bebentyp kommt auf allen Kontinenten mit Ausnahme von Grönland und der Antarktis vor. Erdbebenchroniken, die bis in das 16. Jahrhundert zurückreichen, verzeichnen mindestens 15 schwere Erdbeben in Regionen, wo die Kruste als stabil gilt. Wenn man noch weiter zurückgeht, findet man in den historischen chinesischen Aufzeichnungen der letzten 3 000 Jahre Hinweise von Gelehrten auf verheerende Beben in Provinzen, die sich weit weg von der Kollisionszone des Himalaya und Tibets und den Subduktionszonen an der östlichen Landesgrenze befanden. Kräftige Erdbeben mitten auf der Platte sind über viele Jahrhunderte auch in Europa registriert worden. Das beste Beispiel ist das Beben von 1356, von dem man aus zahlreichen Erzählungen und Gemälden weiß. Das Epizentrum lag in der Nähe von Basel und hatte nach heutigen Schätzungen eine Stärke von etwa 7,4.

Ein anderes eindrucksvolles Beispiel war ein katastrophaler Erdstoß im Landesinneren von China. Am 23. Januar 1556 führte das Naturereignis in der Shensi-Provinz nahe der alten Hauptstadt von Xian zu den größten Verlusten an Menschenleben, die je

5.19 Holzschnitte aus der 1853er Ausgabe von Sir Charles Lyells Klassiker *Principles of Geology* („Grundlagen der Geologie") zeigen Fort Sindree vor dem Kutch-Erdbeben von 1819 auf einer Anhöhe stehend (oben) sowie 19 Jahre später, als nur noch der Turm aus dem Wasser ragte (unten).

ein Beben gefordert hat. Die offiziellen chinesischen Chroniken schätzen, daß insgesamt 830 000 Menschen ums Leben kamen. Diese Zahlen sind so hoch, daß sie in Frage gestellt werden müssen. In der dicht besiedelten Region, in der das Erdbeben auftrat, lebten viele Menschen in Höhlen, die sie an den Talhängen in die weichen Lößsedimente gegraben hatten. Löß, vom Wind verwehter Staub, der sich in dicken Schichten verfestigt, kann den Erschütterungen durch Erdbeben überhaupt nicht standhalten. Als das Beben um fünf Uhr morgens einsetzte, brachen die Höhlenwohnungen über den schlafenden Familien einfach zusammen. Mutlosigkeit breitete sich unter der Bevölkerung aus, Hunger und Krankheit folgten dem Beben und waren sicherlich für eine große Zahl zusätzlicher Opfer verantwortlich.

Die Umstände eines weiteren Intraplattenbebens erheblichen Ausmaßes, das sich 1819 in dem Rann von Kutch in Nordwestindien ereignete, sind recht ausführlich beschrieben worden. Es handelte sich dabei nur um das letzte einer Reihe von starken Erd-

beben im Staat von Kutch, einer hügeligen „Inselregion", die durch eine ausgedehnte und unbewohnte Salzwüste vom Festland getrennt ist. Mehr als 1 500 Menschen verloren bei diesem Erdbeben ihr Leben, das sogar noch in Kalkutta zu spüren war. Es gab dramatische Folgen. Über eine Länge von 25 Kilometern entstand eine drei Meter hohe Geländestufe, die von den Einheimischen „Gotteswand" getauft wurde. Fort Sindree, das auf einer Anhöhe stand, versank so schnell, daß sich die Soldaten von einer Turmspitze aus in Booten retten mußten. Schon zu damaliger Zeit haben sorgfältige Messungen der Störungslänge und des Abtauchwinkels der Störungsfläche dazu beigetragen, daß man vor kurzem das seismische Moment des Bebens errechnen konnte. Mit einer Magnitude von 7,8 war das Kutch-Beben nur wenig schwächer als die größten bekannten Intraplattenbeben der Geschichte, die New-Madrid-Beben von 1811 und 1812.

Vor etwa 180 Jahren erschütterten drei kräftige Erdstöße das Gebiet nahe einer Mississippi-Schleife an der Grenze von Kentucky und Missouri (Karte siehe Abbildung 7.2). Sie erfolgten am 16. Dezember 1811 sowie am 7. Februar und 16. Dezember 1812. Mit Momentmagnituden von 8,2, 8,1 und 8,3 handelte es sich dabei um die stärksten Beben im Bereich der Vereinigten Staaten, und doch liegen die nächsten Plattenränder mehr als 1 600 Kilometer entfernt. Seit die Geologen zu Beginn dieses Jahrhunderts begonnen haben, Erdbeben in aller Genauigkeit zu studieren, hat sich die Frage gestellt, warum ein Bereich in einer ansonsten stabilen Region eine solch enorme seismische Energie freisetzen kann. Das Fehlen von Störungen an der Oberfläche erschwerte die Forschung, da keine Hinweise auf elastische Rückformung zu finden waren.

Jüngste Untersuchungen haben vielleicht die Antwort gefunden. Sie konzentrierten sich zunächst auf Bereiche mit schwachen Beben im Landesinneren der Vereinigten Staaten, die mittels regionaler seismographischer Netzwerke genau vermessen waren und auf die später Prinzipien der Plattentektonik angewendet wurden. Diese Arbeiten lassen vermuten, daß die Nordamerikanische Platte im nördlichen Teil eines Gebietes, das Mississippi-Embayment genannt wird, in den alten Küstengesteinen durch eine größere Riftzone geschwächt wird. Das Mississippi-Embayment ist ein Flachland mit wenig Gefälle und Totarmen des Flusses. Im Kontrast zu der auffälligen Morphologie der San-Andreas-Störung am westlichen Rand der Nordamerikanischen Platte liegen die Störungen hier tief unter dem Embayment unter Flußschlick und marinen Sedimenten verborgen, die auf dem Grund eines früheren Ozeans abgelagert worden waren.

Zweifellos sind große Intraplattenbeben wie die von Shensi, Kutch oder New Madrid das Resultat einer Verlagerung der Spannungen von der Plattengrenze auf den gesamten, überwiegend starren Plattenkörper. Im Falle der Mississippi-Beben wären die Spannungen sowohl von der Pazifischen Platte im Westen als auch vom Mittelatlantischen Rücken im Osten in Richtung des Landesinneren gewandert. Innerhalb des Mississippi-Embayment liegen die Epizentren entlang dreier Lineationen, die man sich als tiefliegende Störungen vorstellen muß. Eine Störung streicht Südost-Nordwest von New Madrid in Richtung Tennessee, während eine weitere, noch längere Störung über 100 Kilometer aus Missouri hinaus in den Nordosten von Arkansas verläuft, um 60 Kilometer nördlich von Memphis unvermittelt vor der Stadt Marked Tree zu enden. Die dritte Störungszone geht von der ersten aus Richtung Norden und reicht bis Cairo in Illinois. Die geringen Tiefen der Erdbebenherde entlang dieser drei Störungszonen lassen darauf schließen, daß die Störungen Reste eines alten geologischen Riftsystems ähnlich dem Spreizungszentrum eines mittelozeanischen Rückens sind.

Erneut haben Erdbebenmechanismen Aufschluß über heutige und vergangene tektonische Beanspruchungen gegeben – im Fall von New Madrid über ihren Einfluß auf die stabile Kruste der Nordamerikanischen Platte. Hier deutet alles auf die Existenz von Ost-West-orientierten Kompressionskräften hin, die einerseits Horizontalverschiebungen mit begleitender Erdbebentätigkeit auslösen und andererseits zu Auf- und Abschiebungen führen. Dabei stimmen die seismologischen Ergebnisse mit den geodätischen Vermessungen und den direkten Spannungsmessungen in den Oberflächengesteinen überein. Alle drei Methoden kommen zu dem Schluß, daß die Kruste über den gesamten Zentralbereich der Vereinigten Staaten hinweg unter Kompressionsdruck steht. Die Störungen im alten Riftsystem in der Kruste unter dem Mississippi-Embayment waren vielleicht schon seit Millionen von Jahren nicht mehr aktiv und werden nun von veränderten tektonischen Kräften reaktiviert. Die Antworten auf die Frage nach den Ursachen dieser Reaktivierung sind bislang weitgehend spekulativ.

Ruhige Lücken in Erdbebengebieten

Der riesige Maßstab des Plattenmusters und die recht konstante Spreizungsrate lassen vermuten, daß die

Bewegung entlang der Plattenränder im Mittel über viele Jahre gleichmäßig verläuft. Wir würden daher erwarten, daß Bewegungen entlang eines Grabens an zwei entfernten Punkten über kurz oder lang auch zu Bewegungen in dem Bereich dazwischen führen wird. Daraus ergibt sich, daß die historischen Segmentmuster und Zeitabstände zwischen größeren Erdbeben zumindest Hinweise darauf geben könnten, wo die nächsten starken Beben auftreten werden.

Diese Art der Bebenvorhersage wird in Abbildung 5.20 am Beispiel der Plattengrenze des Alaska-Aleuten-Inselbogens illustriert. Die gestrichelten Linien markieren Bereiche seismischer Energiefreisetzung durch einige der letzten großen Erdbeben. Macht man dies für alle Beben der letzten 50 Jahre, ist der Bogen nahezu abgedeckt. Aber es gibt dennoch einige „seismische Lücken", an denen es zukünftig

zu plötzlichen Plattenbewegungen und damit größeren Erdbeben kommen kann.

In der Kartenmitte liegt die Shumagin-Lücke, wo es vermutlich 1788, 1847 und 1903 zu Bewegungen gekommen ist. Die Yakataga-Lücke im Norden des Bogens war 1899 das Epizentrum eines Bebens. Aufgrund von Vermessungsdaten schiebt sich die Nordamerikanische Platte mit 1,6 Zentimetern pro Jahr auf die Subduktionszone zu, wobei sie sich etwa senkrecht zum Alaska-Bogen nach NNW (350 Grad) bewegt. Seit 1980 läßt sich aus Veränderungen in den Abständen von Festpunkten in beiden seismischen Regionen der Aufbau von Spannungen ablesen. Aufgrund der Überlegungen zur „seismischen Lücke" sind dies die wahrscheinlichsten Bereiche für die nächsten starken, durch Störungen ausgelösten Beben am Alaska-Aleuten Bogen. Bisher wurde bei Vermessungskampagnen in der Shumagin-Lücke allerdings noch keine nennenswerte Krustendeformation entdeckt, was zu der Vermutung führte, daß die Subduktion episodisch verläuft – lange Perioden mit geringem Spannungsaufbau werden gelegentlich von Episoden rapiden Anwachsens unterbrochen. In der Yakataga-Lücke weisen die Untersuchungen auf ein kontinuierliches Ansteigen der Spannung in den

5.20 Seismische Lücken entlang des Alaska-Aleuten-Bogens erscheinen zwischen den Bruchzonen heftiger Flachbeben (mit geschätzten Magnituden), die von 1930 bis 1979 aufgezeichnet wurden. Die dunklen Pfeile geben die Bewegungsrichtung der Pazifischen Platte relativ zur Nordamerikanischen Platte an.

Gesteinen hin, aus der wieder ein großes Erdbeben entstehen wird.

In Kalifornien findet sich eine seismische Lücke entlang der San-Andreas-Störung zwischen dem Südende des Segments, das für das große Beben von 1906 verantwortlich war, und dem Nordende des Segments, das 1857 das Fort-Tejon-Beben auslöste. Ein anderes Beispiel einer seismischen Lücke ist jenes spannungsreiche Gebiet, in dem 1858 das tragische Erdbeben stattfand, auf das wir in Kapitel 7 ausführlich eingehen werden. In diesem speziellen Fall riß die Subduktionszone unter der pazifischen Grenze von Mexiko auf. In kleinerem Maßstab paßt vielleicht auch das Loma-Prieta-Beben, das ebenfalls in Kapitel 7 diskutiert wird, in die Theorie der seismischen Lücke. Vor dem Beben hatte die Kartierung sämtlicher kleineren Beben entlang der San-Andreas-Störung südlich von San Francisco eine unberührte Region erkennen lassen, die etwa 60 Kilometer lang war und in deren Zentrum Loma Prieta lag. Der Hauptstoß und unzählige Nachbeben gingen von Epizentren aus, die überwiegend in dieser seismischen Lücke lagen.

Wir sollten dennoch bei der kritiklosen Anwendung der Theorie der seismischen Lücke vorsichtig sein, denn es gibt Ausnahmen. 1979 wurde zum Beispiel im Imperial Valley in Kalifornien ein mittelschweres Beben durch die Energiefreisetzung an der Imperial-Störung in genau dem Bereich ausgelöst, der bereits

1940 durch ein ähnliches Beben erschüttert wurde. Rasch aufeinanderfolgende Beben, ausgelöst durch denselben Störungsbereich, lassen sich demnach nicht ausschließen.

Die Gefahr von Erdbeben an Plattenrändern

Die Plattenbewegungen der Erdoberfläche bieten eine Erklärung für den Großteil der weltweiten seismischen Aktivität. Kollisionen zwischen benachbarten Lithosphärenplatten, die Zerstörung der scheibenartigen Platte auf ihrem Weg in die Subduktionszone unter einem Inselbogen und die Spreizung entlang mittelozeanischer Rücken sind Mechanismen, die leicht mit der großräumigen Beanspruchung und dem Brechen der Krustengesteine in Zusammenhang gebracht werden können. Beben in diesen tektonisch aktiven Grenzregionen werden daher Plattenrandbeben genannt. Die extrem gefährlichen Flachbeben von Chile, Peru, der östlichen Karibik, Mittelamerika, Südmexiko, Kalifornien, Südalaska, den Aleuten, den Kurilen, Japan, Taiwan, den Philippinen, Indonesiens, Neuseelands und des Alpen-Kaukasus-Himalaya-Gürtels gehören zu diesem Plattenrandtyp.

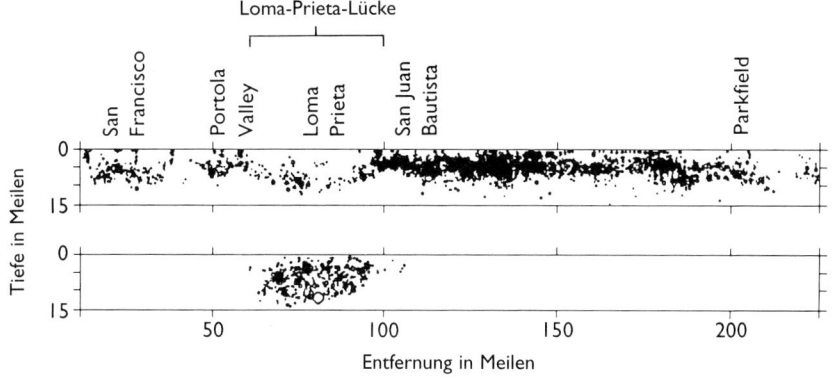

5.21 Profile von der Nordgrenze von San Francisco bis südlich von Parkfield zeigen die Lage der Erdbebenherde entlang der San-Andreas-Störung. Im oberen Profil ist die Hintergrundseismik des 20jährigen Zeitraums vor dem Loma-Prieta-Erdbeben dargestellt; es zeigt sich deutlich, daß der Bereich nördlich von San Juan Bautista nahezu aseismisch gewesen ist. Die geringe seismische Aktivität zeichnete dabei eine U-förmige Region nach, die Loma-Prieta-Lücke. Das Beben und die Nachbeben füllten diese Lücke fast vollständig aus (unten). (Eine Meile entspricht 1,6 Kilometer.)

Ein scharf begrenzter Gürtel tektonischer Plattenrandaktivität, charakterisiert durch hohe Seismizität, junge Gebirge, Vulkane und einen Tiefseegraben, folgt der südamerikanischen Küste über 7 000 Kilometer von Venezuela bis Südchile. Die Erdbeben in dieser Zone können sehr schwer sein und katastrophale Auswirkungen haben.

Am 31. Mai 1970, um 15.23 Uhr Ortszeit, setzte etwa 50 Kilometer unter diesem Tiefseegraben ein Störungsbruch ein und löste 25 Kilometer westlich der Stadt Chimbote in Peru ein Beben mit der Magnitude 7,75 aus. Dieser Bruch mündete in das verheerendste seismisch verursachte Unglück der westlichen Hemisphäre. Das ganze Ausmaß der Katastrophe war wochenlang unklar, da Rettungs- und Hilfsmaßnahmen durch Bergrutsche und Gesteinslawinen stark behindert waren, die die Kommunikation abschnitten und die Straßen blockierten. In einem Gebiet von 75 000 Quadratkilometern im Westen Zentralperus starben mehr als 50 000 Menschen, weitere 50 000 wurden verletzt, annähernd

200 000 Wohnhäuser und andere Gebäude wurden zerstört, 800 000 Bewohner wurden obdachlos. Innerhalb der meizoseismischen Zone, der Zone mit den größten Schäden, die sich über etwa 100 000 Quadratkilometer erstreckte, waren zahlreiche Dörfer dem Erdboden gleichgemacht worden. Augenzeugen berichteten, daß das Beben mit einem leichten Schwanken eingesetzt hatte, das dann intensiver wurde und zwischen 30 und 60 Sekunden lang anhielt.

Die furchtbarste Auswirkung hatte eine riesige Schuttlawine am Hang des nördlichen Gipfels des Huascarán. Mehr als 50 Millionen Kubikmeter Gestein, Schnee, Eis und Erde bewegten sich mit einer geschätzten Geschwindigkeit von 320 Kilometern pro Stunde vom Berg auf die 15 Kilometer entfernte Stadt Yungay zu. Bergrücken von 140 Metern Höhe wurden einfach überrollt, und Gesteinsblöcke von mehreren Tonnen Gewicht wurden noch 1 000 Meter weit über den Rand der Lawine hinausgeschleudert. Mindestens 18 000 Menschen starben in der Lawine, die die gesamte Stadt Ranrahirca und den größten Teil von Yungay unter sich begrub.

5.22 Die Stadt Yungai vor (links) und nach (rechts) der massiven Geröll- und Schneelawine aus den Huascarán-Bergen in Peru, die von dem Erdbeben am 31. Mai 1970 ausgelöst wurde.

Einen sehr anschaulichen Bericht der Huascarán-Lawine verdanken wir Señor Mateo Casaverde,

einem Geophysiker des Instituto Geofísico del Peru, der sich zufällig in der Gegend aufhielt.

»Als wir am Friedhof vorbeifuhren, begann der Wagen zu schaukeln. Erst nachdem ich angehalten hatte, merkte ich, daß dies ein Erdbeben war. Wir verließen sofort den Wagen und beobachteten die Auswirkungen des Bebens um uns herum. Ich sah, wie mehrere Häuser und eine kleine Brücke über dem Wasserlauf nahe dem Friedhofshügel einstürzten. Nach etwa einer halben oder einer dreiviertel Minute, vermute ich, ließen die Stöße nach. Zu diesem Zeitpunkt hörte ich ein lautes Grollen aus der Richtung des Huascarán. Als ich aufschaute, sah ich so etwas wie eine Staubwolke, und es schien, als ob sich eine riesige Masse Gestein und Eis vom Nordgipfel lösen würde. Meine unmittelbare Reaktion bestand darin, auf den erhöht liegenden Friedhof in 150 bis 200 Meter Entfernung zuzuhalten. Ich fing an zu laufen und merkte, daß auch zahlreiche andere Menschen aus Yungay versuchten, den Friedhof zu erreichen. Etwa auf dem halben oder dreiviertel Weg den Hügel hinauf strauchelte die Frau meines Freundes und fiel, und ich drehte mich um, um ihr aufzuhelfen.

Die Wellenkrone war gekräuselt, wie ein riesiger Brecher auf dem Weg zum Strand. Ich schätzte die Woge auf mindestens 80 Meter Höhe. Ich beobachtete, wie Hunderte von Menschen in alle Richtungen liefen, darunter viele auf den Friedhofshügel zu. Die ganze Zeit hörten wir lautes Grollen und Rumpeln. Ich erreichte den oberen Teil des Friedhofs in dem Moment, als der Schuttstrom den Fuß des Hügels

erreichte, wo ich mich vor vielleicht nur zehn Sekunden noch befunden hatte.

Etwa zur selben Zeit bemerkte ich einen Mann nur wenige Meter unter mir, der zwei kleine Kinder den Hügel hinauf trug. Als ihn der Schuttstrom erfaßte, warf er die beiden Kinder aus dem Weg des Schuttstroms nach oben in Sicherheit. Die Lawine riß ihn ins Tal – auf Nimmerwiedersehen. Ich erinnere mich auch an zwei Frauen, die nur wenige Meter hinter mir gewesen waren und die ich nie mehr wiedersah. Ich schaute mich um und zählte 92 Personen, die sich wie ich auf den Hügel gerettet hatten. Das war das schrecklichste Ereignis meines Lebens, und ich werde es niemals vergessen.«

Beträchtliche Schäden waren auch entlang der Küste bei Chimbote und Casma und in den Städten und Dörfern bis zu 150 Kilometer landeinwärts zu beklagen, in denen die meisten Wohnhäuser und Lehmgebäude zerstört oder stark beschädigt worden waren. Glücklicherweise entwickelte sich an der Küste kein Tsunami.

Diese Beispiele seismischer Lücken lassen hoffen, daß das bessere Verständnis der Mechanismen und Geschwindigkeiten der Lithosphärenplatten zu besseren langfristigen Vorhersagen von Plattenrandbeben führen wird. In aktiven Inselbögen wie Japan könnten die historischen Kenntnisse zahlreicher Erdbeben dahingehend verwertet werden, die überfällige elastische Spannung zu kartieren. Diese Frage wird im Rahmen der Erdbebenvorhersage in Kapitel 8 diskutiert.

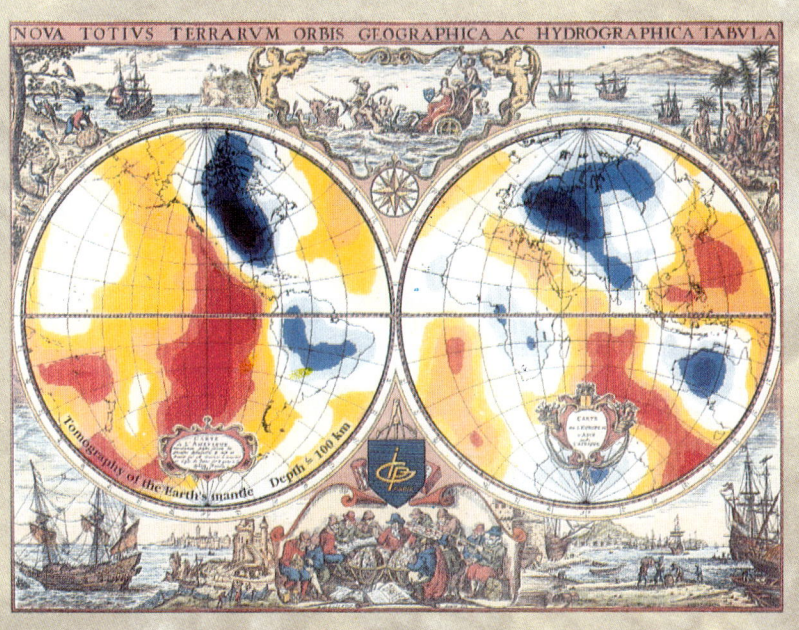

6

Das Bild vom Erdinneren

6.1 Eine 1992 erstellte tomographische Momentaufnahme der Erdstruktur in einer Tiefe von 100 Kilometern ist hier auf eine frühe geographische Karte projiziert. Rot steht für heißes, aufsteigendes Material, blau für kälteres, dichteres Gestein.

Früher stellte man sich den Mittelpunkt der Erde als eine mysteriöse Unterwelt mit brennenden Feuern und vulkanischen Explosionen vor. Erst als sich nach den Arbeiten von Isaac Newton eine eher mechanistische Weltanschauung durchsetzte, konnten die ersten Geophysiker aus den Eigenschaften der Oberflächengesteine realistischere Rückschlüsse auf das unbekannte Innere ziehen. Newtons Gravitationstheorie wirkte sich dabei vor allem deshalb entscheidend auf die Vorstellungen über das Innere der Erde aus, weil sie einen Weg zum Messen der Erddichte eröffnete. Dieser Durchschnittswert für die gesamte Erde konnte dann mit bekannten Gesteinsdichten verglichen werden, um eine erste Abschätzung über die Zusammensetzung der Erde zu erhalten. Schon 1798 ermittelte Lord Cavendish in England aus der Verdrillung, die der Aufhängedraht einer Drehwaage aufgrund der Anziehungskraft zwischen zwei Bleikugelpaaren erfuhr, die mittlere Dichte der Erde mit 5,45 Gramm pro Kubikzentimeter, etwa dem Doppelten von normalem Gestein. Demzufolge konnte es in der Erde mit hoher Wahrscheinlichkeit keine großen Hohlräume geben; das Material dort mußte eher sehr dicht sein.

Einen weiteren wichtigen Anhaltspunkt für den Zustand des Erdinneren stellten die Gezeiten dar, die durch die gravitative Anziehungskraft des Mondes (und in geringem Umfang auch der Sonne) entstehen. Wenn der größte Teil des Erdinneren mehr oder weniger flüssig wäre, müßte die Gesteinsoberfläche der Erde ansteigen und absinken wie die Gezeiten des Meeres, so daß an der Küstenlinie keine Auf- und Abbewegung des Wassers zu beobachten wäre. Im Jahre 1887 folgerte einer der führenden Geophysiker, George Darwin (der zweite Sohn von Charles Darwin), aus den Höhen der Gezeiten in einigen großen Häfen, daß »die geologische Hypothese eines flüssigen Erdinneren unhaltbar ist«. Er folgerte, daß die Festigkeit im tiefen Inneren der Erde überall beträchtlich sei, wenn auch nicht so hoch wie die von Stahl. In weiterführenden Arbeiten konstruierten Geophysiker später einfache Kurven, mit denen sie abschätzten, welchen Einfluß der extreme Druckanstieg von der Oberfläche der Erde bis zu ihrem Mittelpunkt auf die Dichte hat. Über mathematische Verfahren paßten sie diese Kurven dann den spärlichen geologischen Daten über die Dichte der Erde an. Ein erstes einfaches, 1897 veröffentlichtes Modell vom tiefen Erdinneren kam der Zusammensetzung der heutigen Erde schon recht nahe und besaß eine äußere Schale mit einer Dichte von 3,2 Gramm pro Kubikzentimeter (ähnlich der magmatischer Gesteine) und einen inneren Kern mit einer Dichte von 8,2 Gramm pro Kubikzentimeter (ungefähr zehn Prozent geringer als die von Eisenmeteoriten). Damit das Modell der durchschnittlichen Dichte der Erde von 5,45 Gramm pro Kubikzentimeter (der heutige Wert beträgt 5,52) entsprach, mußte es einen inneren Kern mit einem Radius von ungefähr 4 500 Kilometern haben. (Der Erdradius beträgt 6 370 Kilometer.)

Diese frühen geophysikalischen Arbeiten stützten sich auf Argumente, die zwar zunächst einleuchtend, aber dennoch nur sehr grob skizziert waren. Quantitative Schwankungen der Gesteinseigenschaften konnten nicht im Detail analysiert werden, was viel Raum für erhebliche Meinungsunterschiede ließ. Keine der Parteien konnte in den Debatten zwischen denen, die das Erdinnere für größtenteils flüssig hielten, und allen anderen, einschließlich George Darwin, die dachten, es sei zum größten Teil fest, den Sieg davontragen. Ein spekulatives Modell der Erde, das am Ende des 19. Jahrhunderts wenigstens nicht auf Empörung stieß, ist in Abbildung 6.2 dargestellt. Die mathematischen Argumente auf der Basis der Dichte, der Gezeiten und der Gestalt der Erde ergaben das Bild eines leicht abgeflachten Planeten mit einer festen Kruste (möglicherweise recht mächtig), die auf einem elastischen oder plastischen Untergrund treibt. Darunter gab es einen massiven Kern mit einem Radius von einigen tausend Kilometern, der fest oder flüssig sein konnte.

Im 20. Jahrhundert haben Geophysiker dann ein weitaus vollständigeres und detaillierteres Bild vom Erdinneren geschaffen. Dies ist ihnen fast ausschließlich durch den Einsatz eines einzigen Hilfsmittels gelungen: der Analyse von Erdbebenwellen. Durch die Untersuchung von Erdbebenwellen in aller Welt waren sie in der Lage, Grenzen und Zusammen-

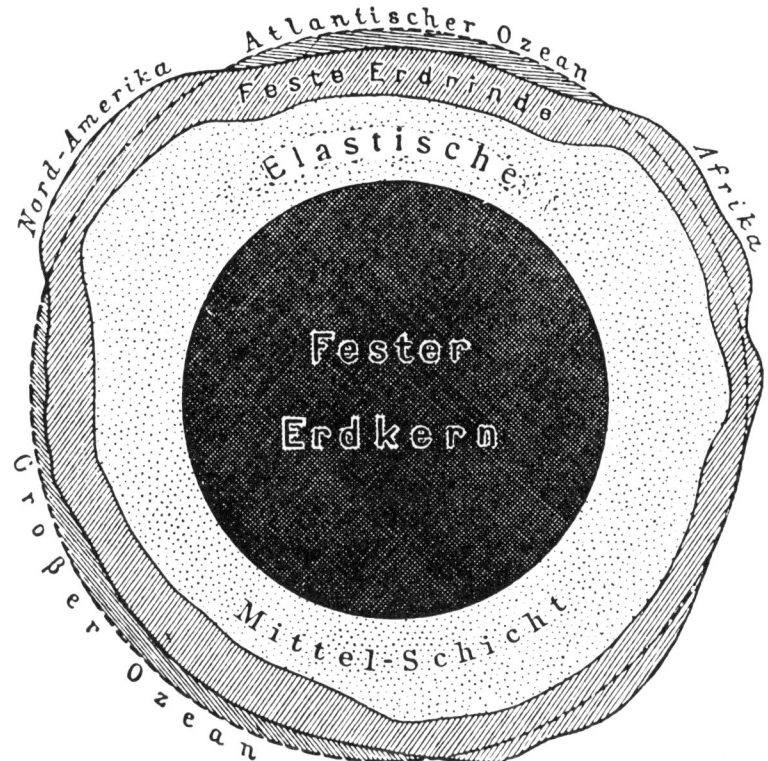

6.2 Eine 1902 in Berlin veröffentlichte Skizze des Erdinneren. Dieses frühe Modell der Erde weist eine feste Kruste, einen elastischen Mantel und einen festen Kern auf.

setzung bereits vermuteter Strukturen zu bestimmen, aber auch völlig unerwartete Strukturen zu entdecken. So wissen wir heute zum Beispiel, daß der Kern, auf den die Geophysiker des 19. Jahrhunderts bereits hingewiesen hatten, flüssig ist, jedoch in sich einen festen inneren Kern umschließt.

Es gibt in der Tat keine geologische Untersuchungsmethode, die der Kartierung auf der Basis aufgezeichneter Erdbebenwellen gleichkäme. Dennoch sind die angewendeten seismologischen Methoden sowie ihre Stärken und Schwächen noch nicht allgemein bekannt. Die grundsätzliche Frage lautet: Wie können wir mit Hilfe von Erdbebenwellen in die Erde hineinsehen? Der erste Schritt hin zu einer Antwort besteht zunächst einmal darin, sich die Erdbebenaufzeichnungen selbst anzuschauen.

Die Interpretation von Wellen, die das Innere des Planeten durchlaufen haben

Abbildung 6.4 zeigt Seismogramme vom 31. März 1969 aus dem schwedischen Kiruna. Es handelt sich um Wellen eines Erdbebens, das sich tief unter dem Japanischen Meer, in mehr als 6500 Kilometern Entfernung, ereignet hatte. Ein Laie wird hier wenig mehr erkennen als drei Serien unruhiger Linien, die für die drei mit O, N und Z gekennzeichneten und senkrecht zueinander stehenden Richtungen der Bodenbewegung Ost-West, Nord-Süd beziehungsweise vertikal stehen. Bei näherer Betrachtung erkennt man Zeitmarken, die jeweils Zeitschritte von

123

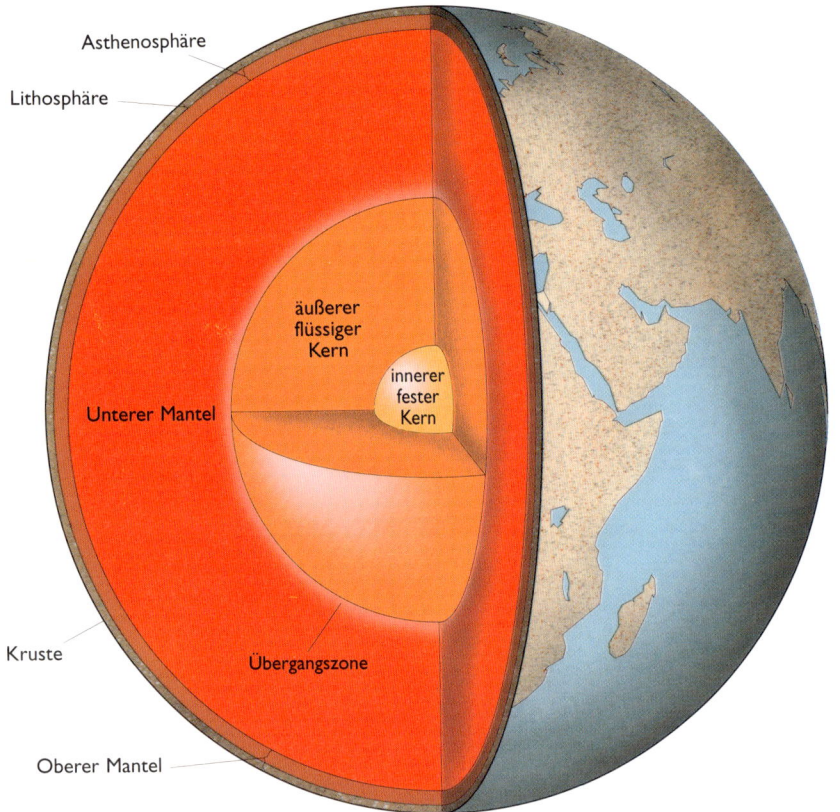

Asthenosphäre

Lithosphäre

äußerer
flüssiger
Kern

innerer
fester
Kern

Unterer Mantel

Kruste

Übergangszone

Oberer Mantel

6.3 Ein moderner Anschnitt der vereinfachten Erdstruktur, wie sie durch das Studium von Erdbeben rekonstruiert wurde.

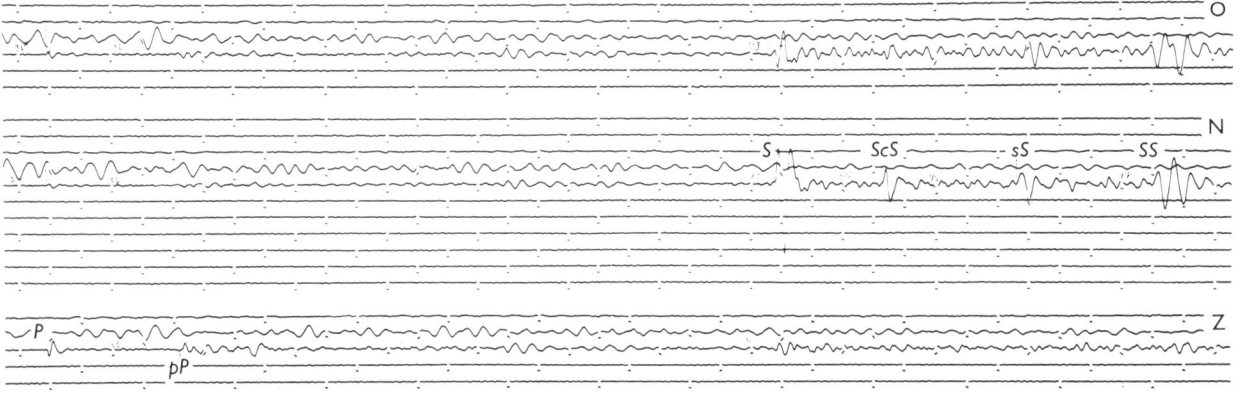

6.4 Aufzeichnungen von Tiefbeben, die von einem Seismographen mit mittlerer Periode im schwedischen Kiruna gemacht wurden. Ein charakteristisches Merkmal dieser Aufnahmen, das mit der großen Herdtiefe zusammenhängt, ist das Fehlen von Oberflächenwellen. (Zeitmarken im Abstand von einer Minute.)

einer Minute markieren. Die Aufgabe des Seismologen ist es, bei jeder Analyse seine über Jahre gesammelten Kenntnisse und Erfahrungen anzuwenden, um solche zittrigen Linien zu entschlüsseln.

Die vollständige Interpretation der Linienschrift hängt von der korrekten Identifizierung der unterschiedlichen Wellentypen ab – *P*-Wellen, *S*-Wellen und Oberflächenwellen – sowie von der groben Bestimmung der Pfade innerhalb der Erde, entlang derer sich die verschiedenen Wellen fortpflanzen. Beachten Sie in Abbildung 6.4 die auf der Nord-Süd-Komponente als *ScS* bezeichnete Welle mit dem deutlichen Einsatz. Ein erfahrener Seismologe identifiziert diese Welle sofort aufgrund ihrer Lage hinter der ersten *S*-Welle als *S*-Wellenenergie, die an einer Grenze tief im Inneren, an Gesteinen mit unterschiedlichen elastischen Eigenschaften, reflektiert wurde. Da die Welle als scharfer Ausschlag erscheint und kaum von Bewegungen gefolgt wird, können wir ohne weiteres daraus schließen, daß die Reflektionsgrenze ziemlich scharf sein muß. Ein deutlicher Wellenausschlag ist ein Zeichen dafür, daß die reflektierende Oberfläche relativ eben ist; andernfalls wäre der Ausschlag schwach und undeutlich, und die Energie würde sich über mehrere Sekunden hinziehen. (Weiterhin kann angenommen werden, daß der Mechanismus dieses japanischen Erdbebens relativ einfach gewesen sein muß, da andernfalls die Komplexität der Störungsbrüche nach dem ersten *ScS*-Puls viele kleine Ausschläge hervorgerufen hätte.) Ganz generell stützen sich sämtliche Interpretationen der Wellenausschläge auf das umfassende Wissen der Seismologen. Die Detektivarbeit der Observatorien beruht im wesentlichen auf den Erkenntnissen über die Fortpflanzung seismischer Wellen durch das elastische Gestein der Erde und auf theoretischen Modellen der entsprechenden Störungssysteme.

Bei der Identifikation von Wellen ist den Seismologen das Wissen über die relativen Geschwindigkeiten der unterschiedlichen Wellentypen und die für sie charakteristischen Richtungen der Erschütterung behilflich. Sie werden den Ort des Bebens schon kennen und nutzen diese Information beim Entschlüsseln der Wellen. Betrachten wir auf dem Seismogramm von Kiruna die Hauptausschläge der *P*- und *S*-Wellen. Da die (Kompressions-) *P*-Welle schneller läuft als die (Scher-) *S*-Welle, kommt sie bei dieser Entfernung vom Erdbebenherd in Japan ungefähr acht Minuten vor der *S*-Welle an. Dieses Zeitintervall entspricht den Erwartungen aus empirischen Tabellen seismischer Wellenlaufzeiten, die während der letzten 50 Jahre erstellt worden sind. Wir sehen auch, daß der *P*-Wellenausschlag am deutlichsten auf der vertikalen Komponente der Bodenbewegung sichtbar ist, während die *S*-Wellenausschläge auf den beiden horizontalen Komponenten der Bodenbewegung am größten sind. Der Hauptausschlag der *P*-Welle taucht in Kiruna in einem steilen Winkel zur Erdoberfläche auf und preßt und dehnt das Gestein hauptsächlich in vertikaler Richtung. Im Gegensatz dazu hat die *S*-Welle mit ihren überwiegend transversalen Gesteinsverformungen ihre größte Amplitude in Nord-Süd-Richtung. Da der Weg entlang der Erdoberfläche zwischen Kiruna und Japan eher auf einer Ost-West- als einer Nord-Süd-Linie liegt, wurde die *S*-Wellenenergie, in Übereinstimmung mit der Theorie, so zerlegt, daß die größten Amplituden rechtwinklig zum *S*-Wellen-Ursprung in Nord-Süd-Richtung erscheinen.

Die verschiedenen Wellentypen

Da *P*- und *S*-Wellen jeden möglichen Weg durch das Erdinnere nehmen können, benötigen die Seismologen zur Identifizierung unterschiedlicher Wellenpfade eine systematische Nomenklatur. Diese Symbole finden sich auch in dem Seismogramm von Kiruna. Die Klassifizierung der verschiedenen Wellen erfolgt in Abhängigkeit von ihrem Typ und den Ablenkungen, die sie durch die Hauptgrenzen im Erdinneren erfahren haben.

Die einfachste Bezeichnung definiert Wellen hinsichtlich ihrer Ausbreitungspfade. Es ist hilfreich, sich seismische Strahlen wie bei Lichtstrahlen als wellenförmige Linien vorzustellen, die einem Wellenpfad folgen. Wie Lichtstrahlen, die auf eine Wasseroberfläche treffen, werden auch seismische Strahlen durch die Gesetze der Reflektion und Refraktion (Brechung) beherrscht. Im Unterschied zu Licht bilden sich durch Reflektionen und Refraktionen von P- und S-Wellen an der Erdoberfläche und an unterirdischen Grenzen im allgemeinen Scharen gemischter seismischer Strahlen (siehe Abbildung 2.6).

Die Wellenstrahlen, die nur den Erdmantel durchlaufen haben und ohne Reflektion direkt vom Herd zum Seismographen wandern, werden mit einem einzelnen Symbol wie P oder S versehen. Jeder Abschnitt einer P-Welle, der im äußeren Kern liegt, wird mit K (Kernwellen) und jeder Abschnitt des P-Typs im inneren Kern mit I bezeichnet. Nach diesem Schema ist beispielsweise die Bezeichnung PKIKP folgendermaßen zu interpretieren: eine vom Mantel ausgehende P-Welle, die in den äußeren Kern (K-Abschnitt) gebrochen (refraktiert) wird und nach der Brechung in den inneren Kern (I-Abschnitt) wieder als P-Welle hervorgeht. Schließlich wird die PKIKP-Welle als P-Welle (zweiter K-Abschnitt) aus dem inneren wieder in den äußeren Kern gebrochen und wandert letztendlich als P-Welle durch den Mantel an die Oberfläche.

Da bislang keine Scherwellen gefunden werden konnten, die den flüssigen äußeren Kern durchdrungen haben, gibt es für S-Wellen kein Symbol, das K entspricht. Die Bezeichnung J gibt man aber den S-Wellen, die den inneren Kern durchlaufen haben könnten. Eine definitive Identifikation solcher S-Wellen würde beweisen, daß der innere Kern fest ist, aber erinnern wir uns, daß sie zu P-Wellen werden müssen, um durch den äußeren flüssigen Kern zurück zur Oberfläche zu gelangen. Demzufolge müssen wir auf kleine PKJKP-Wellen achten – eine faszinierende Suche, die immer noch anhält.

Erdbebenwellen vervielfältigen sich auch, wenn sie an der äußeren Oberfläche der Erde reflektiert werden. Wie in Abbildung 6.5 dargestellt, bezeichnet man zweimal reflektierte P-Wellen als PP, dreimal reflektierte als PPP und so weiter. Auf die gleiche Weise erhalten wir bei Oberflächenreflektionen von S-Wellen Bezeichnungen wie SS, SSS und so weiter.

Da seismische Wellen (in festem Gestein) an Gesteinsgrenzen von einem Wellentyp in einen anderen umgewandelt werden können, braucht man auch für die gemischten Strahlenwege eine Nomenklatur. Also identifizieren wir als SP eine Welle, die sich in ihrem ersten Abschnitt im Mantel als S-Welle und sich in ihrem zweiten Abschnitt als P-Welle fortpflanzt. Einige einfache Erweiterungen von Bezeichnungen für Wellenwege, wie PSP und SKS, können in Abbildung 6.5 nachvollzogen werden. Werden Wellen an einer Grenze reflektiert, werden entsprechende Kleinbuchstaben eingefügt: Beispielsweise bezeichnet PcP eine P-Welle, die an der Grenze zwischen Mantel und Kern reflektiert wird; der Buchstabe i steht für die Reflektion am inneren Kern.

Reflektierte P- und S-Wellen sind gute Indikatoren für scharfe Grenzen innerhalb der Erde. In einem faszinierenden Fall machte man Gebrauch von reflektierten PKPPKP-Wellen, kurz P'P' genannt. 1968 beobachtete R. D. Adams am Seismological Observatory in Neuseeland kleine Wellen, die etwas vor den normalen P'P'-Echos eintrafen. Normale Wellen des P'P'-Typs legen die lange Reise vom Erdbebenherd zur anderen Seite der Erde zurück und werden von dort zu einer Station auf derselben Hemisphäre, auf der das Erdbeben stattfand, reflektiert, wobei sie den Erdkern zweimal passieren. Adams interpretierte die Vorboten als P'P'-Wellen, die die gegenüberliegende Seite der Erdoberfläche nicht ganz erreicht hatten, sondern bereits von einer Diskontinuität im Oberen Mantel reflektiert worden waren.

Wellen des P'P'-Typs sind besonders für die Erforschung der Erdstruktur von Nutzen. Ihr Weg ist derart lang, daß sie erst 39 Minuten nach ihrer Entstehung an einer Störung eintreffen. Wenn sie den Seismographen erreichen, sind die meisten der anderen Erdbebenwellen schon am Observatorium registriert, und das Instrument zeichnet nur noch die permanente Hintergrundseismik auf.

Ein besonders bemerkenswertes Beispiel einer mehrfachen Reflektion über große Entfernung lieferte am 14. Oktober 1970 eine unterirdische nukleare Explo-

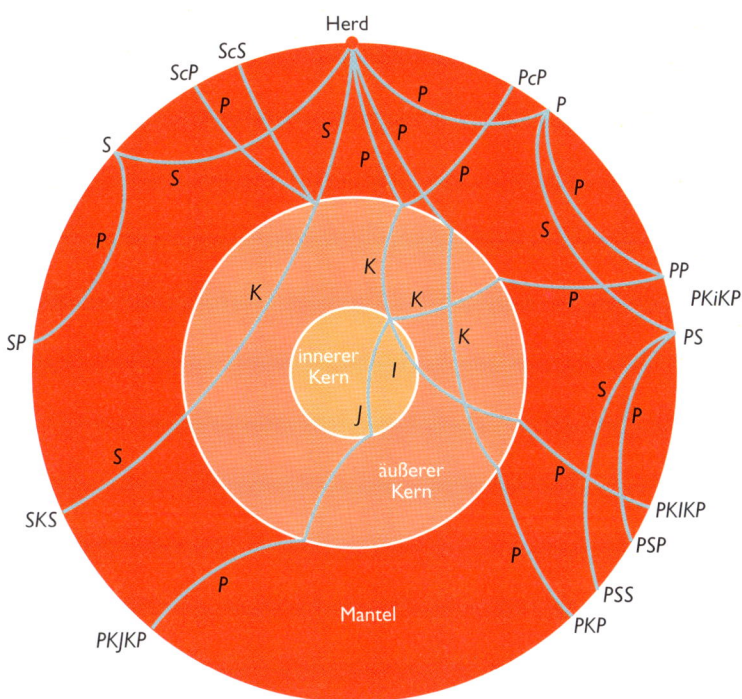

6.5 Beispiele seismischer Wellenstrahlen durch die Erde.

sion auf dem russischen Testgebiet Nowaja Semlja. Die *P′P′*-Wellen passierten den Erdkern, wurden unter der Antarktis reflektiert und kehrten zur nördlichen Hemisphäre zurück. In einer Aufzeichnung des Jamestown-Observatoriums in Kalifornien ist das Haupt-*P′P′*-Echo das auffälligste Merkmal des Seismogramms (Abbildung 6.7). Ungefähr 20 Sekunden vor der Ankunft der starken *P′P′*-Reflektionen setzt ein Zug erheblich kleinerer Wellen ein, der mit der Reflektion an Schichtunterseiten innerhalb des 80 Kilometer mächtigen Gesteinpakets unter der Antarktis erklärt werden kann. Diese Vorläuferwellen nennt man demzufolge *P′80P′*.

Während das Auge auf dem Seismogramm weiter von rechts nach links wandert, tauchen über mehr als anderthalb Minuten nur unbedeutende Wellen auf; es handelt sich dabei um kleine Zacken, die durch das ständige mikroseismische Hintergrundrauschen der Erde produziert werden. Etwa zwei Minuten vor den ersten *P′80P′*-Wellen erscheint plötzlich eine schöne

Dublette: zwei scharfe Ausschläge, die durch einige Sekunden getrennt sind und deutlich aus dem Hintergrundrauschen herausragen. Diese heftigen Impulse entsprechen der erwarteten Ankunftszeit von Wellen, die durch eine Schicht in 650 Kilometern Tiefe unter der Antarktis reflektiert wurden. Sie tragen somit die Bezeichnung *P′650P′*. Das Vorhandensein der Dublette deutet darauf hin, daß es nur geringfügige Abweichungen zwischen beiden reflektierten Strahlenwegen gab. Möglicherweise trat einer der Strahlen in eine Übergangsschicht innerhalb des inneren festen Kerns ein und der andere Strahl nicht.

Laufzeiten von Erdbebenwellen

Mit der Einführung einer Nomenklatur für Erdbebenwellen, die an tiefen Strukturen der Erde reflektiert und refraktiert werden, haben wir das Pferd am

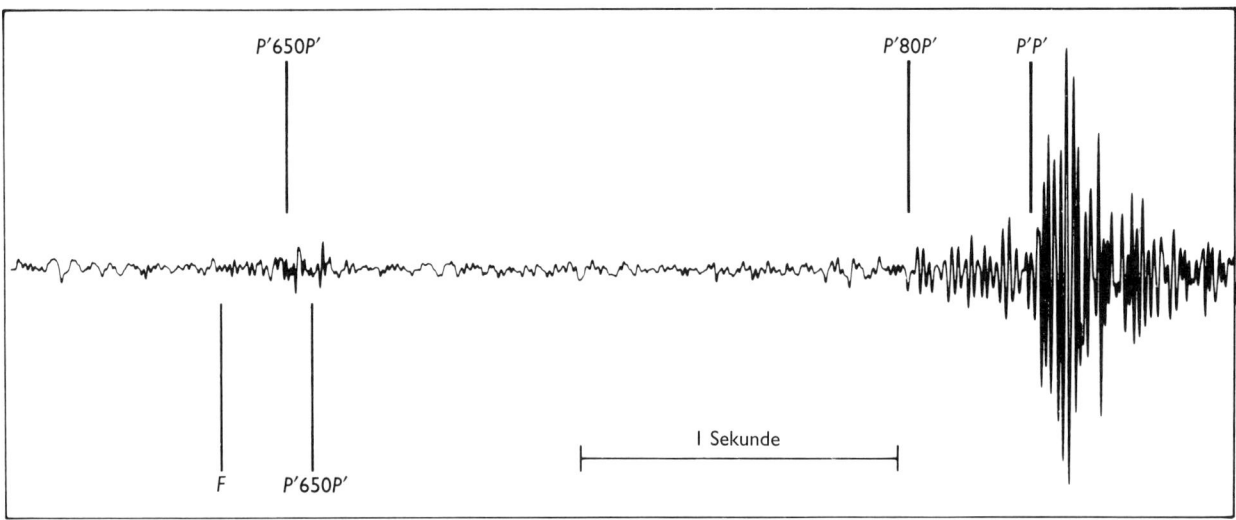

6.6 Ein unterirdischer Atomwaffenversuch vom 14. Oktober 1970 auf der russischen Insel Nowaja Semlja erzeugte an der Jamestown-Station in Kalifornien dieses Seismogramm. Der große $P'P'$-Ausschlag wurde durch eine von der anderen Seite des Globus unter der Antarktis reflektierte Kompressionswelle produziert. Sie wird durch ein $P'80P'$-Echo eingeleitet, das von einer 80 Kilometer unter der Oberfläche dieses Kontinents liegenden Struktur reflektiert wurde. Zwei Minuten früher kamen P-Wellen an, die von einer ungefähr 650 Kilometer unter der Oberfläche liegenden Struktur zurückkamen.

Schwanz aufgezäumt und müssen nun zur eigentlichen Frage zurückkehren: Wie können wir auf der Grundlage der in Abbildung 6.4 gezeigten tanzenden Linien die beobachteten Ausschläge für die Ableitung der Strukturen nutzen, durch die sich die Wellen fortpflanzen oder abgelenkt werden? Die Methode beruht zunächst einmal auf der Bestimmung der Laufzeiten von Erdbebenwellen über verschiedene Entfernungen. Das Konzept wurde bereits ausführlich im Zusammenhang mit der Erforschung der Erdkruste in Kapitel 5 diskutiert. Die Ergebnisse der Methode gehören zu den größten geologischen Erfolgen bei dem Studium von Erdbeben.

Lassen Sie uns mit einer Serie von Erdbeben an verschiedenen Stellen der Erde beginnen. Sind ihre Herde und Herdzeiten bekannt, kann mit Hilfe der Zeitmesser an den Seismographen die Laufzeit der

P-, S- oder Oberflächenwellen von ihrem Ausgangspunkt zu den Seismographen ermittelt werden. Dann können wir die Laufzeit als Funktion der Entfernung auftragen. Hat man mit Wellen in der Erdkruste zu tun, wo die zurückgelegten Strecken kurz sind, bietet es sich an, die Laufzeit gegen die Entfernung in Kilometern aufzutragen. Möchte man Entfernungen an der Erdoberfläche betrachten, ist es erheblich praktischer, statt dessen den Winkel zu messen, der vom Erdmittelpunkt aus gesehen zwischen Herd und der aufzeichnenden Stelle liegt. Demnach würde eine seismische Welle, die entlang des Durchmessers der Erde läuft, bei einer Entfernung von 180 Grad an der Oberfläche auftauchen. Die Entfernung zwischen dem Epizentrum des japanischen Erdbebens und dem Seismographen im schwedischen Kiruna beträgt 63 Grad. Die Winkeldistanz von einem Grad auf der Erdoberfläche entspricht etwa 110 Kilometern.

Da die Laufzeiten einer Anzahl von Erdbebenwellen an Beobachtungsstationen aufgezeichnet werden, kristallisiert sich aus der Punktwolke eine Kurve mit Durchschnittswerten heraus. Mit diesem Trend lassen sich mittels der Ankunftszeit der weltweit an mehreren Erdbebenstationen aufgenommenen P- und S-Wellen die Herde anderer Erdbeben lokalisieren. Dieser Vorgang ist in Kapitel 3 beschrieben. Die verbesserte Lokalisierung der Erdbebenherde kann dann

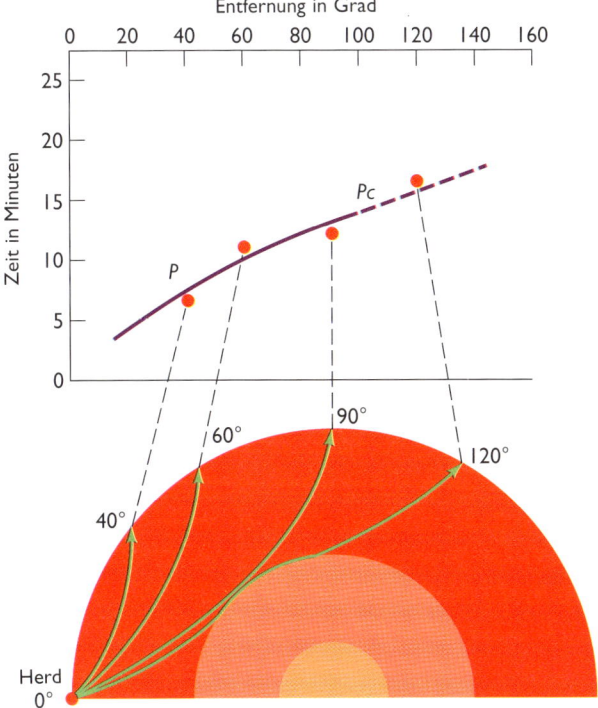

6.7 Konstruktion einer seismologischen Laufzeitkurve aus den gemessenen Laufzeiten von *P*-Wellen durch den Erdmantel. Die gestrichelte Linie mit der Aufschrift *Pc* entspricht den diffraktierten Wellen, die in den Schatten des flüssigen Kerns gebeugt werden.

zur Überarbeitung der Laufzeittabellen herangezogen werden, die wiederum der genaueren Ortung der Erdbebenherde dienen und so weiter. Den gesamten Prozeß der Laufzeitrevision übernehmen heutzutage Computer.

Nach annähernd einem Jahrhundert Forschung auf diesem Gebiet sind nun die durchschnittlichen Laufzeiten von *P*- und *S*-Wellen durch die Erde bis auf eine Sekunde genau bekannt. Die Bemühungen bestehen heutzutage hauptsächlich darin, alle signifikanten Unterschiede in den Laufzeitkurven für unterschiedliche Regionen auf der Welt herauszuarbeiten. Diese Unterschiede repräsentieren dann Abweichungen der physikalischen Eigenschaften des Erdinneren von der radialen Symmetrie. Derartige Unterschiede

können beträchtlich sein. Im Fall von Wellen durch Subduktionszonen können die Laufzeiten sowohl von *P*- als auch *S*-Wellen beispielsweise um fünf Sekunden oder mehr differieren.

Die bekannteste Zusammenstellung durchschnittlicher seismologischer Laufzeiten für den gesamten Globus ist in Abbildung 6.8 wiedergegeben. Diese Zeiten wurden in den späten dreißiger Jahren durch die Anwendung der oben beschriebenen Konvergenzmethoden von zwei der herausragendsten Seismologen dieses Jahrhunderts, Sir Harold Jeffreys und Professor K. E. Bullen, ausgearbeitet. Über mehr als fünfzig Jahre diente dieses Diagramm bei vielen Studien über das Erdinnere als Standard, gegen den die Abweichungen der Fortpflanzungszeiten der Wellen gemessen wurden.

Die Entdeckung des flüssigen Erdkerns

Eines der brilliantesten Stücke an Detektivarbeit in der Geschichte der Seismologie war die Entdeckung des Erdkerns durch den britischen Geologen R. D. Oldham, der sein Ergebnis 1906 in einer berühmten Abhandlung veröffentlichte. Oldhams Entdeckung veranschaulicht deutlich, wie Geologen aus vorgegebenen Laufzeitkurven, wie jenen von Jeffreys und Bullen, auf die Architektur des Erdinneren schließen können.

Entsprechend des oben beschriebenen Ansatzes wertete Oldham Laufzeiten der *P*- und *S*-Wellen aus Seismogrammen einer Vielzahl bekannter Erdbebenherde aus. Er bezeichnete diese Wellen als „erste Phasen" und „zweite Phasen". Oldhams Seismogramme lieferten Laufzeiten für Wellen, die Entfernungen von 20 bis annähernd 160 Grad durchlaufen hatten. Das Original ist in Abbildung 6.10 dargestellt. Die Zeitskala, mit der Oldham arbeitete, ist im Vergleich zu der in Abbildung 6.8 stark komprimiert.

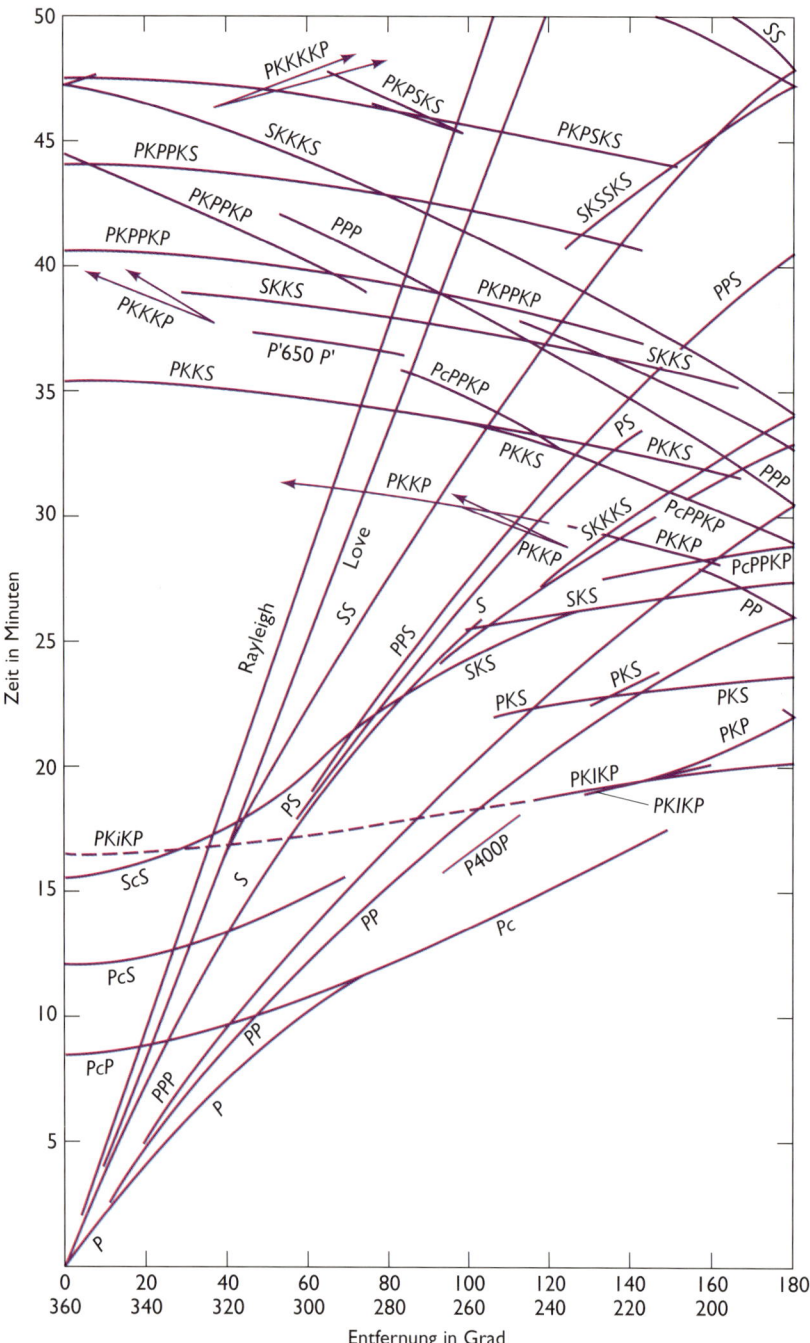

6.8 Diese berühmten Laufzeitkurven (durch den Autor leicht modifiziert) wurden 1939 aus vielen Erdbebenaufzeichnungen von Sir Harold Jeffreys und seinem Studenten K. E. Bullen konstruiert.

Oldham beobachtete in den Laufzeitkurven zwei auffällige Diskontinuitäten. Erstens kam die „erste Phase", von der wir heute wissen, daß es sich um *P*-Wellen handelte, verglichen mit den Werten aus dem ersten Teil der Kurve bei durchschnittlich etwa 130 Grad um eine Minute verspätet an. Zweitens konnte die Kurve der „zweiten Phase", die wir nun als *S*-Wellen identifizieren können, lediglich bis 120 Grad verfolgt werden; bei längerer Distanz kamen die *S*-Wellen zehn oder mehr Minuten verspätet an. Als Erklärung für diese Verspätung vermutete Oldham, daß die *S*-Wellen einen zentralen Kern durchlaufen hatten, in dem ihre Geschwindigkeit herabgesetzt wird – auf ungefähr die Hälfte der Wellengeschwindigkeit in den umgebenden Schalen. Seine Argumente lassen sich anhand des Strahlendiagramms in seiner Arbeit, das in Abbildung 6.10 dargestellt ist, einfach nachvollziehen. Er stellte fest:

»Der Kern wird nicht von Wellenpfaden durchlaufen, die bei 120 Grad auftauchen, und die starke Abnahme [der Geschwindigkeit] bei 150 Grad zeigt, daß die Wellenpfade, die bei dieser Entfernung erscheinen, tief in den Kern eingedrungen sind. Da der Strang bei 120 Grad eine maximale Tiefe des halben Radius von der Oberfläche erreicht, kann angenommen werden, daß sich der zentrale Kern vom Zentrum nicht mehr als ungefähr 40 Prozent über den Radius *R* erstreckt.«

6.9 Richard Dixon Oldham (1858–1936), der Entdecker des Erdkerns.

6.10 Die von R. D. Oldham konstruierten Laufzeitkurven für *P*- und *S*-Wellen (rechts) und die vereinfachten Wellenwege, die er für eine einfache, zweischalige Erde vorschlug (links), aus Oldhams 1906 erschienener Publikation.

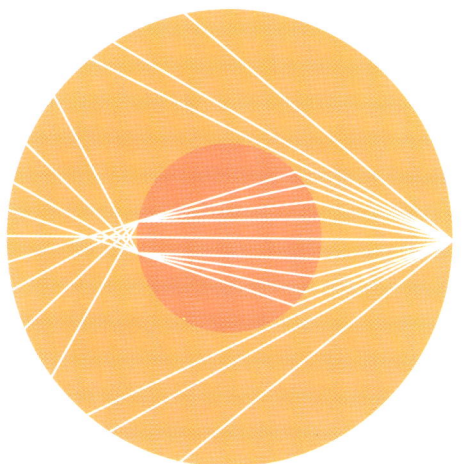

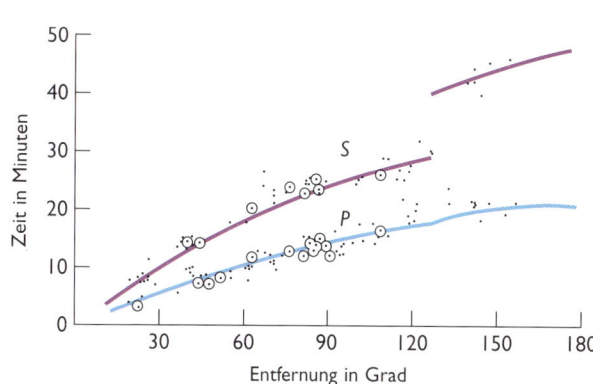

Wir wissen heute, daß es bei Oldhams Identifizierung der Wellentypen einige Schwierigkeiten gibt und die Berechnung natürlich nur eine Näherung ist. Zum Beispiel zeichnete Oldham die Strahlenwege als gerade Linien, obwohl die Strahlen in der Realität durch die Zunahme der elastischen Module der Gesteine mit der Tiefe entlang gebogener Wege laufen, die zum Erdmittelpunkt hin konvex sind. Wie läßt sich Oldhams Behauptung am besten überprüfen? Sollte es den von Oldham postulierten Kern geben, müßte die Reflektion der P- und S-Wellen erkennbar sein. In der Tat haben wir Reflektionen dieser Art (ScS) bereits auf dem Kiruna Seismogramm in Abbildung 6.4 gesehen. Weitergehende Beobachtungen von Wellenreflektionen unternahm der deutsche Professor Benno Gutenberg (1889–1960). Im Vergleich zu Oldham stand ihm eine umfangreichere Serie von Erdbebenaufzeichnungen zur Verfügung, und so veröffentlichte er 1914 die erste recht genaue Schätzung der Tiefenlage des Kerns. Mit 2900 Kilometern hat sie über die Jahre allen anderen Untersuchungen standgehalten, und auch neuere Schätzungen der Tiefe des Erdkerns bewegen sich innerhalb einiger Kilometer dieses Wertes.

Als sich das Wissen über den Erdkern mehrte, stellten sich die Geologen zunächst die Frage, ob Wellen durch den Kern deshalb verzögert wurden, weil er flüssig war, oder weil die Wellenenergie durch das unter den herrschenden hohen Druck- und Temperaturverhältnissen aufgeweichte Material abgeschwächt worden ist. In den dreißiger Jahren stellte sich dann heraus, daß Erdbebenwellen über 105 Grad, die sich von der gegenüberliegenden Seite der Erde ausbreiteten, schwer zu beobachten waren. Direkte P-Wellen entfernter Erdbeben wurden über diese Distanz abgeschwächt, und die ersten deutlichen Wellen kamen ungefähr drei Minuten später an, als nach der einfachen Ausbreitung der P-Wellen Laufzeitkurve in Abbildung 6.8 zu erwarten gewesen wäre. Außerdem konnten S-Wellen, die flüssiges Material nicht durchdringen, auf den Seismogrammen nicht zu der durch Extrapolation der S-Wellenkurve über 105 Grad vorhergesagten Zeit identifiziert werden. Folglich können wir den Kern als Abschirmung gegen die „Beleuchtung" der Antipoden durch direkte S-Wellen betrachten (Kernschatten).

Alle diese Eigenschaften der beobachteten P- und S-Wellen konnten dahingehend gedeutet werden, daß es sich bei dem Kern um flüssiges Material handelte, das in dieser Tiefe bei einer Temperatur von über 5000 Grad Celsius geschmolzen war. Seit dieser frühen Arbeit wurde immer wieder nach verräterischen S-Wellen gesucht, die sich durch den Kern fortgepflanzt haben, jedoch hat sie noch niemand ausfindig gemacht. Wenn man diese Beweisführung auf der Basis reiner Indizien mit der Verformung der gesamten Erde durch Gezeiten als Reaktion auf die Anziehung des Mondes und mit der Art und Weise, wie der Planet nach großen Erdbeben vibriert, zusammenführt, ist nun annähernd gesichert, daß der äußere Teil des Kerns flüssig ist.

Die Entdeckung des inneren Erdkerns

Eine andere erstaunliche Geschichte über den Nutzen von Erdbebenwellen für die Entschlüsselung tiefer Erdstrukturen erzählt von der Entdeckung der dänischen Seismologin Inge Lehmann. Sie veröffentlichte 1936 als erste Beweise, daß es innerhalb des äußeren Kerns einen inneren Kern von der Größe des Mondes gibt. Inge Lehmann besuchte die erste Gemeinschaftsschule in Dänemark, die von einer Tante von Niels Bohr gegründet und geführt wurde. Für die Zeit ungewöhnlich war, daß sie ermutigt wurde, eine wissenschaftliche Karriere einzuschlagen. Wie sie sich später erinnerte, geschah dies zum Teil deshalb, weil auf ihrer Schule »zwischen dem Intellekt der Jungen und Mädchen kein Unterschied gemacht wurde, eine Tatsache, die mir später in meinem Leben viele Enttäuschungen einbrachte, als ich feststellen mußte, daß dies nicht der allgemeinen Einstellung entsprach.« Nach Abschluß des Mathematik- und Physikstudiums an der Universität von

6.11 Inge Lehmann (1888–1993), die Entdeckerin des inneren Erdkerns.

Bei der Untersuchung von Seismogrammen pazifischer Erdbeben fand sie Wellen, die nicht mit den damals existierenden Modellen vom Erdinneren erklärt werden konnten. Ein Beispiel für eine solche Welle ist, durch die ersten Pfeile markiert, in Abbildung 6.12 dargestellt. Die Forscherin glaubte, die Ankunftszeiten dieser Wellen erklären zu können, wenn die Wellen an einem kleineren inneren Kern reflektiert worden wären.

Um ihre Ergebnisse zu untermauern, baute Inge Lehmann ihre Argumentation stufenweise auf. Zunächst ging sie von einem einfachen, zweischaligen Modell der Erde aus, zusammengesetzt aus Kern und Mantel. Weiterhin nahm sie an, daß P-Wellen mit einer konstanten Geschwindigkeit von zehn Kilometern pro Sekunde durch den Mantel und acht Kilometern pro Sekunde durch den Kern wandern. Diese Geschwindigkeiten sind für beide Bereiche angemessene *Durchschnittswerte*. Daraufhin führte sie einen kleinen zentralen Kern ein, bei dem sie wiederum konstante P-Wellen Geschwindigkeiten voraussetzte. Ihre vereinfachten Annahmen erlaubten ihr, seismische Strahlen wie gerade Linien (Stränge) zu behandeln, so wie Oldham es getan hatte. Somit konnte sie für dieses Modell mit Hilfe der elementaren Trigonometrie die theoretischen Laufzeiten berechnen. Es folgten weitere schrittweise Berechnungen, anhand derer sie zeigte, daß es einen physikalisch vernünftigen Radius eines inneren Kerns gab, der mit der beobachteten Laufzeit der ersten, den Kern durchdringenden Wellen in Einklang zu bringen war. Ihre Hypothese war, daß die ersten den Kern erreichenden Wellen an einem hypothetischen inneren Kern mit einem Radius von etwa 1 500 Kilometern reflektiert wurden. Die reflektierten Wellen würden bei Entfernungen von weniger als 142 Grad zu der Zeit an Erdbebenstationen auftauchen, die nahe an den tatsächlich beobachteten liegen. Inge Lehmann veröffentlichte diese Ergebnisse in einem Aufsatz mit einem der kürzesten Titel in der Seismologie, nämlich „P'“. Sie war vorsichtig genug, in dieser Abhandlung anzumerken, daß sie die Existenz eines inneren Kerns nicht *bewiesen* habe, jedoch ein Modell vorstellen wolle, das mit großer Wahrscheinlichkeit korrekt sei.

Kopenhagen begann sie 1925 ihre Arbeit in der Seismologie. Im Jahre 1928 wurde sie zur Leiterin der seismologischen Abteilung des Königlich Dänischen Geodätischen Instituts in Kopenhagen ernannt, eine Position, die sie bis zu ihrer Pensionierung 1953 innehatte.

Für die Aufzeichnung von Wellen, die von großen Erdbeben in den seismisch aktiven Zonen des Pazifischen Ozeans aus durch den Erdkern wandern, ist Kopenhagen ein guter Standort. Um diesen Vorteil zu nutzen, verschaffte sich Inge Lehmann durch das Studium von Seismogrammen einen großen Erfahrungschatz und machte durch die geschickte Anwendung wissenschaftlicher Methoden den entscheidenden Schritt nach vorn.

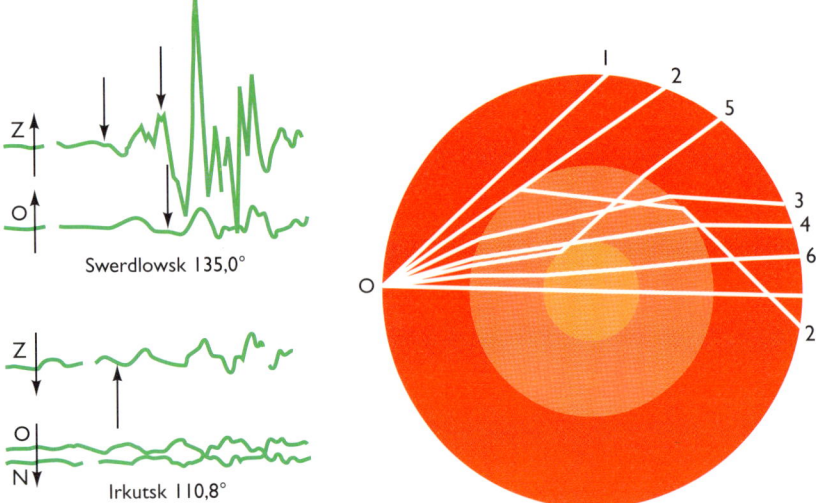

Z
O
Swerdlowsk 135,0°

Z
O
N
Irkutsk 110,8°

1
2
5
O
3
4
6
2a

6.12 In ihrer Veröffentlichung aus dem Jahre 1936 bezog sich Inge Lehmann auf diese Seismogramme, die am 16. Juni 1929 an zwei russischen Stationen von einem Erdbeben in Neuseeland aufgezeichnet wurden. Die Einsätze der Kernwellen sind durch Pfeile gekennzeichnet. Sie vermutete, daß die frühesten Kernwellen von einem inneren Kern reflektiert wurden, wie Welle Nummer 5 in ihrem Diagramm, das vereinfachte Wellenwege für eine einfache, dreischalige Erde zeigt.

Bis in die frühen sechziger Jahre war noch nicht geklärt, ob die Grenze des inneren Kerns scharf ist oder ob sie sich über einen Übergangsbereich von bis zu 100 Kilometern erstreckt. Ein grundlegendes Merkmal der Wellenreflektion ist, daß graduelle und undeutliche Grenzen die Wellenenergie nur schwach reflektieren, so daß insbesondere bei größeren Einfallswinkeln breite und schlecht definierte Wellenformen entstehen. Die Standard-Laufzeitkurven dieser Epoche von Jeffreys und Bullen beruhten seinerzeit auf der Annahme einer graduellen Übergangszone zwischen dem inneren und äußeren Kern. Also sagten ihre Kurven voraus, daß die Ankunft von *PKP*-Wellen bei Entfernungen von weniger als 110 Grad vom Erdbebenherd nicht beobachtet werden könne, da Wellen, die mit den höheren Einfallswinkeln reflektiert werden, in der Übergangszone Energie verlieren und zu schwach werden, um die Oberfläche zu erreichen.

Im Jahre 1963 übernahm ich mit der Studentin Mary O'Neill die Auswertung von Wellen des Kerns, die von Seismographen des Berkeley-Netzwerkes stammten. Wir beobachteten *P*-Wellen, die vom Erdbebenherd mit geringeren Entfernungen als 110 Grad ankamen, exakt den Entfernungen, die von den Laufzeitkurven der damaligen Zeit ausgeschlossen waren.

Außerdem waren diese Wellenpulse nur von sehr geringer Dauer. Das deutete darauf hin, daß ihre Wellenlängen, im Vergleich mit den üblicherweise vorkommenden zehn bis 100 Kilometern, nur fünf Kilometer betrugen. Folglich sahen wir Wellen, die von der scharfen Grenze des inneren Kerns reflektiert worden waren, die nicht breiter als ungefähr fünf Kilometer war. Aufgrund der gemessenen Laufzeit befand sich die reflektierende Oberfläche in 1216 Kilometern Entfernung vom Mittelpunkt der Erde.

Echos vom Erdkern

Wenn über die Ausbildung der Grenzen des inneren und äußeren Kerns nach den oben erwähnten Untersuchungen immer noch Ungewißheit geherrscht hatte, wurden in den siebziger Jahren aufgrund der Daten aus künstlichen Erdbeben alle Zweifel beseitigt. Während dieses Jahrzehnts zeichnete eine Reihe von Seismographen in Montana Wellen unterirdischer nuklearer Explosionen aus Nevada auf, die mit einem Winkel von nur zehn Grad nahezu senkrecht einfielen. Diese Seismographen waren also in der

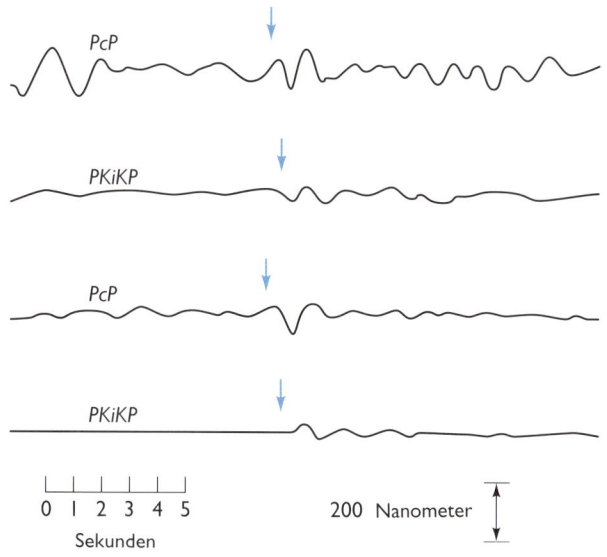

6.13 Eine unterirdische nukleare Explosion vom 19. Januar 1968 in Nevada (Deckname „Faultless") produzierte in Montana dieses Seismogramm. Die vertikale Skala veranschaulicht die Größenordnung der damit verbundenen Bodenbewegung; 200 Nanometer sind nur die Hälfte der Wellenlänge von violettem Licht. Echos wurden vom äußeren Kern (*PcP*) und inneren Kern (*PKiKP*) in einem Winkel von nur zehn Grad zurückgeworfen.

Lage, Reflektionen aus dem tiefen Inneren der Erde unter sehr hohen Einfallswinkeln einzufangen, wie die in Abbildung 6.13 wiedergegebenen Seismogramme bestätigen. Die Einsätze hatten Laufzeiten, die den für *PcP*- und *PKiKP*-Wellen vorhergesagten entsprachen. Zweifellos handelte es sich hierbei um Erdbebenechos, die in spitzem Winkel sowohl von der Grenze des äußeren (*PcP*) als auch des inneren Kerns (*PKiKP*) reflektiert wurden. Daraus ließ sich unmittelbar schließen, daß die beiden Kernober-flächen erstens scharf sind und sich ihre Radien zweitens innerhalb weniger Kilometer von denen befinden, die durch die Jeffreys-Bullen-Tabellen vor-hergesagt wurden.

Die zweite Beweiskette zur Beschaffenheit der äuße-ren Kerngrenze ist eine der spektakulärsten in der Seismologie. Falls diese Grenze scharf ist, müßten *P*-Wellen aus dem flüssigen äußeren Kern im glei-chen Winkel in das flüssige Medium zurückprallen, wenn sie den gegenüberliegenden Rand des Kerns erreicht haben. Nach der Reflektion wandern sie durch den äußeren Kern zurück, bis sie erneut an seine Grenzen stoßen und wiederum zurückprallen. Jedesmal wird ein Teil der Energie zurück in den flüssigen Bereich reflektiert, während ein anderer Teil in den Mantel gebrochen wird und seinen Weg zur Oberfläche findet, wo er von Seismographen auf-gezeichnet wird. Empfindliche moderne Seismogra-phen in seismisch ruhigen Gegenden spüren diese winzigen Signale auf, die im Kern eingefangen und dort mehrfach reflektiert wurden. Die Wellen werden dann mit Symbolen wie *P4KP* und *P7KP* bezeichnet, was auf vier beziehungsweise sieben Reflektionen der *P*-Wellen innerhalb des Kerns hinweist. Die rechnergestützte Auswertung der Wellenwege führt

135

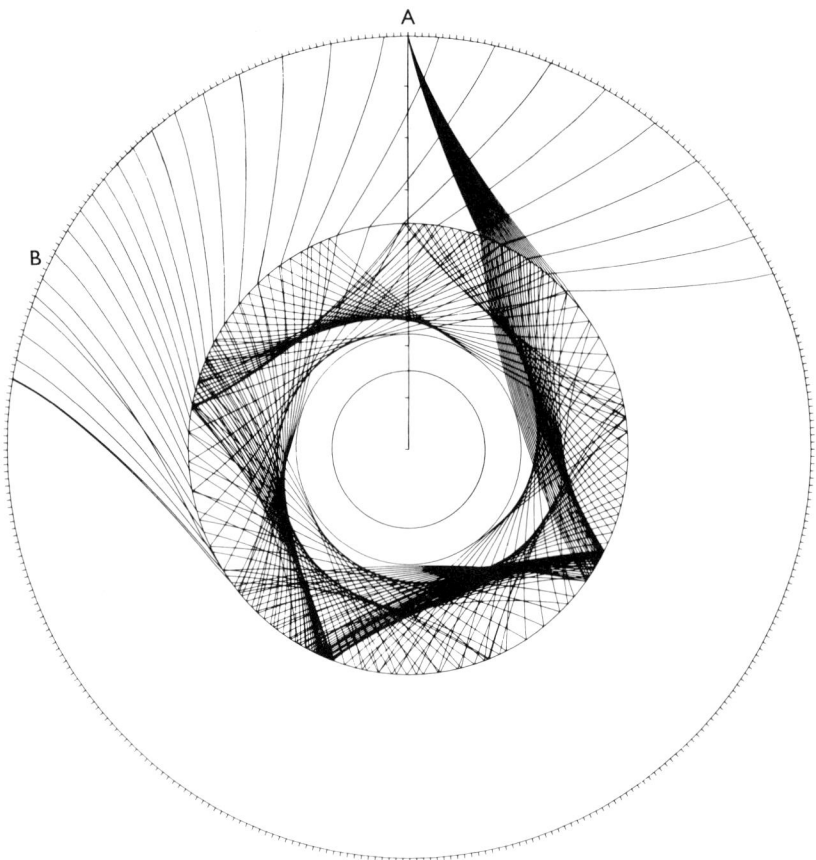

6.14 Mehrfache Reflektion von *P*-Wellen, die innerhalb des flüssigen äußeren Erdkerns gefangen sind. Diese Graphik simuliert die Wellenwege, die durch ein seismisches Ereignis bei A entstanden und innerhalb des Kerns siebenmal reflektiert wurden, bevor sie die Oberfläche, zum Beispiel an Station B, erreichen.

zu einem realistischen Modell der Erde, wie es in Abbildung 6.14 dargestellt ist.

An einem Tag im Jahre 1973 erlebte ich bei der Bearbeitung eines Seismogramms von der seismographischen Station von Jamestown in Kalifornien einen erhebenden Moment. Es handelte sich um die Aufzeichnung eines Nuklearwaffentests bei Nowaja Semlja in der Sowjetunion. In der für die Ankunft einer *P7KP*-Welle vorhergesagten Sekunde konnte ich einen unverkennbaren Wellenausschlag erkennen, der sich versteckt im mikroseismischen Hintergrundrauschen befand. Selten zuvor war so eine seismische Welle so eindeutig identifiziert worden. Ungewöhnliche Erdbebenwellen dieses Typs werden nun auf vielen Seismogrammen entdeckt. Mittler-

weile sind innerhalb des flüssigen Kerns bis zu dreizehn Reflektionspfade aufgezeichnet worden.

Wir können nun wichtige Schlüsse auf den Zustand dieses Teils des Erdinneren ziehen. Zunächst einmal muß die Abschwächung der *P*-Wellen in dem flüssigen Kern sehr gering sein, da sie bei fortgesetzter Reflektion nur wenig an Intensität verlieren. Diese geringe Dämpfung weist darauf hin, daß das Material des äußeren Kerns möglicherweise aus einer Eisenlegierung besteht und andere Eigenschaften als der viskos-feste Mantel hat. Zweitens bleibt die Schärfe der Wellenfront auch nach vielen Reflektionen bestehen. Dies ist ein Zeichen dafür, daß sich die reflektierende Oberfläche nicht über ein Tiefenintervall erstreckt. Es muß sich bei der Unterseite der Mantel-

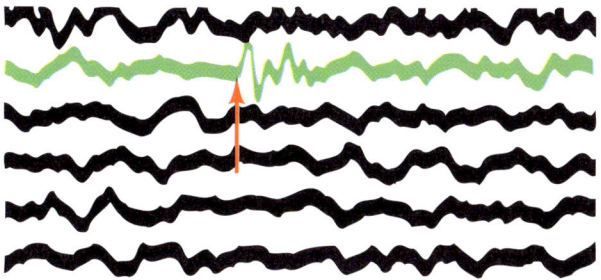

6.15 Der schwache Puls des *P4KP*-Echos ist auf diesem Seismogramm aus Jamestown in Kalifornien zu sehen, das von einer unterirdischen nuklearen Explosion im Jahre 1970 auf Nowaja Semlja, ehemalige Sowjetunion, stammt.

Kern-Grenze also vielmehr um eine scharfe Diskontinuität handeln.

Drittens kann der Radius der Mantel-Kern-Grenze nicht wesentlich schwanken. Sollte es Einbuchtungen oder Unebenheiten auf der inneren Oberfläche des Kerns geben, müssen sie klein sein. Andernfalls würden die aufeinanderfolgenden *P7KP*-Wellen gestreut und zu anderen Zeiten ankommen, als es bei einer glatten Grenze der Fall wäre. Daraus können wir folgern, daß jegliche Unebenheiten auf der Unterseite der Mantel-Kern-Grenzfläche, wenn sie überhaupt existieren, weniger als zehn Kilometer Höhe haben müssen. So eine Beschaffenheit der Oberfläche ist für eine derart tief in der Erde gelegene Zone ein recht bemerkenswertes Charakteristikum, denn hier treffen heißes, plastisches Mantelgestein und flüssiges Kernmaterial aufeinander, wobei letzteres durch Konvektionsströme umgewälzt wird.

Das inverse Problem

In den ersten Veröffentlichungen über ihre Pionierarbeit stellten Oldham und Lehmann Lösungen für sogenannte „direkte Probleme" vor. Sie erarbeiteten spezifische Modelle der Erde, die sich aus der Wahl von Radien für die inneren Grenzen und der Annahme plausibler seismischer Wellengeschwin-

digkeiten ergaben. Durch den Einsatz einfacher Formeln wie „die Geschwindigkeit ist gleich der Entfernung dividiert durch die Zeit" sagten sie dann theoretische Laufzeiten voraus, die sie mit den beobachteten Laufzeiten vergleichen konnten. Diese Art von Problem wird als direkt bezeichnet, da die Eigenschaften des Erdinneren als bekannt vorausgesetzt werden, und direkte Berechnungen auf der Basis dieser Werte sagen voraus, wann die Wellen an der Erdoberfläche eintreffen würden. Im zweiten Abschnitt ihrer Beweisführung nutzten sie empirische Methoden, um die Übereinstimmung zwischen Modell und Beobachtung zu verbessern.

Tatsächlich aber müssen Probleme in der Fernerkundung des tiefen Inneren unseres Planeten durch „direkte" und „inverse" Beweisführung gelöst werden. Seismologen beginnen häufig mit der Beobachtung der Laufzeiten über vorgegebene Entfernungen, mit deren Hilfe sie die Geschwindigkeitsverteilung und hieraus die geologischen Strukturen ableiten. Probleme dieser Art sind „inverse Probleme". Sie treten in vielen wissenschaftlichen Fragestellungen auf – von der Medizin bis zur Rationalisierung von Arbeitsprozessen – und bilden einen faszinierenden Teil der modernen wissenschaftlichen Arbeit.

Ein typisches Beispiel stammt aus einer Studie über Erdbebenherde. Wäre die Verteilung von Rauhigkeiten entlang einer aktiven Störung bekannt, ließen sich die Seismogramme einfach berechnen. In Wirklichkeit kennen wir ihre Verteilung niemals direkt. Wir müssen sie ableiten, indem wir sie aus dem Muster der von *strong motion*-Seismographen aufgezeichneten seismischen Wellen rekonstruieren. In Kapitel 8 werden wir diese Frage erneut aufgreifen.

Die grundlegende, zur Bestimmung der tiefen Strukturen des Erdinneren angewandte Methode besteht darin, die Kurven gemessener Laufzeiten seismischer Wellen in eine Verteilung der durchschnittlichen Geschwindigkeiten seismischer Wellen über die gesamte Erde zu übertragen (Abbildung 6.8). In erster Näherung wird ein radial-symmetrisches Modell der Erde angenommen, ein Schritt, durch den die *P*- und *S*-Geschwindigkeiten lediglich eine Funktion der Tiefe sind und der die Berechnungen erheblich vereinfacht. Die Methode nutzt ein Mitte der dreißiger Jahre ausgearbeitetes, wirksames numerisches System, um aus den Laufzeitkurven die Variationen in der P- und S-Wellengeschwindigkeit $v(r)$ als eine Funktion des Radius r zu berechnen. Das System stützt sich auf mathematische Umformungen, die auch für inverse Anwendungen in der Optik und Akustik genutzt werden. In Abbildung 6.16 ist eine neuere Serie von Verteilungskurven für die P- und S-Wellengeschwindigkeit in der Erde dargestellt, die auf der Grundlage dieser numerischen Inversion berechnet worden sind. Da diese Geschwindigkeiten mathematisch mit der Dichte und Elastizität des Gesteins zusammenhängen, bieten solche Kurven einn zuverlässige Möglichkeit, für jede Tiefe die Gesteinsarten abzuleiten.

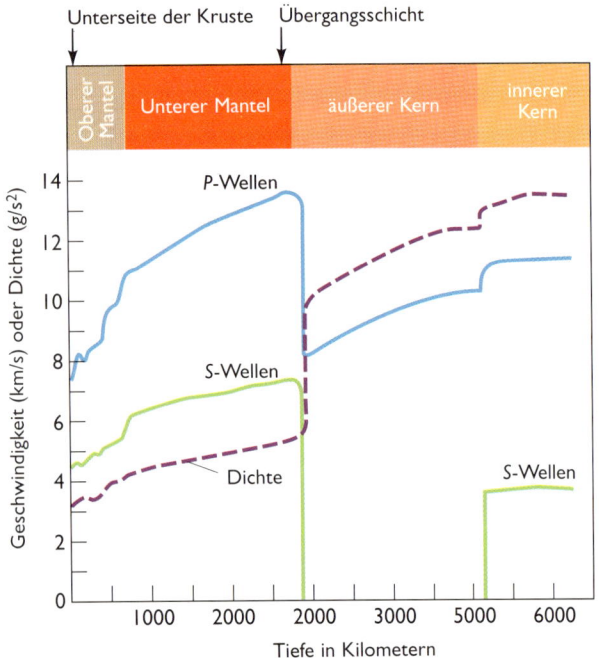

6.16 Diese Kurven zeigen die Veränderung der durchschnittlichen Gesteinsdichte mit zunehmender Tiefe und die Geschwindigkeiten der P- und S-Wellen.

Abrupte Geschwindigkeitswechsel kennzeichnen die übergeordneten Strukturen des Erdinneren. Die Kurven der Geschwindigkeitsverteilung enthüllen aber auch feinere Veränderungen der Struktur innerhalb des Mantels, der riesigen Schale, die sich von der Basis der Kruste bis zur Grenze des flüssigen Kerns in ungefähr 2900 Kilometern Tiefe erstreckt. Der Mantel kann sofort in zwei große Abschnitte geteilt werden. Der Obere Mantel reicht bis in eine Tiefe von etwa 670 Kilometern und ist mit zunehmender Tiefe durch rasche Wechsel der durchschnittlichen von P- und S-Wellengeschwindigkeiten gekennzeichnet. Seine untere Grenze ist dieselbe, die durch die Reflektion der $P'650P'$-Wellen identifiziert wurde (siehe Seite 127). Dieser Bereich des Mantels umfaßt einen Teil der Lithosphäre und die Asthenosphäre und ist von großer Bedeutung. Die Unterseite der Lithosphäre trennt den äußeren festen Teil, der die tektonischen Platten bildet, von dem eher mobilen, fließenden Bereich des Mantels.

Der Untere Mantel macht die Hauptmasse der Erde aus. Die Kurven der P- und S-Wellen zeigen, daß die Geschwindigkeit von Erdbebenwellen innerhalb des Unteren Mantels im Durchschnitt mit der Tiefe zunimmt. Diese Zunahme von P- und S-Wellengeschwindigkeiten ist mit großer Sicherheit auf die mit zunehmender Tiefe stetig ansteigende Kompression der Gesteine durch das überlagernde Material zurückzuführen. Der Untere Mantel besteht aus dichten silikatischen Gesteinen, und da sich sowohl S- als auch P-Wellen durch annähernd alle Mantelbereiche fortpflanzen, wissen wir, daß er fest ist, zumindest über einen kurzen Betrachtungszeitraum. Durch die viskosen Eigenschaften der Mantelgesteine, die sich mit den hohen Temperaturen in dieser enormen Tiefe verstärken, kommen sie in den Millionen von Jahren aber dennoch langsam ins Fließen.

Eine genauere Untersuchung der Laufzeiten von Erdbebenwellen durch den Mantel in unterschiedlichen geographischen Regionen hat gezeigt, daß es zwei deutliche Abweichungen von dieser einfachen Vorstellung gibt. Erstens können die Laufzeiten verschiedener Wellenpfade um zehn bis 15 Prozent gegenüber den durchschnittlichen Laufzeiten anderer

Wege gleicher Länge variieren. Dieser Unterschied in den Laufzeiten deutet darauf hin, daß der Mantel, insbesondere im oberen Teil, bis zu einem gewissen Grad aber auch in größerer Tiefe, inhomogene Bereiche enthält. Zweitens gibt es in einer 100 bis 200 Kilometer breiten Zone oberhalb der Grenze zwischen Mantel und Kern eine ungewöhnliche Region, in der die Geschwindigkeiten der seismischen P- und S-Wellen nicht so sind, wie bei gleichen Gesteinseigenschaften bis zur Grenze zu erwarten wäre. Falls die physikalischen Eigenschaften dieser dünnen Übergangszone sehr nahe am flüssigen Kern jemals ermittelt werden, könnten sie den Schlüssel zu den Wechselwirkungen zwischen festem Mantel und dem flüssigen Material im Kern liefern.

ebenso wie die musikalischen Obertöne beim Anschlagen einer Gitarrensaite. Es ist bekannt, daß die Eigenfrequenzen einer elastischen Saite oder einer läutenden Glocke direkt aus ihren physikalischen Eigenschaften berechnet werden können. Analog dazu könnten wir, wenn uns die physikalischen elastischen Eigenschaften der Erde bekannt wären (so wie wir die Dichte und Elastizität einer Messingglocke kennen), die zu erwartenden Frequenzen und Amplitudenmuster der einem großen Erdbeben folgenden Resonanzschwingung errechnen. Dieses direkte Problem ist aber genau das Gegenteil dessen, was wir tun müssen: Wir beginnen mit den beobachteten Schwingungen und versuchen ein Modell vom unzugänglichen Inneren mit einer Struktur und elastischen Eigenschaften zu konstruieren, das Töne

Die Schwingungen der Erde

Seit dem massiven chilenischen Erdbeben vom Mai 1960 wußte man, daß sehr große Erdbeben energiereich genug sind, die gesamte Erde in einer Art und Weise zu erschüttern, die für Seismographen wahrnehmbare Bewegungen des Bodens hervorrufen. Eine moderne Methode mit zentraler Bedeutung für die Ableitung der Eigenschaften des Erdinneren analysiert die verschiedenen „Töne" der Erde, wenn sie durch ein Erdbeben in Schwingungen versetzt wird.

Ich erinnere mich gut an die Freude, die ich bei der Suche nach der fundamentalen Schwingungsfrequenz (Eigenschwingung) der Erde im Anschluß an das chilenische Erdbeben von 1960 empfand. Meine Vorgehensweise bestand in der Anwendung mathematischer Methoden bei der Suche nach in den Seismogrammen versteckten Schwingungen, die für dieses Erdbeben von einem sehr langperiodischen Pendel in der Grotta Gigante nahe Triest in Italien aufgezeichnet wurden. Die längsten dabei gefundenen Schwingungsperioden der gesamten Erde betrugen 44,0 und 54,0 Minuten; sie sind in der ersten Spalte der Abbildung 6.17 dargestellt. Allerdings fand ich auch viele „Obertöne", wie jene, die in der zweiten Spalte aufgeführt sind. Diese Obertöne der Erde entstehen

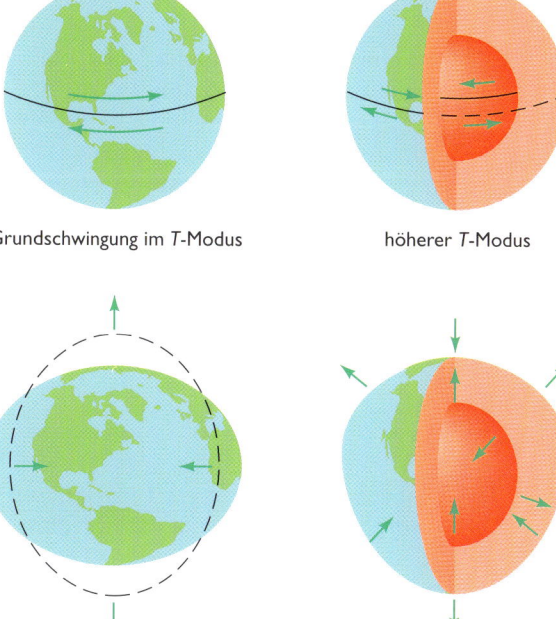

Grundschwingung im T-Modus   höherer T-Modus

Grundschwingung im S-Modus   höherer S-Modus

6.17 Schwingungen der Erde können die Form eines T-Modus annehmen, der ausschließlich durch horizontale Versetzungen der Gesteine gekennzeichnet ist, oder eines S-Modus, der sich in Versetzungen entlang des Erdradius zusammen mit horizontaler Versetzung äußert.

hervorbringt, die mit den beobachteten Frequenzen übereinstimmen.

Obwohl dieses inverse Problem aufgrund der Zahl verschiedener Modelle schwer zu handhaben ist, wurden durchaus Fortschritte erzielt. Jedesmal, wenn ein großes Erdbeben die freien Schwingungen der Erde in Gang setzt, bringt das globale System der seismographischen Stationen eine fruchtbare Ernte an Resonanzmessungen ein. Noch im Jahre 1960 dienten die Messungen der Erdschwingung der Überprüfung der generellen Struktur des Erdinneren, die bereits aus der Laufzeit der *P*- und *S*-Wellen abgeleitet worden war.

Die Messungen der Erdvibrationen liefern uns noch einen weiteren aufschlußreichen Einblick in die Gesteinseigenschaften tief in der Erde. Da sich die Vibrationen über mehrere Stunden hinweg verlieren, erhält man gleichzeitig die dämpfenden Eigenschaften der Gesteine im Erdinneren. Diese Werte ermöglichen wiederum eine Abschätzung der Viskosität von Gesteinen in verschiedenen Tiefen. In der Zukunft werden zuverlässige Messungen dieser Viskositäten dazu beitragen, die Konvektionsbewegungen im Mantel, die der Motor der Tektonik an der Erdoberfläche sind, zu modellieren.

Dreidimensionale Bilder vom Erdinneren

Wir haben gesehen, wie Erdbeben zur Erforschung der tiefen Strukturen genutzt werden, die in jedem Schnitt durch die Erde zu sehen sind: Mantel, äußerer und innerer Kern. Das daraus resultierende Bild der Erde besteht, wie in Abbildung 6.3 dargestellt, aus konzentrischen Schalen radial-symmetrischer Strukturen. Obwohl es sich um eine vereinfachte Darstellung handelt, liegt hier die Basis zum Verständnis der Entwicklungsgeschichte unseres Planeten. Wie wir bereits in Kapitel 5 gesehen haben, sind die Oberfläche und Kruste der Erde alles andere als

Tabelle 6.1: Hauptschalen der Erde

Bezeichnung	Tiefe in Kilometern	physikalischer Zustand
Kruste	5–11 (Ozeane)	fest
	0–40 (Kontinente)	fest
Oberer Mantel: nicht zur Kruste gehörige Lithosphäre	Moho bis 150 km	fest
Asthenosphäre	150–670	fest (im oberen Teil nahe Schmelzpunkt)
Unterer Mantel	670–2780	fest
Übergangszone	2780–2885	fest (geringere Geschwindigkeiten)
äußerer Kern	2885–5155	flüssig
innerer Kern	5155–6371	fest

radial-symmetrisch. Demnach sind auch ihre Eigenschaften je nach Lage des Schnittes durch die Erdkruste unterschiedlich. Aus diesem und anderen Gründen können wir annehmen, daß es auch in größeren Tiefen laterale Unterschiede in den Gesteinseigenschaften gibt. Für eine vollständige Karte der Architektur des gesamten Erdinneren müssen wir daher von der zweidimensionalen zu einer dreidimensionalen Vorstellung übergehen.

In den letzten zehn Jahren kam es zu bemerkenswerten Fortschritten bei der Entschlüsselung dieser lateralen Variationen, besonders im Oberen Mantel, aber auch um den Erdkern. Geologen haben sogar Hinweise auf Asymmetrien im inneren Kern gefunden. Diese aufsehenerregenden Entwicklungen sind die Erfüllung der Träume früher Geophysiker wie Oldham, Milne, Jeffreys, Gutenberg und Lehmann. Sie wurden durch die Kooperation des weltumspannenden Netzwerks geeigneter Seismographen ermöglicht. So ein Netzwerk mit digitalen Instrumenten, das in der Lage ist, innerhalb eines breiten Frequenzbandes weit entfernte Erdbeben oberhalb der Magnitude sechs aufzuzeichnen, ist heute weitgehend flächendeckend installiert – zumindest auf den Landoberflächen.

Wissenschaftliche Disziplinen machen sich häufig Technologien und Analysetechniken zunutze, die in einem anderen Wissenschaftszweig entwickelt wurden. So verhält es sich auch mit den Bemühungen, mit Hilfe von Erdbeben das Erdinnere zu erforschen. In diesem Fall ist die wirksame neue Forschungsmethode die Tomographie, die in der Medizin zur Untersuchung des menschlichen Körpers und im Ingenieurwesen zur Detektion von Materialfehlern entwickelt wurde. In der modernen medizinischen Diagnostik kommt diese Technik als Computertomographie (CT) bei der Suche nach und bildlichen Darstellung von Anomalien im Körper zum Einsatz. Sensoren auf einer Seite des Körpers erkennen, auf welche Weise Veränderungen in der Dichte oder den Absorptionseigenschaften des menschlichen Gewebes die Intensität von Röntgenstrahlen oder atomaren Partikeln beeinflussen, die auf der anderen Seite erzeugt werden. In gleicher Weise werden in der Geophysik Wellen, die durch Erdbeben entstanden sind, nach ihrem Weg durch das Innere der Erde von seismographischen Observatorien rund um die Erdoberfläche aufgezeichnet.

In der Vorbereitungsphase zur Untersuchung des menschlichen Körpers auf anomale Organveränderungen planen Mediziner die Stellung der Instrumente um das zu untersuchende Organ sehr sorgfältig. Anders als ihre medizinischen Kollegen können Seismologen den Herd der seismologischen Untersuchungen nicht frei wählen; sie müssen sich mit großen Erdbeben zufriedengeben, die in relativ begrenzten, seismisch aktiven Gebieten der Welt vorkommen. Dennoch sind die beiden Techniken im Grunde sehr ähnlich. In beiden Fällen wird aus den Eigenschaften der Wellen, die vom Sender bis zum Empfänger gewandert sind, ein numerisches Bild der inneren Strukturen rekonstruiert. Der Seismologe verfügt neben seismischen Oberflächenwellen, die entlang verschiedener Wege im oberen Bereich der Erde wandern, auch über die tief in die Erde eindringenden P- und S-Wellen.

Ein herkömmlicher medizinischer Röntgenstrahl projiziert ein zweidimensionales Bild des lebenden Organs auf Film; überlappende Strukturen erschwe-

ren dabei die Interpretation. Bei der CT werden die Röntgenstrahlen entlang verschiedener Wege mehrfach durch das Zielorgan geschickt. So wird das Körperinnere in Scheiben erfaßt und im Computer gespeichert. Werden diese Scheiben auf entsprechende Weise zusammengesetzt, entsteht ein dreidimensionales Bild der Strukturen. Die geophysikalische Tomographie nutzt analoge Methoden, um dreidimensionale Heterogenitäten innerhalb der Erde darzustellen. Wellen aus vielen Erdbebenherden werden untersucht und danach ausgewählt, ob sie durch die Regionen führen, wo die ungewöhnliche geologische Struktur kartiert wird. Sehr leistungsfähige Computer ermöglichen den Vergleich einer großen Anzahl von Wellenmessungen der weltweiten seismographischen Stationen, nicht nur von einem Erdbeben, sondern aus vielen seismischen Quellen. P-Wellen, S-Wellen und deren Reflektionen – wie PP, SS und ScS – können alle in mathematischen und statistischen Analysen berücksichtigt werden.

Die Anwendung der Tomographie auf das Erdinnere unterscheidet sich noch in einer weiteren Beziehung deutlich von ihrer Anwendung in der Medizin, nämlich hinsichtlich der gemessenen physikalischen Parameter. Bei den meisten medizinischen Aufnahmen absorbiert die anomale Gewebestruktur die Energie der Röntgenstrahlen oder anderer Strahlen stärker als gesundes Gewebe. Somit ist es die Absorption der Wellen, die gemessen wird. In der seismologischen Anwendung hat sich – obwohl ungewöhnliche Strukturen mehr Energie absorbieren können und die Wellen weiter abschwächen – noch keine Möglichkeit ergeben, wie sich diese Unterschiede nutzen lassen. Statt dessen wird die Änderung der *Geschwindigkeit* von seismischen Wellen entlang ihrer Fortpflanzungspfade gemessen. Die Ergebnisse werden folgerichtig als „schnelle" oder „langsame" geologische Strukturen im Erdmantel beschrieben. Im Erdinneren weist ein Netz kreuz und quer verlaufender seismischer Wellenwege auf Bereiche hin, wo die individuellen Wege von den durchschnittlichen Wellengeschwindigkeiten abweichen. Die Beweiskraft dieser Methode wird deutlich, wenn man berücksichtigt, daß eine Abweichung von der durchschnittlichen Gesteinsgeschwindigkeit

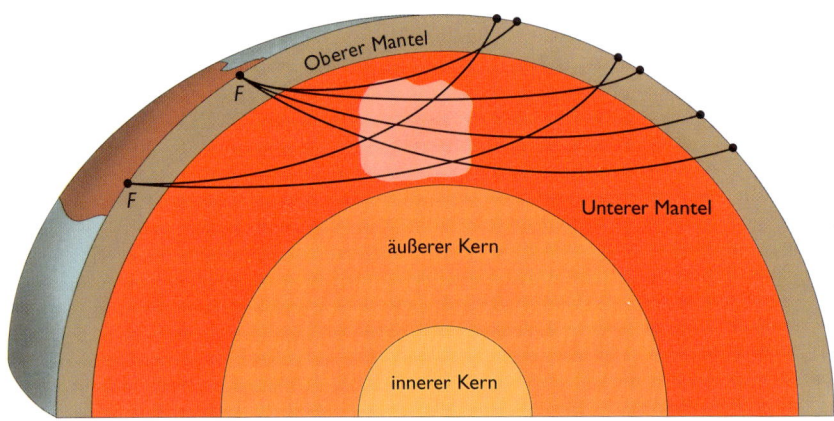

Oberer Mantel

F

F

Unterer Mantel

äußerer Kern

innerer Kern

6.18 Seismische Wellenpfade, die durch die helle Region des Unteren Mantels führen, erzeugen ein tomographisches Bild dieses Bereiches.

überall entlang des Wellenweges auftreten könnte. Wird der Wellenweg durch einen anderen gekreuzt, der die gleiche Abweichung von den vorgegebenen Laufzeitwerten aufweist, begegnen sich die beiden Wellenwege wahrscheinlich in dem interessierenden Bereich.

Die dreidimensionale terrestrische Tomographie kann auch mit Hilfe der Streuung von Oberflächenwellen durchgeführt werden. In Abbildung 6.8 sind die durchschnittlichen Geschwindigkeiten von Rayleigh- und Love-Oberflächenwellen dargestellt. Da diese Wellen über die Erdoberfläche wandern, stellen die Kurven die mittleren Geschwindigkeiten entlang von Großkreisen zwischen einem Erdbebenherd und der Aufnahmestation dar.

Schon bald nachdem man begonnen hatte, die Geschwindigkeiten von Oberflächenwellen zu messen, stellte man fest, daß sie sich von einem Großkreis zum anderen veränderten, was darauf hindeutete, daß die geologischen Strukturen zumindest in den äußeren Bereichen der Erde von Region zu Region auffällig unterschiedliche Eigenschaften besitzen. In Kapitel 5 haben wir gesehen, wie aus den Streukurven von Oberflächenwellen abzuleiten war, daß die Kruste unter den Ozeanen im Durchschnitt dünner ist als unter der Kontinentalmasse. Die neue Generation digitaler Seismographen ermöglicht die Aufnahme erheblich größerer Wellenlängen,

so daß es möglich ist, detaillierte Strukturänderungen im Mantel durch den Vergleich der Streuungseigenschaften von Oberflächenwellen entlang vieler sich kreuzender Wege um den Globus zu bewerten.

Die Konvektionsströme im Mantel

Aus solchen tomographischen Studien lassen sich im Erdinneren Bereiche kartieren, in denen sich die Wellen schneller oder langsamer als im Durchschnitt bewegen. Diese Karten werfen unmittelbar Licht auf eines der am heftigsten debattierten Phänomene bei der Erforschung des Erdinneren: die Konvektionsströme im Mantel.

Die Postulierung eines teils flüssigen oder plastischen Erdinneren früher Modelle führte unweigerlich zu der Überlegung, daß es sich um eine sehr langsame Zirkulation der viskosen Masse im Mantel handeln mußte, vergleichbar mit Konvektionsströmen in einem Topf kochenden Öls. Innerhalb der Erde würde demnach Wärme aus der Tiefe des Mantels in „Konvektionszellen" über Tausende von Kilometern aufwärts transportiert. In diesen Zellen würde erhitztes viskoses Material in einem Kreislauf von den heißeren und tieferen Regionen zu den kühleren an der Oberfläche fließen. Da durch den Auftrieb die spezifisch leichteren Materialien, ob flüssig oder fest, an der Oberfläche gehalten würden, ging man davon aus, daß das silikatische Gestein in der Kruste im Durchschnitt eine geringere Dichte besitzt als das Gestein der unteren (möglicherweise eisenreichen) Schichten. Diese Überlegungen, die sich schließlich anhand von Erdbebenstudien bewahrheiteten, wurden durch Beobachtungen an Lavaseen in Vulkanen wie dem Vesuv und Kilauea zusätzlich bestätigt, wo sich über der viskosen geschmolzenen Lava häufig eine Kruste bildet.

Das Modell von gewaltigen, sich langsam wälzenden Konvektionszellen im oberen Teil der Erde fiel in der ersten Hälfte des 20. Jahrhunderts in Ungnade, obwohl es für den Kern schnell akzeptiert wurde. Die einfache Fortpflanzung von *S*-Wellen durch den Mantel sprach gegen seinen flüssigen Zustand, der, wie man dachte, für die Konvektion notwendig war. In jüngster Zeit haben Wissenschaftler die Möglichkeit sehr langsamer Konvektionen des plastischen, jedoch festen Gesteins in den oberen Schichten und darunter erneut erwogen. Die meisten haben die Konvektionsströme nun akzeptiert. Dieses Umdenken bezüglich der inneren Bewegungen hing entscheidend von den Anhaltspunkten aus den Erdbenenwellen ab.

Da kühlere Gesteine kontrahiert sind, haben sie eine größere Dichte und werden schneller von seismischen Wellen durchlaufen. Weil man mit tomographischen Untersuchungen Bereiche sich ändernder Wellengeschwindigkeit identifizieren kann, besteht die Möglichkeit, das in den großen Konvektionszellen aufwärts strebende, wärmere Material und das kühlere, absinkende Material darzustellen. So liefern die dreidimensionalen tomographischen Bilder aus Bereichen tief unter Kontinenten und Ozeanen, unter mittelozeanischen Rücken und Inselbögen zum ersten Mal Hinweise auf die frühere und heutige Dynamik des Planeten.

Um aus den tomographischen Ergebnissen ein Maximum an Information zu erhalten, müssen die Wissenschaftler die Änderungen der Wellengeschwindigkeit auf einfallsreiche Weise darstellen. Hierzu müssen

sie sich ein Bild sämtlicher dreidimensionaler Formen und der Ausmaße außergewöhnlicher Regionen machen und in der Lage sein, die Variationen in der seismischen Geschwindigkeit zu kennzeichnen. Viele neue Farbgraphikprogramme mit unterschiedlichen Perspektiven stehen dazu mittlerweile zur Verfügung. Beeindruckende Beispiele finden sich in neueren Arbeiten, die auf Messungen von Erdbeben-Oberflächenwellen zwischen Paaren globaler digitaler Stationen basieren.

Die Graphik in Abbildung 6.19 mit kontrastreichen dreidimensionalen Schwankungen wurde aus der noch immer begrenzten Anzahl von Studien ausgewählt, aus denen brauchbare Farbdiagramme hervorgingen. Da dieses Thema in der Forschung momentan höchst aktuell ist und tomographische Methoden immer besser beherrschbar sind, werden im kommenden Jahrzehnt sicherlich viele weitere Daten zur Verfügung stehen. Das vorliegende Beispiel stammt aus einer Veröffentlichung von Professor Toshiro Tanimoto, der heute an der University of California in Santa Barbara forscht. In Eigenarbeit und mit Kollegen hat er um die 18 000 Messungen von Oberflächenwellen durch Breitbandseismographen aufnehmen lassen. Er teilte daraufhin den Oberen Mantel bis zu einer Tiefe von ungefähr 500 Kilometern in 10 000 kleine Raumeinheiten auf, sogenannte „volume elements". Der nächste Schritt bestand darin, für jede dieser Einheiten die Abweichungen von der durchschnittlichen *S*-Wellengeschwindigkeit zu bestimmen. Diese Geschwindigkeitsänderungen wurden durch 1 000 zunächst unbekannte Parameter definiert, die dann für jede Raumeinheit mit Hilfe moderner Workstations problemlos aus den Messungen der Oberflächenwellen berechnet wurden. Diese Methode ermöglicht die Kartierung auffälliger Zonen mit einer lateralen Auflösung von ungefähr 7 000 Kilometern und einer vertikalen von etwa 100 Kilometern.

In Abbildung 6.19 wurden die räumlichen Veränderungen mit Hilfe einer speziellen Farbwiedergabe kenntlich gemacht. Flächen, die Volumen konstanter *S*-Wellenabweichungen durchziehen, sind auf einer Karte auf der Grundlage der Mercator-Projektion

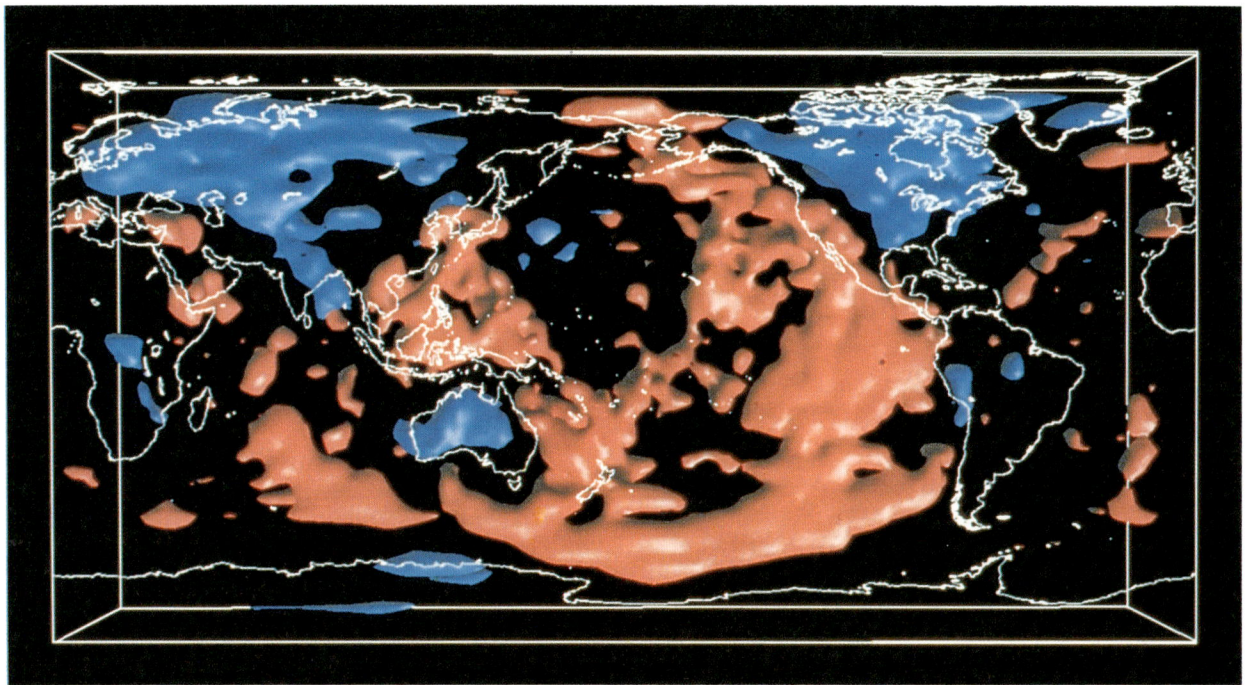

6.19 Diese dreidimensionale Darstellung des oberen Teils der Erde ist auf der Basis der Mercator-Projektion entstanden; sie reicht bis in 410 Kilometer Tiefe. In den roten Regionen sind die *S*-Wellengeschwindigkeiten aufgrund der Gesteinseigenschaften niedriger (heißes Gestein). In den blauen Regionen sind die *S*-Wellengeschwindigkeiten höher (kaltes Gestein). Auffällig ist das heißere Gestein um den Rand des Pazifischen Ozeans.

dargestellt. Rot bedeutet eine Abweichung von –1,1 Prozent und blau eine Abweichung von +1,9 Prozent von der durchschnittlichen *S*-Wellengeschwindigkeit. Sofort sind auffällige Korrelationen erkennbar. Die Zone niedriger Geschwindigkeiten (rot) umspannt mehr oder weniger den Pazifischen Ozean; die Verringerung der Geschwindigkeit resultiert aus Mantelgesteinen der oberen 400 Kilometer, die überdurchschnittlich heiß sind. Die Hawaii-Inseln werden ebenfalls von einer ungewöhnlich heißen Asthenosphäre unterlagert. In scharfem Kontrast dazu stehen die alten präkambrischen Schilde Kanadas, Australiens und Südamerikas, die bis in eine Tiefe von 400

Kilometern auf ausgedehnten Bereichen mit leicht erhöhter Erdbebenwellengeschwindigkeit treiben. Diese Befunde würden bedeuten, daß die Gesteine im Oberen Mantel unter den alten Kontinentalmassen kälter sind als andernorts.

Es kann nicht genug betont werden, was die Bestrahlung des Erdinneren unter Nutzung dreidimensionaler tomographischer Methoden für den Prozeß geologischer Entdeckungen gebracht hat. Die massiven Einschränkungen durch den Gebrauch von Modellen der Erde, die lediglich radial-symmetrische Veränderungen der physikalischen Eigenschaften ermöglichten, sind nun überwunden. Das vielleicht deutlichste Beispiel des Fortschritts ist die wachsende Fähigkeit, ein realistischeres Bild der großen Konvektionszellen im Erdinneren zu kreieren. Auch wenn die Theorie der Plattentektonik Erklärungen für viele großräumige geologische Strukturen lieferte, einschließlich der Verteilung von Erdbeben und Vulkanen rund um den Globus, so fehlte die treibende Kraft. Warum haben sich die Platten so geformt, wie sie es taten? Warum bewegen sie sich in die

Richtungen, in die sie treiben? Und warum bewegen sie sich mit den gemessenen Geschwindigkeiten? Die ersten Bemühungen, diese Fragen mit der Annahme von Konvektionsströmen im Mantel als treibender Kraft zu beantworten, beruhten lediglich auf einfachen eindimensionalen oder groben, zweidimensionalen Modellen. Beispielsweise ließe sich annehmen, daß die Gesteine auf einer einzigen horizontalen Bahn vom mittelozeanischen Rücken zu der abtauchenden Subduktionsplatte fließen. Ein Blick auf die Weltkarte der tektonischen Platten (Abbildung 5.12) macht jedoch sofort die große Vielfalt ihrer Ausmaße und Bewegungsrichtungen deutlich.

Anhand der Analyse einer enormen Anzahl von Wellenwegen vieler Erdbebenherde wurde bereits gezeigt, daß die Konvektionszellen in ihrer Größe und Lage im Mantel variieren. Das heiße und kalte Material bewegt sich relativ zueinander in vielen lateralen Richtungen. Es gibt nicht immer eine exakte Übereinstimmung zwischen den Zentren der treibenden Platten und den Oberseiten der Zellen, und das abgekühlte Gestein im Mantel fließt nicht zwangsläufig entlang einfacher vertikaler Flächen zurück in größere Tiefen.

Tomographische Methoden helfen aber auch, die Frage zu beantworten, ob sich die konvektive Zirkulation des Materials im Erdmantel ohne Unterbrechung von der Grenze des Kerns bis zur Lithosphäre fortsetzt oder ob es an der Basis der Asthenosphäre, 670 Kilometer unter der Erdoberfläche, eine Grenze gibt, die die größeren Fließmuster im Unteren Mantel von kleinen Konvektionszellen darüber trennt. Dieser Art von Forschung ist eine glänzende Zukunft beschieden. Es ist hinreichend bekannt, daß die zusätzlich benötigte tomographische Auflösung durch die weltweite Einrichtung von weiteren digitalen Breitbandseismographen erzielt werden kann, insbesondere mitten in den Ozeanen, wo es momentan keine Aufzeichnungen gibt. Es ist zu erwarten, daß die Hauptfließmuster in der Erde innerhalb des nächsten Jahrzehnts entschlüsselt werden.

7

Vorhersage starker Bodenbewegungen

7.1 Die Suche nach verschütteten Bewohnern eines Betongebäudes im Anschluß an das Mexiko-Erdbeben von 1985.

Bei der Vorhersage von Erdbeben denken die meisten Menschen nur an den Versuch, Ort, Zeitpunkt und Bebenstärke zukünftiger Erdstöße zu prognostizieren. Von gleicher Bedeutung wäre jedoch auch die Vorhersage der Spannungsverteilung und Dauer von Bodenbewegungen. Vorhersagen sind nicht nur ein Zeichen für die Güte einer ausgewachsenen wissenschaftlichen Disziplin, sondern tragen auch entscheidend zum Verständnis darüber bei, wie sich die Intensität eines Erdbebens von Ort zu Ort ändern wird und welche Zerstörungsmuster voraussichtlich entstehen.

In erdbebengefährdeten Gebieten müssen kritische Bauwerke wie Krankenhäuser, große Brücken, Dämme, Hochhäuser, Kraftwerke und Ölbohrinseln so konstruiert sein, daß sie der Bodenbewegung großer Erdbeben widerstehen. Bei der Planung erdbebensicherer Gebäude in einem bestimmten Gebiet stützen sich die Ingenieure daher auf die Schätzungen der stärksten Erschütterungen, die ein geplantes Bauwerk unter Umständen während seiner Lebenszeit erfahren wird.

Kartierung seismischer Intensität

Der erste, heute immer noch häufig angelegte Maßstab für die Stärke von Erdbeben ist die seismische Intensität. Sie ist Maß für die Gebäudeschäden, die Verwüstung der Erdoberfläche und dafür, wie stark die Menschen das Beben empfinden. Die Intensität wird nicht direkt gemessen, sondern durch die Auswirkungen in der meizoseismischen Zone, dem Bereich der stärksten Erschütterungen, bestimmt. Auf diese Weise können Intensitäten auch für historische Erdbeben rekonstruiert werden.

Die erste allgemeingültige Intensitätsskala wurde in den achtziger Jahren des vorigen Jahrhunderts von dem Italiener M. S. Rossi und dem Schweizer Francis Forel entwickelt. Diese Skala reicht von I bis X und wurde im Jahre 1906 zur Kartierung der Intensität des Erdbebens von San Francisco herangezo-

gen. Zur Einordnung eines bestimmten Erdbebens auf der Skala sammelt der Seismologe eine Vielzahl leicht erfaßbarer Auswirkungen des Bebens: der Prozentsatz der Menschen, die es wahrnahmen, und ihre physische Reaktion (liefen sie zum Beispiel nach draußen?), die Erschütterung von Haushaltsgegenständen, die Beschädigung an Schornsteinen und nicht bewehrtem Mauerwerk und so weiter. Diese Beschreibungen werden dann mit den Kriterien der einzelnen Werte auf der Intensitätsskala verglichen und der Wert mit der größten Übereinstimmung bestimmt.

Eine verbesserte Skala wurde 1902 von dem italienischen Vulkanologen und Seismologen G. Mercalli entwickelt; sie reicht von I bis XII. Die von H. O. Wood und Frank Neumann zur Anpassung an Gebäude und soziale Bedingungen in Kalifornien modifizierte Version können Sie dem Anhang entnehmen. (Sie ist aber nicht an sämtliche Bedingungen dort angepaßt. Im Anschluß an ein Erdbeben in der abgelegenen nördlichen Sierra Nevada rief mich ein aufgeschreckter Bewohner an und fragte: »Welchem Wert auf der Modifizierten Mercalli-Skala entsprechen Erdbebengeräusche, die sich anhören, als ob sie von einem auf dem Dach herumkletternden Bären stammen?«) In Europa und Ländern wie Japan, wo sich die Bedingungen von denen in Kalifornien unterscheiden, kommen andere Intensitätsskalen zum Einsatz.

Die Intensitäten in einer betroffenen Gegend werden entsprechend den Beschreibungen auf der jeweiligen Skala eingestuft. Die Bereiche, denen verschiedene Werte zugeordnet wurden, werden dann durch Linien getrennt, so daß eine Isoseisten-Karte (Linien mit gleicher Intensität, früher: isoseismische Linien) entsteht. Diese Karte liefert grobe, jedoch wertvolle Informationen über die Verteilung starker Bewegungen, die Auswirkungen von Böden und darunter liegenden geologischen Formationen, das Ausmaß des Störungsbruchs und andere Faktoren, die aus bauplanerischer Sicht von Bedeutung sind.

Da Augenzeugenberichte subjektiv sind und der Umfang der Schäden von den sozialen und baulichen

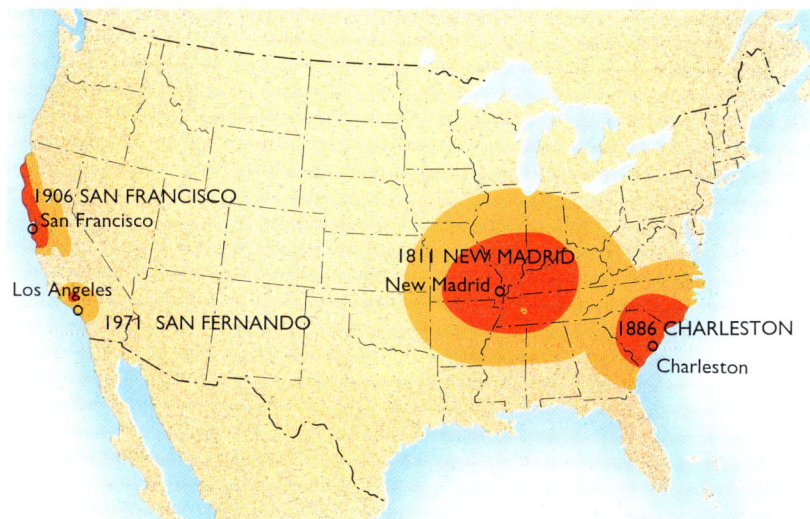

7.2 Isoseismen der Erdbeben von San Francisco (1906), San Fernando (1971), New Madrid (1811–1812) und Charleston (1886). Die Konturen verbinden Bereiche gleicher Modifizierter Mercalli-Intensität. Jeder rote Bereich entspricht dabei einer Intensität von VII oder mehr und jeder hellbraune Bereich einer Intensität von VI. Schwächere Bodenerschütterungen breiten sich im Osten der Vereinigten Staaten noch über erheblich größere Gebiete aus.

Verhältnissen eines Landes abhängt, haben sie als quantitatives Maß der seismischen Wellenbewegung offensichtliche Nachteile. Besonders Aussagen über Wellenfrequenzen, Dauer der starken Erschütterungen, das Verhältnis von vertikaler zu horizontaler Energie ebenso wie von geradliniger zu rotierender Bewegung lassen sich nur unzureichend treffen – Informationen, auf die die Statiker angewiesen sind. Hier wird deutlich, daß Aufzeichnungen von Instrumenten für ein vollständiges Bild der Bodenerschütterung unabdingbar sind.

Bestimmung der Erdbebenbewegung

Seit ihrer Konstruktion in den dreißiger Jahren lassen sich mit den *strong motion*-Beschleunigungsmessern herdnahe Erschütterungen starker Erdbeben aufzeichnen, bei denen die Bodenbeschleunigung die Erdbeschleunigung bei Frequenzen zwischen fünf und 20 Hertz überschreiten kann. Die Anzahl dieser Beschleunigungsmesser stieg in Erdbebenländern weltweit langsam bis in die sechziger Jahre an, bis

der Bedarf nach mehr Information über starke Bodenerschütterungen die Entwicklung solcher Instrumente durch Seismologen und Ingenieure beschleunigte. Weltweit sind nunmehr ungefähr 5000 Geräte im Einsatz. Zur Zeit befinden sich allein in Kalifornien mehr als 600 *strong motion*-Beschleunigungsmesser im Gelände. Untereinander vernetzte Anordnungen von Beschleunigungsmessern sind in oder auf mehr als 50 Gebäuden, Brücken und Dämmen in Betrieb. Die erste und umfangreichste Gruppe von Beschleunigungsmessern erfaßt dabei nur die tatsächlichen Erdbebenwellen, unbeeinflußt von den Erschütterungen nahegelegener großer Bauwerke. Diese Geräte sind Zehner bis sogar Hunderte von Kilometern voneinander entfernt. Im Gegensatz hierzu stehen die Meßeinheiten innerhalb eines Bauwerks lediglich im Abstand von wenigen Dutzend Metern, so daß sie die bei Erdbeben vom Fundament ausgehenden einzelnen Vibrationen des Gebäudes messen können. Beide Meßmethoden sind für die erdbebensichere Planung unentbehrlich.

Instrumentelle Aufzeichnungen allein reichen für die Vorhersage der Erdbebenintensität allerdings nicht aus. Die Bodenbewegungen müssen auch interpretiert werden. In größerer Entfernung vom Erdbebenherd sind Seismogramme im allgemeinen recht einfach aufgebaut; sie setzen sich aus einer Anzahl leicht abzugrenzender Wellentypen zusammen. Im Gegensatz hierzu ist die Bodenbewegung in der Nähe eines großen Erdbebenherdes meistens recht kompliziert. Häufig ist es sogar schwierig, für die Auswertung der komplexen seismischen Wellen überhaupt einen Ansatz zu finden, und man muß sich auf allgemeine Aussagen beschränken. Da sich die Grenzen der Forschung seit jeher an ungelösten Problemen orientieren, legt man in der Seismologie heute großen Wert auf die Erforschung starker seismischer Bewegungen. Wissenschaftler versuchen sich weltweit an der Aufgabe, das Maß von Erdbebenerschütterungen in bekanntem geologischen Umfeld vorherzusagen. Von Anfang an lieferten *strong motion*-Beschleunigungsmesser dafür zwei Informationen, die einem Seismogramm leicht zu entnehmen sind: die Maximal- oder Spitzenbeschleunigung und die Dauer der Erschütterung. Beides sind einfache numerische Werte, an denen sich Bauingenieure eher orientieren können als an langen Beschreibungen der eigentlichen komplexen seismischen Bodenerschütterungen.

Ein Gebäude in Ruhelage erfährt keine Beschleunigung; es befindet sich mit der gravitativen Anziehungskraft und den Druck- und Zugfestigkeiten seiner tragenden Elemente im Gleichgewicht. Bei einem Erdbeben wirken seismische Kräfte auf die Stützen im Fundament des Bauwerks. Da diese Kräfte proportional zur Bodenbeschleunigung sind, ist die Spitzenbeschleunigung der seismischen Wellen zu einem einfachen Parameter geworden, der von Ingenieuren häufig zur Definition der Bodenbewegung herangezogen wird. Die Bodenbeschleunigung und mit ihr die seismischen Kräfte greifen gleichzeitig in horizontaler und vertikaler Richtung an den Fundamenten an. Da Gebäude so geplant werden, daß sie der nach unten ziehenden Gravitation widerstehen und somit auch vertikalen Kräften ganz allgemein, ist es die horizontale Bodenbeschleunigung, die für das Entstehen von Schäden ausschlaggebend ist.

Das Maß der Spitzenbeschleunigung kam in den sechziger Jahren auf, als erst wenige *strong motion*-

Aufzeichnungen existierten. In vielen erdbebengefährdeten Ländern wurden bestimmte Aufzeichnungen sogar zu Standards, auf deren Grundlage die Planungsanforderungen von Bauwerken festgelegt wurden. Den bekanntesten Standard bildet die *strong motion*-Aufnahme des Imperial-Valley-Erdbebens von 1940, das eine Magnitude von 6,7 aufwies und von einem Beschleunigungsmesser im ungefähr sechs Kilometer entfernten kalifornischen El Centro aufgezeichnet wurde. Dieser Standard war in der Anwendung so weit verbreitet, daß ich bei Besuchen in Forschungslaboratorien anderer Länder nie überrascht war, wenn mir „die El-Centro-Aufnahme" präsentiert wurde. Die horizontale Spitzenbeschleunigung des Bodens betrug 0,3 g (33 Prozent der Erdbeschleunigung), wobei die starken Erschütterungen ungefähr 30 Sekunden andauerten.

Nachdem in den vergangenen Jahren die *strong motion*-Beschleunigungsmesser weltweite Verbreitung erreichten, war es nunmehr möglich, Aufzeichnungen auch von zahlreichen mittelschweren und einigen großen Erdbeben zu erhalten. Eine Spitzenbeschleunigung von 0,5 g oder 50 Prozent der Erdbeschleunigung wurde 1966 bei dem Parkfield-Erdbeben in Kalifornien aufgezeichnet. In den folgenden Jahren wurden sogar einige noch höhere Werte gemessen: so zum Beispiel bei dem Imperial-Valley-Erdbeben vom 15. Oktober 1979, das in vertikaler Richtung eine Spitzenbeschleunigung aufwies, die das 1,7fache der Erdbeschleunigung betrug.

Noch bei der Verfassung der amerikanischen Ausgabe dieses Buches wurde im Mai 1992 der Weltrekord durch ein Erdbeben in der Nähe des Cape Mendocino im nördlichen Kalifornien mit der Magnitude 7,0 erneut gebrochen. Während dieses Erdbebens wurde eine vertikale Bodenbeschleunigung mit einem Höchstwert von mindestens 180 Prozent der Gravitation gemessen. In den meisten Fällen werden derartig hohe Beschleunigungswerte lediglich durch eine oder zwei hochfrequente Wellen repräsentiert, die für das Gesamtmuster nicht charakteristisch sind. Jedenfalls rufen diese schmalen Spitzenwerte bei gewöhnlichen Bauwerken kaum Vibrationen hervor,

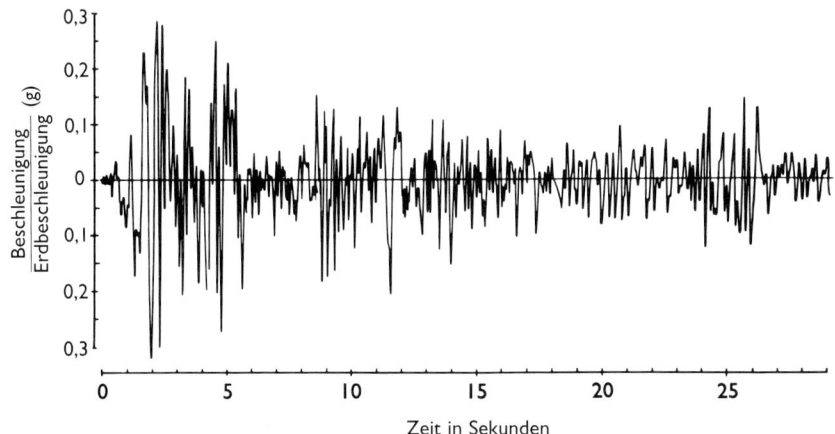

7.3 Das berühmte El-Centro-Bodenbeschleunigungsdiagramm des Erdbebens von 1940 im südlichen Kalifornien.

obwohl ein derart harter Schlag kleinere Objekte herunterwerfen oder mechanische und elektrische Einrichtungen in Mitleidenschaft ziehen kann.

Mit zunehmender Anzahl der Messungen von Bodenbewegungen kam eine andere Eigenschaft der Spitzenbewegungen ans Licht. *Strong motion*-Beschleunigungsmesser zeichnen sogar bei kleinen Erdbeben herdnah häufig hohe Beschleunigungen auf. Ein Beispiel lieferte am 24. Juni 1972 das Erdbeben von Ancona in Italien. Dieser heftige Schock erreichte lediglich eine Magnitude von 4,5, dennoch beschädigte er in der Stadt eine Reihe älterer, unbewehrter Häuser. Die registrierte horizontale Spitzenbeschleunigung betrug 61 Prozent der Erdbeschleunigung und war somit doppelt so hoch wie nahe der Störungsquelle des El-Centro-Erdbebens von 1940 (das eine Magnitude von 6,7 hatte). Beobachtungen wie diese zeigen, daß die Stärke eines Erdbebens nicht immer in direkter Beziehung zur Spitzenbeschleunigung steht.

In der Praxis ist die Kenntnis der Spitzenbeschleunigung für Ingenieure keine ausreichende Informationsgrundlage, da diese Höchstwerte häufig in hohen Frequenzbereichen auftreten und bei großen Gebäuden, wie Brücken, Dämmen und Hochhäusern, nur selten Schäden hervorrufen (mehr dazu auf Seite 168). Die Beschädigung ist häufig vielmehr an die Geschwindigkeit der Vorwärts- und Rückwärtsbewegung der Fundamente und dabei besonders an den absoluten Versetzungsbetrag gekoppelt. Deshalb beziehen die Ingenieure zusätzlich die maximale Geschwindigkeit und Versetzung des Bodens in die Planung erdbebensicherer Gebäude ein.

Beide Parameter können aus der aufgezeichneten Spitzenbeschleunigung, insbesondere über Integrale, berechnet werden. Zunächst trägt der Seismologe die Spitzenbeschleunigung während des Erdbebens gegen die Zeit auf und erhält deren zeitlichen Verlauf. Aus dieser Kurve läßt sich über Integration zu jedem Zeitpunkt die Spitzengeschwindigkeit bestimmen. Das Quadrat der Geschwindigkeit ist direkt proportional zu der seismischen Wellenenergie, die auf ein Gebäude trifft. Diese Energie wird durch die verschiedenen Spannungen im Gebäude gestreut und läßt es elastisch vibrieren, im schlimmsten Fall werden die tragenden Teile gebogen oder brechen. Aus der Geschwindigkeitsabfolge läßt sich dann, wiederum über Integration, der zeitliche Ablauf der Versetzung darstellen.

Die Bauingenieure haben versucht, den Auswirkungen hoher Bodenbeschleunigungen entgegenzuwirken, indem sie ihre Bauwerke auf spezielle Fundamente setzen, die das Beben vom Gebäude „trennen". Diese Idee läßt sich mindestens schon ein Jahrhundert zurückverfolgen, als viele Anti-Erdbeben Erfindungen patentiert wurden, die die Gebäude von

151

den Bodenerschütterungen „isolieren" sollten. Tatsächlich wurde dieses Prinzip von Frank Lloyd Wright bei seinem Imperial-Hotel in Tokio verwirklicht (Exkurs 1.1). Die grundlegende Idee beruht darauf, daß sich das Gebäude bei einem Erdbeben merklich versetzen kann, wobei gleichzeitig die ins Gebäude aufdringende hochfrequente Beschleunigung durch dämpfende Vorrichtungen zwischen Boden und Gebäuderahmen, die wie Stoßdämpfer beim Auto arbeiten, reduziert werden. Bei solchen Vorhaben kommt es mehr auf die Spitzenversetzung als auf die Spitzenbeschleunigung an. Bislang sind nur wenige dieser an der Basis getrennten Gebäude bei großen Erdbeben getestet worden. Die Ergebnisse waren ermutigend.

Ein Bauwerk, das dem kurzen Moment der Spitzenbeschleunigung widersteht, kann bei fortsetzender Erschütterung dennoch zerstört werden. Ein anderer wichtiger Parameter zur Beschreibung der Bodenbewegungen ist daher die Zeitdauer starker Beben. Sie ist ein Maß für die gesamte Energie der Bodenbewegungen und trägt entscheidend zum Verständnis des Ausmaßes von Gebäudeschäden bei.

Die Dauer ist gleichzeitig ein Maß für die Dimension der Wellenquelle. Wie in Kapitel 4 beschrieben wurde, werden seismische Wellen von einer Versetzung ausgestrahlt, die sich über den gesamten Bereich der aktivierten Störungsfläche erstreckt. Die Dimension der Störung steht folglich in direktem Zusammenhang mit der Gesamtzeit, über die sie seismische Wellen ausstrahlt.

Auf der Basis vieler Erdbebenaufzeichnungen zeigt sich, daß die Dauer im allgemeinen mit der Magnitude steigt. Die für die Konstruktion der Kurve zugrundegelegte Dauer bezieht sich dabei nur auf die starke Beschleunigung mit Einfluß auf die Beeinträchtigung von Bauwerken. Dieses Zeitintervall ist normalerweise erheblich kürzer als die Dauer der Erschütterung, die bei einem Erdbeben von Menschen wahrgenommen wird, da sie Bewegungen mit Beschleunigungen spüren, die weit unter einem Tausendstel der Erdbeschleunigung liegen – viel zu klein, um einem Bauwerk zu schaden.

Wenn sie gegen die Zeit aufgetragen werden, geben Parameter wie die Spitzenbeschleunigung, Spitzengeschwindigkeit, Spitzenversetzung und Dauer den Ablauf der Bodenbewegung eines starken Erdbebens vollständig wieder. Der durch diese vier Parameter charakterisierte Zeitbereich (time domain) erlaubt uns den Blick durch eines der Fenster, um uns ein Bild von einem Erdbeben zu machen. Seismologen und Ingenieure wenden sich aber auch einer anderen Darstellung von Erdbeben zu, die auf Aufzeichnungen der Bodenbewegung in unterschiedlichen Frequenzen (Frequenzspektrum) beruht. Die Bewegungen während eines Erdbebens können sowohl unter zeitlichen Aspekten als auch im Hinblick auf das entstehende Frequenzspektrum (frequency oder Fourier domain) betrachtet und ausgewertet werden.

Das Frequenzspektrum einer Wellenbewegung ermöglicht uns die Analyse jeder einzelnen Komponente des gesamten Wellenmusters: Es zeigt neben der Wellenamplitude jeder Frequenz auch die individuelle Position (oder Phase) einer jeden Welle, die das Gesamtmuster aufbaut. Das wohl bekannteste Beispiel ist das Regenbogenspektrum: Weißes Licht wird durch eine Glaslinse in die Farben von Rot bis Violett zerlegt, wobei jede Farbe ihre eigene Amplitude (oder Helligkeit) und Phase hat. Auch das Spektrum starker Bodenbewegung besteht aus dem Amplituden- und Phasenspektrum. In der strong motion-Seismologie und bei der Planung erdbebensicherer Bauten wird in der Regel nur das Amplitudenspektrum betrachtet, da die Amplitude jeder Frequenz ein direktes Maß für die Art der Bauwerksvibrationen ist. Das Phasenspektrum ist allerdings in vielerlei Hinsicht auch wichtig. Es bestimmt das seismische Wellenmuster.

In Kapitel 2 haben wir betont, daß die unterschiedlichen Wellen in einer Reihenfolge ankommen, die von der Geschwindigkeit des jeweiligen Wellentyps, seien es P-, S- oder Oberflächenwellen, abhängt. Eine strong motion-Aufzeichnung weist somit Energie-Ausschläge auf, die durch den Wellentyp und die Lage des Instruments in bezug auf den Erdbebenherd festgelegt sind. Das vollständige Wellenmuster ist im Phasenspektrum enthalten.

Das Muster der Wellen- oder Phasenankunft ist ein wichtiger Faktor bei der Entstehung von Gebäudeschäden, zum Beispiel von Rissen im Beton. Wenn sich das betroffene Gebäude linear-elastisch verhalten würde, wäre seine Reaktion auf die Wellen unabhängig von der Reihenfolge ihres Eintreffens. Viele Gebäude zeigen bei starken Beben aber nicht-lineares Verhalten. Wenn zum Beispiel zu Anfang eines Erdbebens heftige Erschütterungen einsetzen, büßt das Gebäude durch die Bildung von kleinen Rissen und den Verlust der Elastizität bereits an Standfestigkeit ein. Setzen sich die Erschütterungen fort, kann das vorgeschädigte Gebäude selbst bei geringer Beschleunigung oder Geschwindigkeit zusammenstürzen. Käme die schwache Bewegung einer Bodenwelle dagegen zuerst an, träfe sie auf ein unbeschädigtes Gebäude und hätte keine nachhaltigen Auswirkungen.

Die Anfänge der Interpretation komplexer Wellen

In den vierziger Jahren war es nahezu unmöglich, die zittrigen Linien auf der photographischen Aufzeichnung von El Centro als P-, S- oder Oberflächenwellen zu identifizieren oder ihre Entstehung durch den Störungsbruch nachzuvollziehen. Die Wellentypen in einem komplizierten Seismogramm sind häufig am einfachsten zu interpretieren, wenn man sie mit Wellenmustern benachbarter Standorte vergleicht. Dieser Quervergleich der Wellenformen ermöglicht die Abschätzung der Geschwindigkeit und Richtung der Wellen. Da keine Aufnahmen aus der Umgebung zur Verfügung standen und auch keine definitive wissenschaftliche Beschreibung des Erdbebens von 1940 vorlag, behagte es den Seismologen nicht, zukünftige Erdstöße über theoretische oder numerische Modelle lediglich auf Grundlage des Bebens von El Centro vorherzusagen.

Die Notwendigkeit, in Gruppen angeordnete Beschleunigungsmesser zu installieren, wurde

durch ein Erdbeben mit der Magnitude 5,5 offensichtlich, das 1966 durch Bewegungen entlang der San-Andreas-Störung nahe Parkfield in Kalifornien entstand. Die Beschleunigungsmesser saßen auf einer geraden Linie von der San-Andreas-Störung nach außen und fingen mit zunehmender Entfernung von der Störung einen auffälligen Wechsel im Wellenmuster ein.

Die in unmittelbarer Nähe der San-Andreas-Störung aufgestellten Instrumente zeigten, daß sich die Gesteine in horizontaler Richtung vorwärts und rückwärts verschoben und zwar hauptsächlich in einer einzigen, stoßartigen Bewegung senkrecht zum Streichen der Störung. Zu weiter entfernt gelegenen Instrumenten hin nahm der Puls an Intensität ab und die Dauer der starken Erschütterungen zu. Für die Planung von Bauwerken in der Nähe einer aktiven Störung stellte sich die Frage, ob diese heftigen Bodenverschiebungen typisch für Erdbeben direkt am Störungsbruch sind. Sollte die Antwort positiv ausfallen, müßte dies bei der Gebäudeplanung besonders berücksichtigt werden.

Die Seismologen erkannten in der Unbeständigkeit des Wellenmusters von Parkfield eine Quelle eindrucksvoller Einblicke in die Ausstrahlung von Wellen und die Eigenschaften des Störungsherdes. Anschließende Studien bestätigten, daß so ein heftiger horizontaler Stoß in der Nähe eines jeden Störungsbruchs erwartet werden kann. Möglicherweise hatte es sich dabei um eine SH-Welle gehandelt, die mit der Wucht der elastischen Rückformung beanspruchter Gesteine entlang der Störung zusammenhing.

Einer der entscheidenden Nachteile zu diesem Zeitpunkt war, daß die einzelnen Beschleunigungsmesser der Parkfield-Messungen nicht die absolute Zeit lieferten. Aufgrund dieses Defizits konnte zwischen den Wellen der verschiedenen Stationen keine präzise zeitliche Korrelation vorgenommen werden. Als in den siebziger Jahren endlich digitale Beschleunigungsmesser mit absoluter Zeitmessung erhältlich waren, war den Seismologen nunmehr die eindeutige und detaillierte Entschlüsselung des gesamten

Wellenmusters ermöglicht. Sie konnten sich nun die beste Anordnung ihrer Instrumente ausdenken, um die komplizierte Bewegung nahe eines Erdbebenherdes zu erfassen.

Seismographische Arrays: das moderne Erdbebenteleskop

Als Antwort auf das wachsende Interesse an genauen Messungen starker Erdbebenintensitäten veranstaltete 1978 eine Anzahl von Organisationen einen internationalen Workshop auf Hawaii, um das instrumentelle Aufgebot zur Aufzeichnung starker Bewegungen zu diskutieren. Interessierte Seismologen und Ingenieure aus vielen Ländern waren zur Teilnahme geladen und die Veranstaltung mündete in einigen nützlichen Empfehlungen. Im Konferenzbericht war vermerkt:

»Einzelne isolierte Instrumente liefern nicht genügend Information, um die Faktoren für die starken Bodenbewegungen vollständig zu erfassen. Gefragt sind multifunktionale Instrumente, Empfänger in einer zwei- oder dreidimensionalen Anordnung (Array) mit Konfigurationen, die auf die entsprechenden Bedürfnisse zugeschnitten sind. Zur Zeit ist die Anzahl solcher Anordnungen noch nicht ausreichend. Nur wenn eine größere Anzahl von ihnen einsatzbereit ist und genügend Daten gesammelt worden sind, wird die Genauigkeit von Vorhersagen der wesentlichen Erdstöße in einem begrenzten Bereich zu verbessern sein.«

Der Workshop empfahl zudem die Planung spezieller Anordnungen für günstige Standorte in seismisch aktiven Regionen der Welt. Aus diesen Überlegungen heraus entwickelte sich in den achtziger Jahren ein Fundus seismologischer Beobachtungen, die die Seismologen noch zwanzig Jahre zuvor für nicht realisierbar gehalten hätten. Innerhalb kurzer Zeit haben die wissenschaftlichen Erkenntnisse zu Theorie und Praxis starker Bodenbewegung deutlich zugenommen.

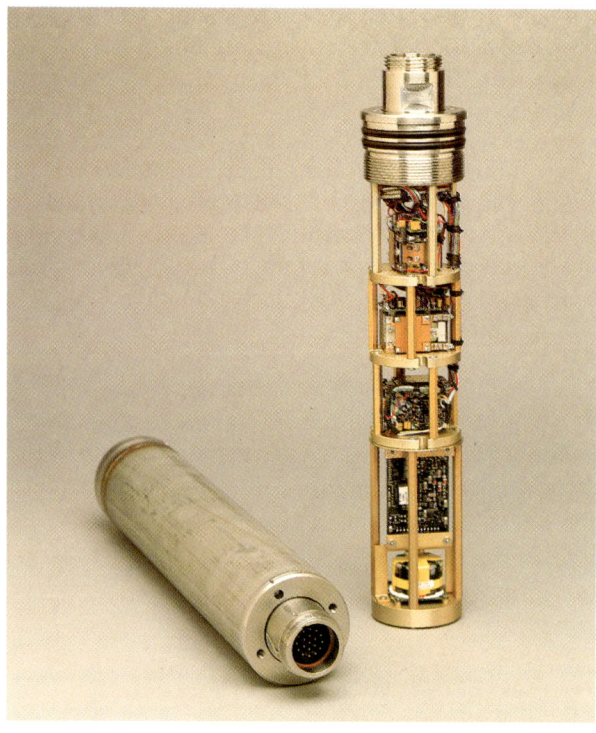

7.4 Ein moderner Bohrloch-Beschleunigungsmesser. Die träge Masse befindet sich unter einem Satz elektronischer Schaltkreise innerhalb der gelben Einfassungen am Boden der Röhre.

Die Konferenz von Hawaii beschloß, daß die aufzeichnenden Instrumente räumlich so angeordnet werden müßten, daß speziell die Wellenfrequenzen eingefangen werden, die sich für das vorliegende seismische Problem eignen. So haben hochfrequente Wellen sehr kurze Wellenlängen; lediglich 100 Meter würden die Wellenkämme einer Zwei-Hertz-Bodenwelle trennen. Um den Änderungen der Wellenformen zu folgen, dürften die Instrumente höchstens 100 Meter voneinander entfernt plaziert sein. Für eine Untersuchung der Bodenbewegung eines sehr langen Störungsbruchs mit langperiodischen Wellen bis zu 100 Sekunden müßte die Entfernung zwischen den Empfängern des Arrays bei zehn Kilometern liegen. Bei der Planung kritischer, starrer Bauwerke wie Kernkraftwerken sind beispielsweise Frequenzen von zehn Hertz zu berücksichtigen. Für derart hohe

Frequenzen wären zwischen den Beschleunigungsmessern Abstände von wenigen Zehner Metern erforderlich.

Da seismische Wellen von ihrem Weg durch das Erdinnere in verschiedenen Winkeln an der Erdoberfläche auftauchen, sind Instrumente zur Messung des auf- und abwärts gerichteten Wellenflusses auch in der Vertikalen erforderlich – zum Beispiel in Abständen entlang eines Bohrlochs. Leider sind Anordnungen in Bohrlöchern („down-hole"-Array), verglichen mit denen an der Oberfläche, nur unter hohem Kostenaufwand zu realisieren, so daß dieser Aspekt des Programms außer in Japan zunächst nur geringe Fortschritte machte. Die Installation von Bohrlocharrays wird in Kalifornien beispielsweise erst seit dem Loma-Prieta-Erdbeben von 1989 gefördert.

Die erste großräumige Anordnung digitaler *strong motion*-Seismographen wurde im September 1980 an der nordöstlichen Küste von Taiwan eingerichtet. Aufgrund ihres Standorts ist die Anordnung mit der Abkürzung SMART 1 für Strong Motion Array, Taiwan, No. 1, bezeichnet worden. Die Wahl Taiwans als seismisch sehr aktives Gebiet erwies sich als sehr

ergiebig. Seit seiner Installation hat SMART 1 mehr als 3 000 Beschleunigungsdiagramme aus über 50 Erdbeben mit Magnituden von 3,6 bis 7,0 aufgezeichnet. Die Entfernungen zu den Epizentren dieser Erdbeben variierten zwischen drei und 200 Kilometern, wobei der Herd bis zu 100 Kilometer tief lag. Die Bandbreite von Erdbebentypen und Entfernungen der Wellenausbreitung war demnach äußerst groß. Darüber hinaus resultierten die aufgezeichneten Erdbeben aus sämtlichen Typen von Herdmechanismen: von Horizontalverschiebungen, die in Kalifornien häufig auftreten, bis hin zu vertikalen Bewegungen, die eher für andere seismische Zonen typisch sind und besonders im Zusammenhang mit Subduktionszonen auftreten.

Der SMART-1-Array, in Abbildung 7.6 dargestellt, besteht aus 36 digitalen Beschleunigungsmessern, die in drei Ringen mit Radien von 100 Metern, einem Kilometer und zwei Kilometern angeordnet sind. Im Zentrum befindet sich ein zusätzliches Aufzeichnungsgerät. Die seismischen Signale werden auf gewöhnlichen Magnetbändern digital aufgezeichnet, so daß die Signale direkt im Computer gespeichert werden können.

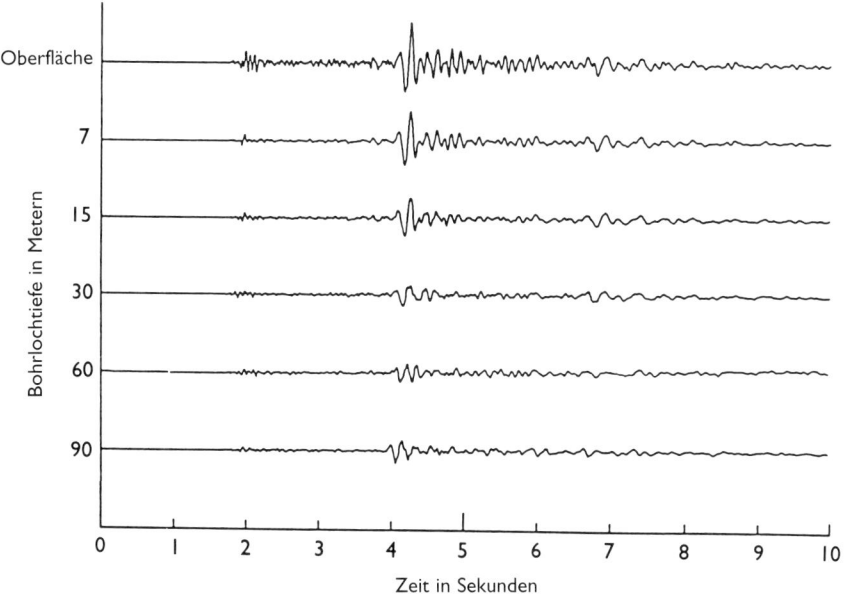

7.5 Aufzeichnungen von Bohrloch-Beschleunigungsmessern zeigen die Abnahme der Erschütterungen mit der Tiefe.

155

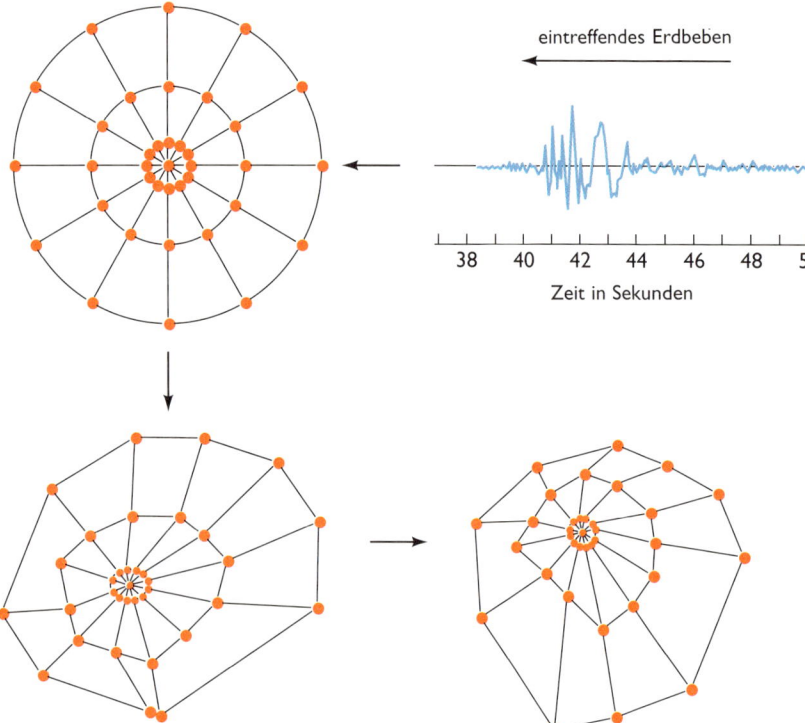

eintreffendes Erdbeben

Zeit in Sekunden

7.6 Punkte kennzeichnen die Standorte von *strong motion*-Seismographen, die als netzförmige Anordnung in Taiwan installiert sind. Eintreffende seismische Wellen produzieren eine Reihe von Aufzeichnungen wie jene oben rechts. Jeder Standort wird durch die Wellen leicht versetzt. Dabei entstehen verzerrte Kreise wie die beiden unten für zwei verschiedene Zeitpunkte abgebildeten (Verformung stark übertrieben).

Die Konstrukteure von SMART 1 entschieden sich für eine Anordnung in drei konzentrischen Kreisen, da die Erdbebenherde im östlichen Taiwan nicht an eine bestimmte Störung gebunden, sondern in vielen Richtungen um die Anordnung verteilt sind. Aufgrund dieser kreisförmigen Symmetrie können die Instrumente auf Erdbeben aus jeder beliebigen Richtung und Entfernung gleichermaßen gut reagieren. Durch seine flexible Auslegung kann SMART 1 sowohl für technische als auch für seismologische Studien eingesetzt werden.

Bei ersteren dienen die Empfänger der Analyse von Reaktionen von Bauwerken auf seismische Wellen. Eine eintreffende Wellenfront, die aus *P*- oder *S*-Wellen besteht, wird von aufeinanderfolgenden Beschleunigungsmessern der Reihe nach aufgezeichnet. Wenn sich die Erdbebenwellen vom Herd her ausbreiten, versetzen sie jeden Standort eines SMART-1-Instruments geringfügig und zwar in

Abhängigkeit vom seismischen Wellentyp mit ihren Amplituden und Phasen.

Auf der Basis der digitalen Aufzeichnungen kann die Deformation der Ringe mit Hilfe eines Rechners als Diagramm dargestellt werden. In Abbildung 7.6 veranschaulicht die Figur unten links die Wellenversetzungen, die von allen 37 Beschleunigungsmessern während eines starken Erdbebens in einem einzigen Moment registriert wurden. Aus den Darstellungen der Wellenversetzung zu verschiedenen Zeitpunkten kann eine Serie von Momentaufnahmen mit den tatsächlichen Veränderungen der Bodenversetzung entstehen.

Aus den verzerrten Kreisen in Abbildung 7.6 (Verformung stark übertrieben) läßt sich schließen, wie sich große Gebäude deformieren, wenn sie während eines Erdbebens in Schwingung geraten. Die beiden unteren Graphiken veranschaulichen beispielsweise, wie die starke Bodenvibration das Fundament eines großen Bauwerks in ständig wechselnder Weise deformiert. In dem hier gezeigten Fall traten relative Versetzungen von bis zu fünf Zentimetern auf eine Entfernung von 200 Metern auf.

An zwei nahe beieinander liegenden Beobachtungsposten können Erdbebenwellen sowohl die gleiche Frequenz, Amplitude, Phase und Erschütterungsrichtung haben oder aber ganz unterschiedlich sein. Die Korrelation zwischen Wellenmustern an benachbarten Punkten nennt man Wellenkohärenz. Der SMART-1-Array lieferte eine Vielzahl von Aufzeichnungen über den Grad der Übereinstimmung hochfrequenter Wellen über kurze Distanzen und zeigte für unterschiedliche Wellenfrequenzen die Kohärenz bei verschiedenen Wellentypen.

Kohärente Wellen sind in Abhängigkeit von ihrer Wellenlänge für Gebäude außergewöhnlich zerstörerisch oder relativ harmlos. Der beste Vergleich mit den Auswirkungen der Wellenlängen ist eine Luftmatratze auf der Wasseroberfläche eines Schwimmbeckens. Übersteigen die Wellenlängen der Wasserwellen die Länge der Luftmatratze, folgt sie in ihren Bewegungen den Wellenkämmen und -tälern recht genau. Bestehen auf der anderen Seite die Wellen nur aus Rippeln, reichen diese erheblich kürzeren Wellenlängen nicht aus, um die Luftmatratze in Bewegung zu versetzen. In Analogie dazu kann die Anregung des Gebäudefundaments in Abhängigkeit von der Wellenlänge der sich fortpflanzenden kohärenten Wellen sowohl verstärkt als auch gedämpft werden. Aus diesem Grund kommt der Wellenkohärenz bei der Planung großer Bauwerke heute große Bedeutung zu. Untersuchungen mit SMART 1 haben gezeigt, daß die Reaktion der Gebäude auf kohärente Bodenbewegungen in einigen Frequenzbereichen um bis zu 20 Prozent sinkt.

Anordnungen wie SMART 1 werden ebenfalls zur Ermittlung der Intensitätsänderungen im Bereich starker Erschütterungen eingesetzt, die sowohl von der Abschwächung mit der Entfernung als auch von wechselnden geologischen Strukturen beeinflußt werden.

Die Faktoren starker Bodenbewegungen

Wenn sich Erdbebenwellen vom Ursprung nach außen fortpflanzen, nehmen die Spitzenbeschleunigungen, -geschwindigkeiten und -versetzungen im allgemeinen ab. Trägt man nun diese Spitzenwerte gegen die Distanz vom seismischen Herd auf, läßt sich für eine angenommene Magnitude die Abschwächung der Bodenbewegung in verschiedenen Entfernungen vom Herd kartieren. Man hat herausgefunden, daß diese Abnahme in Abhängigkeit von den Gesteinseigenschaften in der Kruste auffallend schwankt. Im Westen der Vereinigten Staaten ist die Abschwächung beispielsweise erheblich geringer als im Osten. Die jüngeren Krustengesteine auf der westlichen Nordamerikanischen Platte dämpfen die Wellenenergie schneller als die älteren und starreren Gesteine im Osten.

Die Spitzengeschwindigkeiten nehmen dagegen mit der Entfernung vom Herd nicht allmählich ab, sondern werden stark von den geologischen Gegebenheiten beeinflußt. Zum einen produziert der Bruch

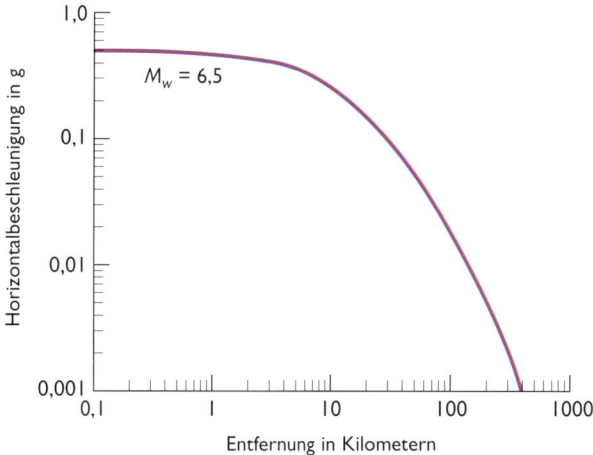

7.7 Die durchschnittliche Abschwächung horizontaler Beschleunigung mit der Entfernung vom Erdbebenherd bei einem Erdbeben der Momentmagnitude 6,5.

dort, wo die Wände der Störung besonders uneben sind, Ausbrüche hochfrequenter Wellenenergie. Zum anderen werden hochfrequente Erdbebenwellen mit Wellenlängen von lediglich einigen Hundert Metern durch wechselnde Krustengesteine und steile Topographie, wie Bergrücken und tiefe Täler, gestreut oder verstärkt. Und schließlich können mächtige alluviale Ablagerungen in Abhängigkeit von den Boden- und Gesteinsstrukturen und den Wellenfrequenzen einige Wellen verstärken und andere dämpfen. Ausgedehnte geologische Strukturen wie alluviale Becken bieten für seismische Wellen mannigfaltige Fortpflanzungspfade; die Wellen können von den Beckenrändern reflektiert werden und sich an bestimmten Stellen gegenseitig verstärken. Demnach wird die Intensität einer Bodenerschütterung an jedem Punkt von drei Faktoren bestimmt: dem Mechanismus am Erdbebenherd, den Inhomogenitäten und strukturellen Eigenarten der Gesteine zwischen Herd und Meßpunkt, sowie den Bodenbildungen und anderen geologischen Gegebenheiten an dieser Stelle. Durch den kombinierten Einsatz von vernetzten *strong motion*-Beschleunigungsmessern und weiträumig installierten regulären digitalen Seismographen konnten die Seismologen erkunden, wie alle drei Faktoren zusammenwirken und Bereiche mit außergewöhnlich destruktiven Erschütterungen entstehen.

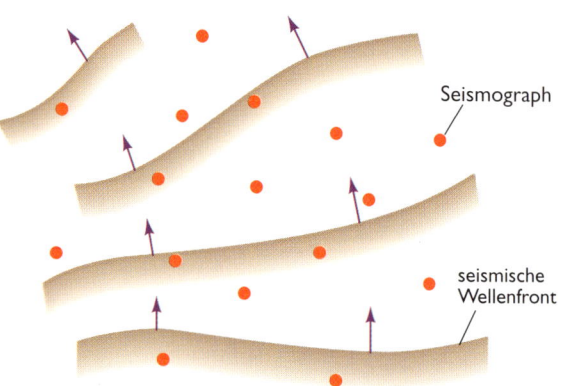

7.8 Eine Erdbebenwelle pflanzt sich über eine Anordnung von Seismographen fort und wird durch geologische Strukturen verzerrt.

Denken wir zunächst über die Rekonstruktion des Störungsprozesses nach. Da sich die an verschiedenen Stationen aufgezeichnete Energie durch Wechsel in der geologischen Struktur über große Entfernungen oft stark verändert, sind Aufnahmen möglichst herdnaher Instrumente für diesen Zweck am besten geeignet. Befindet sich eine Anordnung von *strong motion*-Instrumenten nahe einer gerade aktivierten Störung, werden die Wellen die Geräte in einer bestimmten Richtung passieren. Die Wellenfront pflanzt sich von einer Station zur nächsten fort und löst dabei die Aufzeichnung der Bodenbewegung aus. Die Durchlaufzeit von einer Seite der Anordnung zur anderen liefert die Wellengeschwindigkeit, während die Fortpflanzungsrichtung durch die Reihenfolge der von der Front angeregten Stationen bestimmt wird. Da jede Welle ihre eigene spezifische Geschwindigkeit hat, können die seismischen Wellentypen voneinander unterschieden werden. Beispielsweise kommen zuerst die P-Wellen und dann die vorherrschenden S-Wellen an. Demnach können Richtung und Winkel jeder Wellenfront durch den Vergleich der Signale eines jeden Senders der seismischen Anordnung bestimmt werden. Die eigentliche Korrelation der aufeinanderfolgenden Aufzeichnungen wird natürlich am effizientesten mit dem Computer durchgeführt.

Setzt sich der Bruch entlang der Störung fort, wird sich die Richtung der Wellenfronten zu dem Array ändern. Folglich kann anhand ständiger Richtungsmessungen der Haupt-S-Welle beispielsweise eine Serie aufeinanderfolgender Herde entlang des Störungsbruchs kartographisch dargestellt werden. In diesem Punkt gleicht die *strong motion*-Anordnung einer Gruppe von Radarempfängern für die Ortung von Satelliten.

Der zweite Faktor für starke Bodenerschütterungen ist der Einfluß von Inhomogenitäten und strukturellen Wechseln im Gestein zwischen Herd und Oberfläche auf das Beben selbst. Reelle Seismogramme unterscheiden sich grundlegend von den harmonischen Computermodellen auf der Basis einer theoretischen, homogenen und elastischen Gesteinsschicht. Wirkliche Wellen unterliegen Schwankungen im hochfrequenten Bereich, die durch Streuung der seismischen Wellen an unterschiedlichsten geologischen Strukturen hervorgerufen werden. Diese Streuung der Wellen ist mit der des Sonnenlichts an Luftmolekülen vergleichbar, die den blauen Himmel erzeugt. In der Erdkruste reichen die Durchmesser dieser Hindernisse von einigen Metern bis zu Kilometern.

Jedes Seismogramm kann als eine Reihe von Energieausbrüchen betrachtet werden, die von jeweils einem Hindernis innerhalb der Kruste stammen. Durch den Vergleich von Array-Aufzeichnungen kann der Richtungswechsel anhand der Energiestöße in verschiedenen Frequenzen während des Durchzugs der Wellenfront ermittelt werden. Auf diese Weise kann man auf die Lage der größten Streuungsobjekte in der Kruste schließen.

In vielen seismisch aktiven Regionen der Erde ist die Geologie besonders kompliziert. In der San Francisco Bay Area zum Beispiel verläuft entlang der San-Andreas-Störung eine breite Zone zermalmten Gesteins. Auf der einen Seite der Störung liegt Granit, auf der anderen finden wir mächtige Sedimentabfolgen. Besonders die Sedimentgesteine enthalten geklüftete und geschichtete Serien. Das abrupte Nebeneinander verschiedenartiger geologischer Strukturen wirkte sich entscheidend auf das Zerstörungsmuster des Loma-Prieta-Erdbebens von 1989 aus.

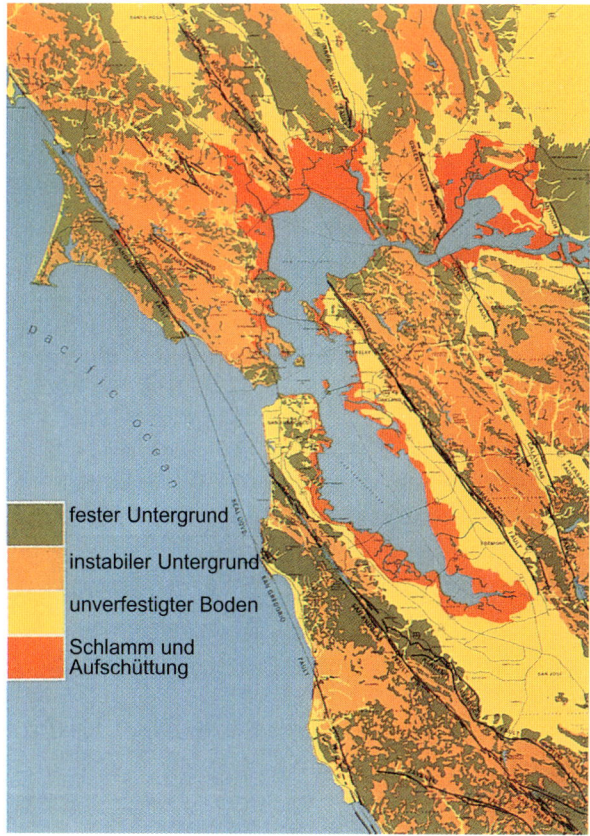

7.9 Die Intensität eines Erdbebens in der San Francisco Bay Area sollte in Abhängigkeit vom Untergrund variieren. Die Erschütterung ist auf stabilem Untergrund am geringsten. Hier sind Erdrutsche möglich, wenn dieser durch Verwitterung, Wassersättigung oder steile Böschungen instabil wurde. Unverfestigter Boden neigt, besonders wenn er mächtig und wassergesättigt ist, zu mäßigen Erschütterungen. Schlamm und Aufschüttungen verstärken Erdbebenwellen.

In der Legende:
- fester Untergrund
- instabiler Untergrund
- unverfestigter Boden
- Schlamm und Aufschüttung

Das „World Series"-Erdbeben

Am Nachmittag des 17. Oktober 1989, um 17.04 Uhr lokaler Zeit, machten sich Tausende von Fans auf den Weg zum Candlestick Park südlich von San Francisco, um das dritte Spiel der „Baseball World Series" mitzuerleben. In anderen Teilen der San Francisco Bay Area und in Zentralkalifornien hatten die Leute gerade Feierabend, und viele fuhren nach Hause, um sich das Baseballspiel im Fernsehen anzusehen. Aber es sollte ganz anders kommen.

Über ein Vierteljahrhundert zuvor hatte ich die seismische Ruhe meiner australischen Heimat verlassen, um im „Erdbebenland" zu leben und zu arbeiten. Bei meiner Ankunft in Berkeley hatte mir mein Vorgänger Prof. Perry Byerly gesagt: »Sie werden hier als Seismologe glücklich werden, weil Sie in Ihrer Karriere ein echtes Erdbeben erleben werden. Vielleicht so eines wie das von San Francisco 1906.« In meinen darauffolgenden 27 Jahren als Direktor der

Seismographischen Station an der University of California achtete ich besonders darauf, daß alle Seismographen funktionstüchtig und auf dem neuesten Stand der Technik waren, und wartete auf „the big one". Aber das hatte sich bis zu meiner Pensionierung 1988 nicht ereignet.

Dann, am Nachmittag des 17. Oktober 1989, verspürte ich in meinem Haus in Berkeley, einen Kilometer vom Universitätsgelände entfernt, ein heftiges Schütteln. Glücklicherweise wurde mein Haus nicht in Mitleidenschaft gezogen, obwohl in Berkeley einige Schornsteine einstürzten und wenig bebensichere Bauten geringe Schäden davontrugen. Aus der Reaktion des Hauses und der Zeit zwischen der ersten P-Welle und den späteren S-Wellen konnte ich schließen, daß dies ein heftiges Beben sein mußte und etwa 80 bis 100 Kilometer von Berkeley entfernt ausgelöst worden war. An der Seismographischen Station begannen die Angestellten und Studenten sofort mit der Berechnung der exakten Lage und Größe des Erdbebenherdes. Innerhalb von 20 Minuten riefen sie mich zuhause an und teilten mir mit, daß es sich um ein Beben der Magnitude 6,5 bis 7,0 südlich der San Francisco Bay in den Santa Cruz Mountains in etwa 100 Kilometer Entfernung gehandelt hatte. Diese Angaben bestätigten meine eigene grobe Einschätzung.

Ein weiterer Augenzeuge des Oktober-Erdbebens, Prof. Leonhard Nathan von der University of California in Berkeley machte sich nach dem Beben folgende Notizen:

»Wir fuhren gerade nach Hause, als der Wagen heftig schaukelte, als ob uns starker Seitenwind erfaßt hätte. Wir öffneten die Eingangstür unseres Hauses und sahen, daß alle Bilder schief an den Wänden hingen und die Cloisonné-Vasen vom Küchenschrank auf den Boden gefallen waren. Wir schalteten den Fernseher ein, und unser Unwissen fand ein Ende. Doch wie scharf und lebensecht auch immer, blieben die Bilder auf dem Bildschirm eben nur Bilder. Meine Schwägerin hatte sich in einem oberen Stockwerk des Oakland-Kaiser-Gebäudes aufgehalten, als es anfing, sich zu drehen und zu schwanken und

nicht aufhören wollte, während sie sich mit ihren Kolleginnen langsam die Treppen hinunter auf die Straße tastete. Unsere jüngere Tochter eilte nach Hause und fand in ihrer Wohnung ein Trümmerfeld vor, alles verschüttet und durcheinandergeworfen; an dem Haus selbst löste sich die Ziegelfassade. Was meine Tochter und meine Schwägerin nach Hause trieb, war die schiere Angst. Ab und zu spürten wir Nachbeben, die uns daran erinnerten, daß die Gefahr möglicherweise noch lange nicht vorbei war.

Im Fernsehen wurden nun Hinweise für Hilfesuchende gesendet. Es gab menschlich anrührende Geschichten, insbesondere das sich zuspitzende Drama um die Suche nach möglichen Überlebenden in den Ruinen. Wir hungerten nach Heldentum und Wundern. Die autoritärsten neuen Stimmen kamen nun aus den Reihen der Fachleute. Die Bebenforscher wurden als erste befragt und versuchten, wenn schon kein menschliches, so doch ein verständliches Bild der Natur zu zeichnen. Danach kamen die Ingenieure, die erklärten, warum Dinge herunterfielen und wie sie hätten gebaut werden sollen oder können, so daß sie nicht herunterfallen würden. In diesen gewaltigen Chor reihten sich nun die volltönenden Stimmen der nationalen Fernsehanstalten ein. Doch erst als der nationale Fernsehmoderator vom Zusammensturz des Cypress Street Interchange berichtete, konnte das ganze Land einstimmen.«

Das Erdbeben wurde offiziell nach dem höchsten Gipfel in den Santa Cruz Mountains, dem Loma Prieta oder „Dunklen Berg", benannt. Mit einer Magnitude von 7,1 war es das stärkste Beben, das die San-Francisco-Region mit ihren über 5,9 Millionen Einwohnern seit dem San-Francisco-Erdbeben von 1906 erschüttert hatte. Die Bodenbewegungen konnten in einem Gebiet von einer Million Quadratkilometern wahrgenommen werden, von Los Angeles im Süden bis zur Grenze nach Oregon im Norden und ins westliche Nevada im Osten. Das Beben forderte 62 Tote und 3 700 Verwundete, mehr als 12 000 Bewohner wurden obdachlos. Der Sachschaden belief sich auf über sechs Milliarden Dollar und es kam zu zahlreichen Unterbrechungen der Infrastruktur, beispielsweise an Teilen der Autobahnen,

7.11 Auf dieser Karte mit den modifizierten Mercalli-Intensitäten während des Loma-Prieta-Erdbebens liegen die höchsten Werte in 100 Kilometern Entfernung vom Epizentrum in San Francisco und Oakland. Arabische Ziffern kennzeichnen Intensitäten an Beobachtungsorten; römische Ziffern repräsentieren das Intensitätsniveau zwischen den Isoseisten.

7.10 Infolge des Loma-Prieta-Erdbebens von 1989 stürzte die obere Fahrbahn des Interstate Highway 880 an der Cypress Street Interchange auf die untere.

der San Francisco Bay Bridge sowie an Versorgungs-, Kommunikations- und Energieeinrichtungen.

Eine große Anzahl von *strong motion*-Beschleunigungsmessern zeichneten die Bewegung in der gesamten Bay Area auf. Diese Daten ermöglichten einen einzigartigen Einblick in die Art und Weise, wie sich seismische Wellen mit der Lage und Entfernung zur Bebenquelle, aber auch als Funktion der lokalen geologischen Bedingungen verändern. Ein überraschender Befund war, daß die seismischen Wellen, die ein Gebiet in der Nähe von San Jose erschüttert hatten (also in nicht allzu großer Entfernung vom Herd), niedrigere Amplituden aufwiesen

als die Wellen in weiter entfernten Orten wie San Francisco und an der East Bay, wo die Schäden am schwersten waren.

Nach dem Erdbeben wurde schnell bekannt, daß die San Francisco Bay Bridge – die Hauptverkehrsader zwischen San Francisco und den Städten an der East Bay wie Oakland, Berkeley und Walnut Creek – eingestürzt war. Dazu kamen noch Berichte von dem massiven Kollaps einer zweistöckigen Autobahn, die über die Auffüllung der Bucht vom Ostende der San Francisco Bay Bridge durch die City von Oakland verläuft. Entlang eines 2,5 Kilometer langen Straßenabschnitts, dem Cypress Street Interchange, war die obere Fahrbahn auf die untere gefallen und hatte die Autos unter sich begraben. Da sich der Pendlerverkehr zu dieser Uhrzeit normalerweise Stoßstange an Stoßstange bewegt, befürchtete man

Exkurs 7.1: Die Entstehung des Loma-Prieta-Erdbebens

Die Quelle des Loma-Prieta-Erdbebens entsprach nicht ganz den Erwartungen. Die Bewegungen folgten nur teilweise den Voraussagen für große Beben an der San-Andreas-Störung. Dennoch ermöglichte die Auswertung – nicht zum ersten Mal in dieser Wissenschaft – eine plausible Erklärung für den Auslösemechanismus. Auf einer Karte mit den Epizentren der Nachbeben (Abbildung 5.21) war das Segment der San-Andreas-Störung zu erkennen, das im Hauptbeben gebrochen war – ein Bereich von 40 Kilometern Länge und 20 Kilometern Tiefe. Der Herd des Bebens lag für diese tektonisch aktive Region mit 15 Kilometern ungewöhnlich tief. Die Bruchfront dehnte sich bis wenige Kilometer unter der Erdoberfläche aus, erreichte sie aber nicht. Berichten über das Erdbeben von 1906 zufolge hatte es damals einen Oberflächenriß in diesem Teil der Störung gegeben. Umso überraschter waren die Geologen, als sie am 18. Oktober während eines Hubschrauberfluges über dem Gebiet in der San-Andreas-Störungszone keine durchgehenden Versetzungen entdecken konnten. Es gab zahlreiche Hangrutschungen und Risse an den Hängen, doch eindeutige Zeichen für einen großen Störungsbruch waren nirgends zu sehen.

Eine weitere Überraschung tauchte in Form der Versetzungsrichtung der Kruste in dem betroffenen Bereich auf. Die Herde der Nachbeben ließen deutlich auf ein Einfallen der Störungsfläche mit 70 Grad nach Südwesten schließen. Aus seismographischen Aufzeichnungen und späteren geodätischen Messungen errechneten die Geologen, daß die Kruste auf der südwestlichen Seite der Störungsfläche etwa zwei Meter nach Nordwesten gewandert war und sich gleichzeitig um 1,3 Meter gegenüber der nordöstlichen Flanke gehoben hatte. Diese Deformation war verwirrend, denn so eine Hebung der Santa Cruz Mountains auf der Westseite würde schließlich die Gipfel der Westseite über die der heute noch höheren Gipfel der Ostseite heben! Diese Versetzungen unterschieden sich zudem erheblich von den hauptsächlich horizontalen Versetzungen entlang der San-Andreas-Störung, die 1906 beobachtet worden waren.

Das Loma-Prieta-Erdbeben hatte keine eindeutigen Vorboten, allerdings hatte es zuvor zwei schwache Beben in der Umgebung gegeben. Eines geschah ein Jahr zuvor und ein zweites etwa einen Monat vor dem Hauptbeben. Das Unvermögen, dieses Erdbeben vorherzusagen, war eine wichtige Demonstration dafür, daß der Optimismus bezüglich spezieller Erdbebenvorhersagen größtenteils nicht gerechtfertigt war.

Der Bruch setzte in der Mitte der 40 Kilometer langen Störung ein und breitete sich gleichzeitig nach Norden und nach Süden aus. Da die Geschwindigkeit der Bruchfront auf etwa 2,5 Kilometer pro Sekunde geschätzt wird, muß der Bruch in ungefähr acht Sekunden vonstatten gegangen sein. Hätte die Bewegung an einem Ende der Störungszone eingesetzt, hätte sie die doppelte Entfernung zurücklegen müssen, die seismischen Wellen hätten dementsprechend 16 Sekunden gedauert. Mit anderen Worten, die heftigen Erschütterungen des Loma-Prieta-Bebens dauerten nur halb so lang, wie es in einem weiteren Beben der gleichen Magnitude der Fall sein könnte.

Tausende von Toten. Tatsächlich aber waren wegen des ungewöhnlich schwachen Verkehrs auf der Cypress Street Interchange nur 26 Tote zu beklagen. Für die Bereiche schwerster Schäden in Oakland und San Francisco ermittelte man die Stärke IX auf der Modifizierten Mercalli-Skala. Die weniger hart getroffenen Bereiche mit Ausmaßen von 50 mal 25 Kilometern um das Epizentrum, zu denen auch Los Gatos, Watsonville und Santa Cruz gehörten, hatten Stärke VIII erlebt.

Dramatische neue Daten, die man von den Beschleunigungsmessern erhielt, erklärten diese widersprüchlichen Intensitätsschwankungen. Zunächst einmal konnte gezeigt werden, daß ein Großteil der Wellen vom Erdbebenherd zur Basis der Erdkruste gelaufen, dort reflektiert worden war und die Oberfläche 80 bis 100 Kilometer vom Epizentrum entfernt erreichte. Diese Entfernung war zufällig die zwischen San Francisco und dem Bebenherd. Die reflektierten Wellen tauchten unter den Städten am südlichen Ende der San Francisco Bay auf. Zudem zeigten numerische Modelle, daß die Wellenfronten, die sich vom Erdbebenherd in den Santa Cruz Mountains aus nach Norden ausbreiteten, auf ihrem Weg entlang von Großkreisen (den kürzesten Wegen zwischen zwei Punkten auf der Erdoberfläche) an den geologischen Hauptstrukturen der Bay Area gebrochen wurden. Die größtenteils granitischen Gesteine westlich der San-Andreas-Störung und die marinen Schichten auf der Ostseite wurden von den seismischen Wellen mit jeweils unterschiedlichen Geschwindigkeiten durchlaufen. In der Konsequenz schwenkten Wellenfronten, die ursprünglich Richtung Alaska wanderten, wieder in Richtung San Francisco ein. Auf die gleiche Weise wendeten sich auch Wellenfronten von ihrem Weg nach Reno in Nevada wieder zurück auf die Ostseite der Bucht zu (siehe Abbildung 2.5). Ähnliche mathematische Berechnungen werden es Geologen künftig ermöglichen, die Konzentration seismischer Energie für potentielle Erdbebenherde an verschiedenen Orten zu berechnen.

San Francisco und Oakland hatten bei dem Beben von 1989 nicht viel Glück. Sie erhielten eine dop-

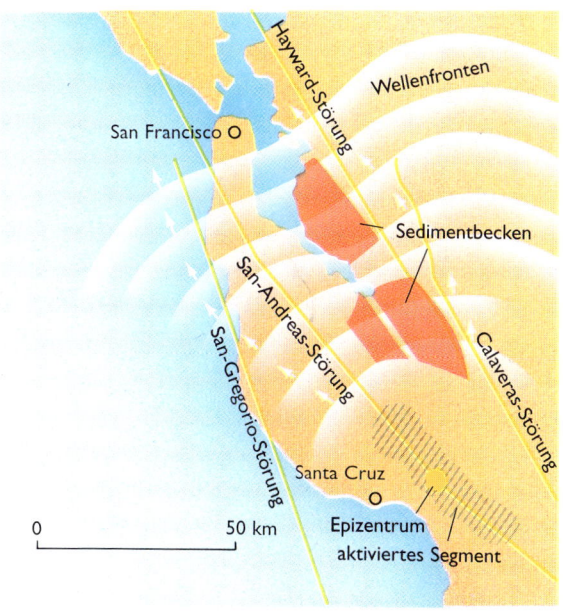

7.12 Während des Loma-Prieta-Erdbebens von 1989 lenkten unterschiedliche geologische Strukturen die seismischen Wellen auf San Francisco.

pelte Dosis Energie; die Erschütterungen waren sehr heftig, nicht nur durch die Refraktion der Wellen, sondern auch aufgrund der geologischen Bedingungen in den am schwersten betroffenen Gegenden selbst.

Die Katastrophe im Marina District

Eine der durch das Loma-Prieta-Beben am schwersten betroffenen Regionen lag in der Innenstadt von San Francisco, fast 100 Kilometer vom Epizentrum entfernt. Während des großen San-Francisco-Bebens von 1906 wurden die Küsten entlang der Lagune, dem späteren Marina District, von besonders heftigen Erschütterungen getroffen. Dieser Landstrich wurde später, im Rahmen der Vorbereitungen für die Panama-Pazifik-Ausstellung von 1912 teilweise mit Strandsanden, teilweise auch mit dem Bauschutt der 1906 beschädigten Gebäude aufgefüllt. Im Laufe der

163

Jahre wurde dies zu einem der attraktivsten Stadtteile von San Francisco.

Aufgrund der Bodenbeschaffenheit war der Marina District durch ein häufiges Phänomen bei Erdbeben stark gefährdet: der Verflüssigung von Sandboden. Während der Erschütterungen wird feinkörniger, wassergesättigter Untergrund nach mehreren Scherbewegungen immer flüssiger. Bei dem Loma-Prieta-Erdbeben senkte sich der aufgefüllte Bereich von Marina allein aufgrund des Hauptstoßes um fast 13 Zentimeter. Der Boden verformte sich und Bereiche des wassergesättigten Sandes verflüssigten sich. Gebäude wurden von ihren Fundamenten geschoben, einige brachen zusammen. Nach dem Beben wurden Aufzeichnungsgeräte in dem aufgefüllten Bereich und auf nahegelegenem Fels installiert, um die Bodenbewegungen bei größeren Nachbeben zu vergleichen. Die Ergebnisse zeigten, daß die Aufschüttung die Bodenbewegungen um das Achtfache verstärkt hatte. Das Ausmaß der Schäden im Marina District wurde zusätzlich noch durch bauliche Unzulänglichkeiten verstärkt. Die meisten Wohnhäuser waren so konstruiert, daß dem Erdgeschoß Garagen vorgebaut waren oder es sogar ganz aus Garagen bestand, die keinerlei Scherkräfte aufnehmen können. Überprüfungen in dieser Gegend im Anschluß an das Beben ergaben, daß mehr als 70 Prozent der

Gebäude unbewohnbar waren (siehe auch Abbildung 2.7).

Zu Bodenverflüssigungen kam es auch über jungen Sedimenten in anderen Teilen um die San Francisco Bay herum und entlang der pazifischen Küstenlinie in der Nähe des Erdbebenherdes. Der Druck des auflagernden Bodens quetschte den verflüssigten Sand durch Risse und Spalten nach oben und verursachte auffällige Erscheinungen wie Sandaufbrüche und -vulkane. Diese Phänomene in Kombination mit horizontalem Kriechen und Setzung oder Rißbildung des Bodens wurden nicht nur im Marina District, sondern auch am Port of Oakland, am Oakland Airport, auf Alameda Island und an weiteren Orten entlang der Küste beobachtet. Sie sind durch unverfestigten sandigen Untergrund aus wassergesättigten Aufspülungen mit hohem Grundwasserspiegel charakterisiert.

Diese Effekte unterstreichen, wie wichtig es ist, die Ergebnisse geologischer Untersuchungen in Flächennutzungspläne und Bauvorschriften einfließen zu lassen. Die Auswirkungen von Bodenverflüssigung lassen sich durch Verdichtung und spezielle Fundamente reduzieren. Aufschüttungen entlang der Bucht, die mit modernen Methoden unter Aufsicht von Ingenieuren verfüllt worden waren, erwiesen

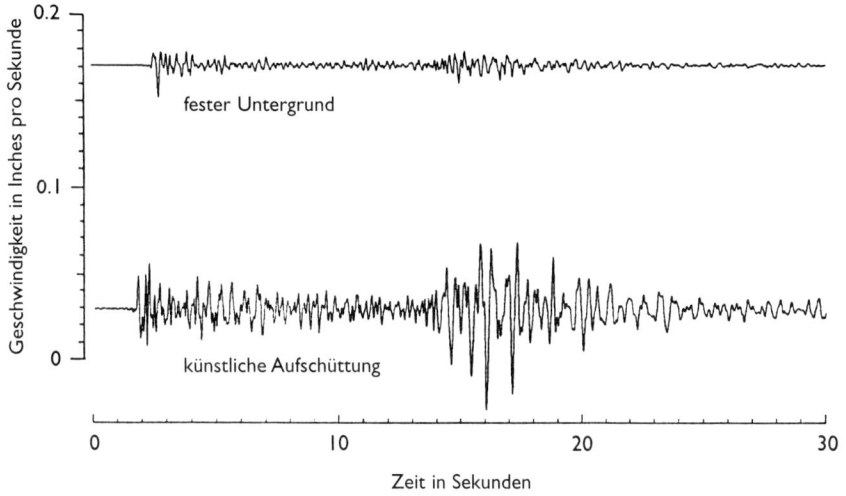

7.13 Diese beiden Seismogramme wurden während eines Nachbebens des Loma-Prieta-Bebens von 1989 von mobilen Instrumenten auf Fels beziehungsweise künstlicher Aufschüttung aufgezeichnet. Der Standort des Seismographen auf der Aufschüttung ist Abbildung 2.8 zu entnehmen. (1 Inch entspricht 2,54 Zentimeter.)

7.14 Verflüssigter Sand schuf während des Loma-Prieta-Erdbebens von 1989 diesen „Sandvulkan".

Becken. Die besondere Gefährlichkeit von alluvialen Becken wurde unter dramatischen Umständen bei dem Beben deutlich, das 1985 große Teile von Mexico City verwüstete.

Einwirkung aus der Ferne: das Erdbeben von Mexiko im Jahre 1985

Kalifornien hat in diesem Jahrhundert fünf Erdbeben der Magnitude 7 und stärker erlebt. Mexiko dagegen wurde von 42 Beben erschüttert, die viele Menschenleben gefordert haben. Der heftigste dieser Erdstöße mit einer Magnitude von 8,1 ereignete sich am 19. September 1985. Das Beben war durch die Subduktionsplatte unter der pazifischen Küste von Mexiko ausgelöst worden. Es ereignete sich in einer seismischen Lücke, auf die Seismologen schon seit mehr als zehn Jahren hingewiesen hatten (siehe Abbildung 8.2).

Durch das Beben wurden viele Geschäftsgebäude und Schulen beschädigt. Daher kann man von Glück reden, daß sich der Stoß gegen 7.17 morgens ereignete und diese Gebäude noch nicht mit Menschen gefüllt waren. Und doch belief sich in Mexico City, das etwa 350 Kilometer vom Erdbebenherd entfernt lag, die Zahl der Toten auf mehr als 8000 und die der Verletzten auf etwa 30000. Ungefähr 50000 Einwohner wurden obdachlos. Mehr als 500 Gebäude wurden schwer beschädigt oder zerstört, wobei der Schaden auf vier Milliarden US-Dollar geschätzt wurde. Da Mexico City über 18 Millionen Einwohner hat und aus etwa 800000 Gebäuden besteht, machen die Zahlen deutlich, daß die heftigen Erschütterungen nur in einem kleinen Teil der Stadt schwere Zerstörungen angerichtet hatten. Die Schäden entlang der Küste in der Nähe des Herdes waren ebenfalls beträchtlich, aber aufgrund der geologischen Bedingungen und der Bauweise der Häuser nicht so folgenschwer.

sich während des Bebens als unproblematisch. Trotz Schlick und anderer ungünstiger Eigenschaften wurden von diesen Aufschüttungen keine Schäden gemeldet.

Das Loma-Prieta-Beben demonstrierte, daß die lokalen Besonderheiten – wie bereits erwähnt – den dritten kritischen Faktor darstellen, der zur Bestimmung der Intensität eines Bebens benötigt wird. Spezielle Forschungsprogramme befassen sich mittlerweile mit dem Einfluß lokaler geologischer und bodenmechanischer Gegebenheiten auf die Bodenerschütterungen, wie beispielsweise ein steiler Rücken oder eine mächtige Bodenschicht in einem alluvialen

Ein Netzwerk von Beschleunigungsmessern lieferte zahlreiche Daten von den starken Bodenbewegungen dieses Bebens, sowohl in Mexico City als auch entlang des Teils der pazifischen Küste, der am stärksten erschüttert worden war. Die Instrumente an der Küste sind auf Empfehlung des internationalen Workshops auf Hawaii von 1978 an speziell ausgesuchten Standorten installiert worden. Damals wurde beschlossen, die Beschleunigungsmesser in den seismisch am stärksten gefährdeten Ländern (einschließlich Mexiko) aufzustellen, um so fehlende und überaus wichtige Daten über starke Bodenbewegungen zu erhalten. Etwa sieben Monate nach dem Workshop erschütterte ein Beben der Magnitude 7,8 die Küste von Mexiko. Seismologen aus Mexiko und den Vereinigten Staaten bewerteten die seismische Gefahr im Rahmen eines Kooperationsprogramms an verschiedenen Standorten und entschieden, weitere Beschleunigungsmesser in den Bundesstaaten Guerrero und Michoacan nordwestlich von Acapulco aufzustellen, wo es ebenfalls seismische Lücken gab. Im Verlauf des Erdbebens von 1985 lieferten die Erdbebenstationen 16 digitale Aufzeichnungen starker Bodenbewegung in unmittelbarer Nähe des Erdbebenherdes.

Als die seismischen Wellen die Entfernung von 350 Kilometern vom Erdbebenherd in Küstennähe bis in den Talkessel von Mexico City zurückgelegt hatten, hatte sich ihre Amplitude bereits erheblich abgeschwächt. Nur wenige Bauten auf festem Boden oder Fels wurden beschädigt. In einem Stadtteil von Mexico City jedoch entstand durch alluviale Schichten dicht unter der Oberfläche eine gefährliche Situation. In jüngerer geologischer Geschichte hatten die Regenfälle Geröll, Sand und Ton in das Becken gewaschen und im See Texcoco abgelagert, der von den Spaniern nach ihrem Sieg über die Azteken trockengelegt worden war, um die Stadt vergrößern zu können. Das moderne Mexico City ist zum größten Teil auf den festeren Schichten am Ufer des ehemaligen Sees gebaut. In der Stadtmitte gibt es aber Bereiche, die auf mächtigen Schichten unverfestigter Sande und Tone mit hohem Wassergehalt stehen. In dieser Zone kam es während des Bebens vom 19. September zu den meisten Einstürzen. Die Karte in

Abbildung 7.15 zeigt die auffällige Konzentration der Schäden. (Eine ähnliche Verteilung hatte sich zuvor bereits beim Beben von 1957 in Mexico City gezeigt.)

Wie läßt sich dieses Phänomen erklären? Beginnen wir mit der Ausbreitung seismischer Wellen durch die plötzliche Aktivierung einer Störung in der Subduktionszone an der Küste von Michoacan. An manchen Stellen drangen seismische Wellen über Entfernungen von mehr als 20 Kilometern an die Oberfläche. Beschleunigungsmesser in diesem Teil der Küste registrierten horizontale Bodenbeschleunigungen von 16 Prozent der Gravitation, eine mittlere Intensität für ein Beben dieser Stärke. Während die Wellen durch die Krustengesteine auf Mexico City zuliefen, dehnten sie sich räumlich aus, und ihre mittleren Amplituden wurden schwächer. Die Wellen, die Gebäude auf dem festen Boden in den höher gelegenen Teilen Mexico Citys erschütterten (wie beispielsweise die Universität von Mexiko), waren bereits auf eine Horizontalbeschleunigung von vier Prozent der Gravitation gebremst worden und konnten keine Schäden mehr anrichten. Im Bereich des ehemaligen Sees allerdings wurden Oberflächenwellen mit einer Periode von etwa zwei Sekunden durch die Tonlagen verstärkt.

Eines der Grundgesetze der Physik lautet: Wenn ein elastisches System, zum Beispiel eine Gitarrensaite, angeregt wird, in einer der Eigenfrequenzen zu schwingen, wird die Amplitude dieser Bewegung gegenüber Bewegungen anderer Frequenzen bevorzugt ansteigen. Ein alluviales Becken verfügt ebenfalls über Eigenfrequenzen, bei denen sich die seismischen Wellen steigern oder mitschwingen werden. Die tatsächlichen Werte der Resonanzfrequenzen hängen von der Form und Ausdehnung der Bodenschichten und des alluvialen Beckens ab. Diese geologischen Strukturen fangen die hereinkommenden seismischen Wellen gewissermaßen ein und verstärken einige von ihnen. In den weichen Seesedimenten unter Mexico City verzeichneten *strong motion*-Beschleunigungsmesser an der Oberfläche horizontale Spitzenbeschleunigungen von 40 Prozent der Erdbeschleunigung. Mehr noch, der Untergrund

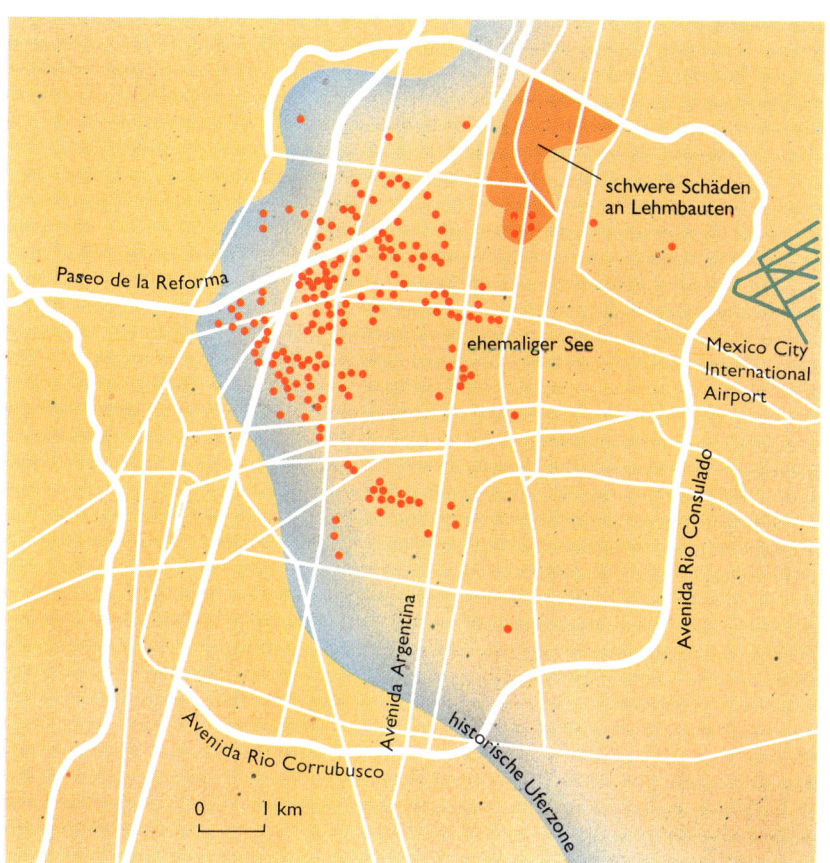

7.15 Stark beschädigte und eingestürzte größere Gebäude konzentrierten sich in Mexico City auf den Bereich des ehemaligen Sees. Jeder Punkt repräsentiert ein solches Haus.

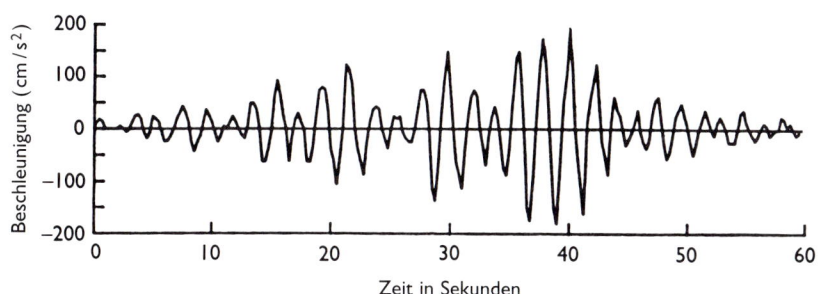

7.16 Diese horizontalen Beschleunigungen des Untergrundes wurden während des Erdbebens von 1985 auf den unverfestigten Seesedimenten um Mexico City aufgezeichnet. Das Beben hatte sich über 15 Zyklen mit Perioden von etwa zwei Sekunden aufgefächert.

167

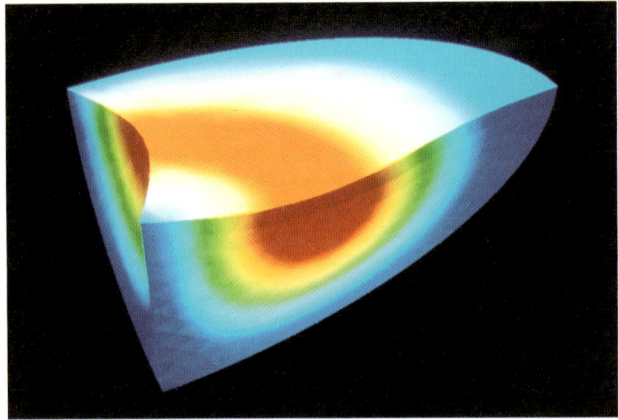

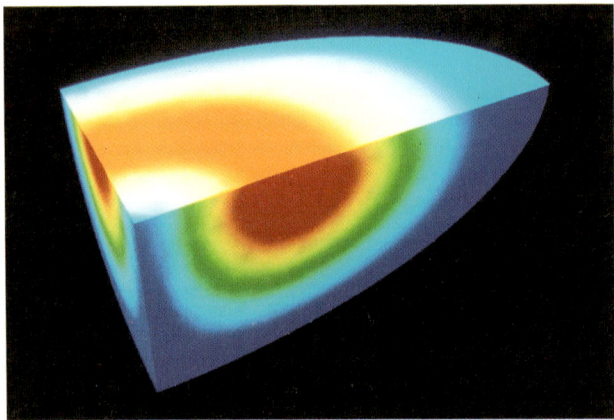

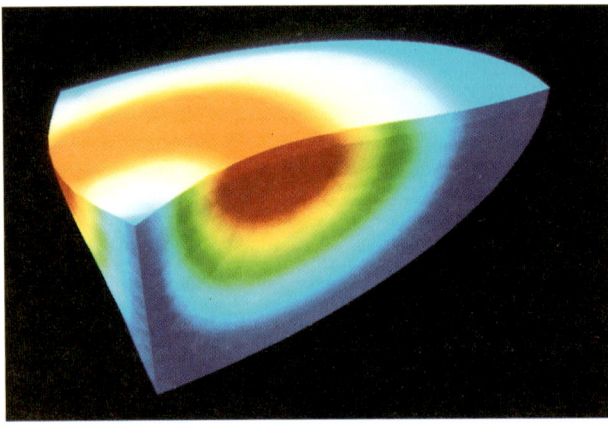

vibrierte noch mit den modalen Frequenzen, als der anregende seismische Wellenzug längst weitergezogen war. Auf diese Weise wurden die *S*- und Oberflächenwellen auf ihrem Weg nach Mexico City so stark auseinandergezogen, daß der Wellenzug dort 15 Zyklen umfaßte.

Die seismischen Wellen wurden durch die Schwingungseigenschaften bestimmter Gebäude dann nochmals verstärkt. Ebenso wie die Sedimentbecken haben auch Gebäude und andere Bauwerke Eigenfrequenzen. Werden ihre Fundamente durch Wellen mit der entsprechenden Frequenz angestoßen, fangen sie an, wie umgekehrte Pendel hin und herzuschwingen. Während des mexikanischen Bebens waren dies besonders die 12- bis 14stöckigen Hochhäuser. Sie erlitten aufgrund ihrer Resonanzschwingungen starke Verformungen und somit große Schäden. Trotzdem hielten sich selbst in der am schwersten betroffenen Zone von Mexico City die Schäden in Grenzen. Die meisten niedrigen Häuser und Wolkenkratzer, wie der Torre Latinoamericana mit seinen 37 Stockwerken, der in den fünfziger Jahren errichtet worden war, blieben intakt: Seine extreme Höhe führte zu einer Schwingungsperiode von 3,7 Sekunden, die oberhalb der Periode der meisten intensiven seismischen Oberflächenwellen liegt.

Viele Erdbebenkatastrophen sind aus einer Verstärkung der seismischen Wellen hervorgegangen, die in Becken mit Schichten und Einschaltungen weichen Bodens oder Tonen entstehen. Sie finden sich unter

7.17 Ein Computermodell kann die seismischen Schwingungen in einem Viertel eines elliptischen Beckens simulieren, das mit unverfestigten, alluvialen Sedimenten gefüllt ist – eine vereinfachte Version des Beckentyps, in dem es während des Bebens in Mexico City von 1985 zur extremen Verstärkung der Bodenbewegungen kam. Die stehenden Wellen rotieren in dem Modell von Jose A. Rial, Nancy G. Saltzman und Hui Ling um die vertikale Achse. Wenn die Bewegung einsetzt, wird das Becken im Uhrzeigersinn in horizontaler Richtung abgelenkt (oben). Dann rotiert es in seine Ausgangsstellung zurück (Mitte) und wird gegen den Uhrzeigersinn gelenkt (unten). Die Versetzungen werden im roten Bereich am größten und in den dunkelblauen Bereichen im Zentrum, an den Rändern und an der Basis des Beckens am geringsten sein.

vielen dicht bevölkerten Regionen der Erde, einschließlich Los Angeles, Mexico City, Tokio, Shanghai und den Ufern der San Francisco Bay.

Synthetische Erdbeben

Hunderte von heftigen Beben sind mittlerweile überall auf der Erde von Beschleunigungsmessern aufgezeichnet worden. Dennoch reichen diese Stichproben nicht aus, um die starken Bodenbewegungen in der Nähe eines Herdes mit unterschiedlichen Gesteins- und Bodenverhältnissen und verschiedenen Störungsmechanismen vorherzusagen. Ein Teil der Beschleunigungsseismogramme stammt von den heftigen kalifornischen Beben der letzten 20 Jahre. Die meisten davon wurden in einer Entfernung von mehr als 20 Kilometern von der Erdbebenquelle aufgenommen. Diese wichtige Sammlung von Bebenaufzeichnungen ist nicht einheitlich. Sie enthält zwar bereits viele Arten von Bodenbeschaffenheit und Erdbebenmechanismen, aber nicht alle geologischen Gegebenheiten sind in dieser Auswahl ausreichend repräsentiert.

Es gibt demnach sowohl praktische Gründe als auch rein wissenschaftliches Interesse, unter spezifischen Bedingungen sogenannte synthetische Bodenbewegungen zu erzeugen. Die synthetischen Bewegungen sind keine physische Reproduktion der Erschütterungen, wie der Begriff *synthetisch* implizieren mag. Vielmehr handelt es sich um Abschätzungen der Bewegungen des Untergrundes mit Hilfe einer formalen Analyse. Während ich dieses Buch schrieb, war ich an der Abschätzung der Bodenbewegungen beteiligt, die sich aus einem maximal denkbaren Beben an der Hayward-Störung ergeben würden. Diese aktive Störung verläuft quer unter der University of California in Berkeley. Das letzte heftige Beben entlang dieser Zone fand 1868 statt; seine Magnitude wurde auf 7 bis 7,25 geschätzt.

Meine Kollegen und ich waren speziell an der Abschätzung der Bodenbewegungen infolge so eines Bebens an der San Francisco Bay Bridge interessiert, die sich über die Bay von Oakland auf der Ostseite bis nach San Francisco an der Westseite spannt. Die Ergebnisse sollten einer Gruppe von Ingenieurskollegen behilflich sein, die im Auftrag des California Department of Transportation die Bebensicherheit der Brücke untersuchen sollten. Obwohl sich während des Loma-Prieta-Bebens von 1989 ein Brückensegment von seinen Widerlagern löste, wurde die Brücke nicht zerstört; die Frage lautete, wie sie sich bei einem näheren und stärkeren Erdbeben verhalten würde.

Zu Beginn der Berechnung dieser synthetischen Bodenbewegungen schätzten meine Kollegen und ich aus jüngsten Beobachtungen die Spitzenbeschleunigungen, Geschwindigkeiten und Versetzungen ab, die bei einem Erdbeben der Magnitude 7,25 an der Hayward-Störung in einer Entfernung von etwa zehn Kilometern (der Entfernung zur Bay Bridge) eintreten könnten. Wir wissen heute von dem Loma-Prieta-Beben von 1989, daß ein Erdstoß vergleichbarer Stärke in dieser Region einen Störungsbruch von etwa 40 Kilometern Länge und 15 Kilometern Tiefe bedingen würde.

Als nächstes benutzten wir Abschwächungskurven, um diese Spitzenbewegungen denen in zehn Kilometern Entfernung anzupassen. Für die Bay Bridge ermittelten wir 70 Prozent der Erdbeschleunigung, eine Geschwindigkeit von 25 Zentimetern pro Sekunde und einen Versatz von 30 Zentimetern. Natürlich werden die Werte bei einem bestimmten Erdbeben um diese Höchstwerte streuen, und zwar in Abhängigkeit von der tatsächlichen Entfernung der Brücke von dem aktivierten Störungsabschnitt und auch von den geologischen und seismologischen Faktoren entlang der Hayward-Störung – Faktoren, die wir bislang nicht kennen.

Auf der Grundlage der Spitzenwerte konnten wir ein Gesamtbild der Erschütterungen entwerfen. Der nächste Schritt bestand darin, ein Seismogramm zu finden, sofern es eines gab, dessen Spitzenwerte den unsrigen glichen. Das passendste, das wir finden konnten, wurde 1989 während des Loma-Prieta-

Bebens in Capitola, 15 Kilometer von Loma Prieta entfernt, aufgezeichnet. Die Ausschläge auf diesen Capitola-Beschleunigungsseismogrammen waren nicht hoch genug, um den Bedingungen unserer Spitzenparameter zu entsprechen, deshalb mußten wir ihre Amplituden etwas verstärken. Die Dauer wurde zusätzlich einem Durchschnittswert von 30 Sekunden angeglichen, den man für ein Beben der Magnitude 7,25 erwarten würde. Schließlich wurden aus vorangegangenen Studien der Aufzeichnung auch noch die Spektren der Bodenbewegungen für Erdbeben dieser Größenordnung derart angepaßt, daß sie ein vergleichbares Spektrum aufwiesen. Die daraus resultierenden synthetischen Seismogramme können Sie Abbildung 7.18 entnehmen.

Da Erdbebenquellen von unterschiedlichem Typ sind, in unterschiedlichen Tiefen und verschiedenen geologischen Strukturen liegen, erfordert diese Methode zwischen den aufgezeichneten Bodenbewegungen umfangreiche Interpretationen und Extrapolationen. Daher versuchen Seismologen, für die Konstruktion von synthetischen Bodenbewegungen weniger empirische Methoden zu entwickeln. Numerische Modelle starker Bodenbewegungen aus realistischen Quellen erleben gegenwärtig eine sprunghafte Entwicklung. Der enorme Zuwachs an Rechenkapazität der Computer hat allerdings wesentlich zum Erfolg dieses florierenden Zweiges der Seismologie beigetragen.

Das Herzstück einer erfolgreichen Modellierung ist die Spezifizierung von Länge und Weite der vermuteten Störungsrutschung, die Aufteilung des betreffenden Gebietes in kleine Modellflächen und die Bewegung dieser Flächen um einen vom Computer berechneten Betrag. Bewegungen mit bestimmten Bruchgeschwindigkeiten werden vom Erdbebenherd aus in alle Richtungen ausgelöst. Das Beben der angrenzenden Gesteine im Anschluß an jede dieser Bewegungen wird auf der Basis der Theorie der elastischen Rückformung durch den plötzlichen Bruch berechnet. Mit Hilfe weiterer Computerberechnungen werden diese Bewegungen durch den Komplex der Gesteinsstrukturen zwischen der Störung und einem festen Punkt an der Oberfläche geleitet und dann zu einem synthetischen Seismogramm summiert. Die Berechnungen entsprechen denen, die die

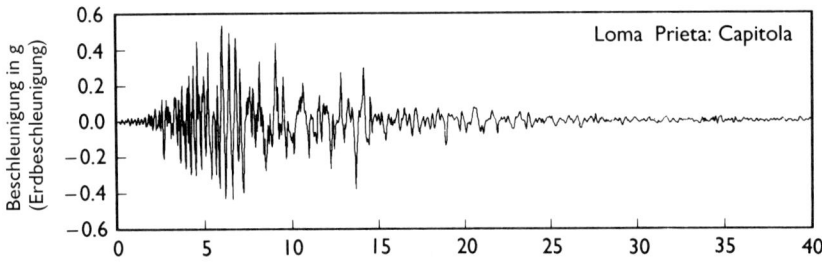

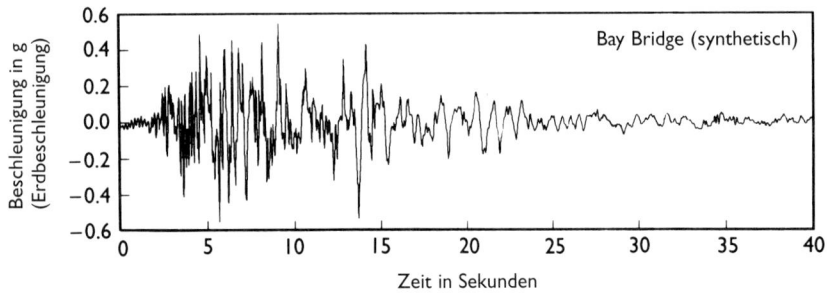

7.18 Die Capitola-Aufzeichnungen (oben) waren Grundlage für ein synthetisches Seismogramm (unten) der Bodenbewegungen, die während eines hypothetischen Erdbebens entlang der Hayward-Störung unter der San Francisco Bay Bridge zu erwarten wären.

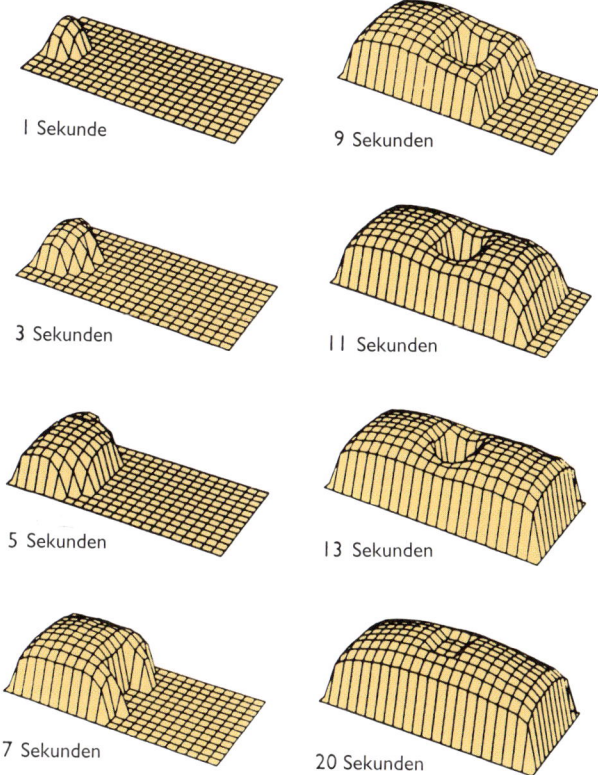

I Sekunde

3 Sekunden

5 Sekunden

7 Sekunden

9 Sekunden

I I Sekunden

I3 Sekunden

20 Sekunden

7.19 Diese Computersimulation zeigt, wie sich ein Bruch entlang einer Störungsfläche ausbreitet, die in der Mitte einen Bereich größerer Festigkeit aufweist.

Bewegung am Ende einer Klaviersaite vorhersagen, wenn sie an einer bestimmten Stelle durch ein Hämmerchen angeschlagen wird.

Die Unsicherheit der Ergebnisse aus diesen Methoden resultiert im wesentlichen aus der Vereinfachung von Annahmen, die in sich schon recht willkürlich sind, wie etwa der tatsächliche Prozeß des Bruchgeschehens auf der Störungsfläche und der detaillierte Zeitverlauf der Bewegung. Zudem weiß man oft nicht viel über den physikalischen Zustand der Gesteine entlang der Störung (das heißt, die Verteilung der Rauhigkeiten) und über die Bereiche, wo die Störung nach unten, oben und an ihren Enden zum Stillstand kommt.

Nachdem die seismischen Wellen einer spezifischen Störungsquelle rechnergestützt aufbereitet worden sind, können die Seismologen Karten mit zu erwartenden seismischen Intensitäten in gefährdeten Gebieten wie San Francisco, Los Angeles, Boston, Tokio und Quito erstellen. Wie wir in Kapitel 9 sehen werden, sind diese Karten eine Grundvoraussetzung für die Entwicklungsplanung in Kalifornien, die Abschätzung der Gefährdung alter Bauwerke, zur Planung neuer erdbebensicherer Bauten und zur allgemeinen Reduzierung des Erdbebenrisikos.

Erdbebenvorhersage

8.1 Die Laserstrahlen eines Geodimeters messen auf dem Gelände eines Experiments zur Erdbebenvorhersage im kalifornischen Parkfield die Bodendeformationen.

Die Möglichkeit, Vorhersagen treffen zu können, gilt oft als Gütezeichen einer weit entwickelten wissenschaftlichen Disziplin. So können die Astronomen zum Beispiel mit der von Newton aufgestellten Gravitationstheorie überaus präzise Vorhersagen zu Planetenorbitalen und Flugbahnen von Raumschiffen zu treffen. Gleiches gilt für Meteorologen, die mit theoretischen Gleichungen für atmosphärische Vorgänge auf der Basis von Temperatur, Druck und Wassergehalt der Atmosphäre ziemlich genaue, wenn auch kurzfristige Vorhersagen von Luftströmungen und Wetter machen können.

Wissenschaftliche Vorhersagen betreffen im allgemeinen das Ausmaß des Phänomens, den Ort und die Zeit seines Erscheinens. Dementsprechend hat es in der Seismologie immer Bestrebungen gegeben, das Wissen um die Kräfte in der Erde zur Vorhersage von Größe, Ort und Zeitpunkt künftiger Erdbeben einzusetzen. Mit präzisen Vorhersagen wären klare und umfassende Maßnahmen möglich, um die Zahl der Opfer und die Zerstörung von Eigentum entscheidend zu begrenzen. Sind die Prophezeiungen jedoch vage, können vor einem Erdbeben lediglich Warnungen herausgegeben und begrenzte Sicherheitsvorkehrungen eingeleitet werden.

Schon in der Frühzeit versuchten die Menschen, Erdbeben vorherzusagen. Man war der Ansicht, daß ein bestimmtes Wettergeschehen einem Erdbeben vorausgeht oder daß Tiere ein seismisches Ereignis erahnen können. Im Erdbebenland Kalifornien erzählen einige ortsansässige Bewohner auch heute noch von solchen Vorkommnissen. Diese Leute nehmen für sich in Anspruch, Erdbeben durch Beobachtungen des Wechselspiels in der Natur vorhersagen zu können. Bei der Bewertung solcher Aussagen muß man berücksichtigen, daß immer die Möglichkeit besteht, daß ein vorhergesagtes Ereignis auch tatsächlich eintritt – selbst auf eine willkürliche Vorhersage hin.

Um den Anforderungen einer ernstzunehmenden Vorhersage gerecht zu werden, müssen also Herdzeit und Magnitude einzugrenzen sein – zum Beispiel:

»In den kommenden sieben Tagen wird sich im Umkreis von 50 Kilometern der Stadt A ein Erdbeben mit einer Magnitude von etwa 7,0 ereignen.« Eine absolute Aussage dieser Art läßt sich jedoch nicht treffen. Da eine Vorhersage immer auf einer begrenzten Anzahl von Messungen oder Beobachtungen basiert, die selbst auch ungenau sind, können Ort, Zeit und Umfang auch nur mit einem gewissen Grad der Wahrscheinlichkeit angegeben werden. Folglich muß bei einer Erdbebenvorhersage neben der Festlegung von Ort, Zeit und Stärke auch die Eintrittswahrscheinlichkeit kalkuliert werden.

Bei der Erdbebenvorhersage gibt es noch eine weitere, typische und grundlegende Schwierigkeit. Angenommen, die seismologischen Messungen lassen vermuten, daß in einem seismisch aktiven Gebiet in einem festgelegten Zeitraum ein Erdbeben mit einer gewissen Magnitude eintreten wird. Dann sind in jedem Fall die Chancen für das Eintreten des Erdbebens innerhalb des angekündigten Zeitraums nicht gleich null. Wenn sich daraufhin ein Erdbeben ereignet, kann das nicht als Beweis für die Zuverlässigkeit der Vorhersagemethode angesehen werden, denn sie könnte bei zukünftigen Gelegenheiten versagen. Wenn jedoch eine verbindliche Vorhersage gemacht wird und nichts passiert, erweist sich die Methode zumindest als nicht allgemein gültig. Aus diesen Überlegungen heraus muß bei einer Erdbebenvorhersage auch die Wahrscheinlichkeit angegeben werden, mit der ein Erdbeben zufällig auftreten wird, unabhängig von der Vorankündigung dieses betreffenden Bebens.

Die vielleicht bekannteste Vorstellung einer Erdbebenvorhersage ist die, daß Tiere Erdbeben bereits vor deren Eintreten spüren können. Schon im alten Griechenland hat es 373 vor Christus Geschichten von Ratten und Hundertfüßern gegeben, die sich vor einem schweren Erdbeben in Sicherheit brachten. Vor ungefähr 20 Jahren wurde dann in China viel Aufhebens um das warnende Verhalten der Tiere gemacht. In der jüngeren Vergangenheit schließlich stellte ein Geologe aus der San Francisco Bay Area eine kuriose Theorie auf: Wenn in der lokalen Zeitung außergewöhnlich viele Hunde und Katzen unter der Rubrik „Verloren/Gefunden" erscheinen, steigt die Wahrscheinlichkeit eines Erdbebens in dieser Gegend enorm an. Die vermißten Tiere wurden als Zeichen dafür gewertet, daß in einem Radius von etwa 100 Kilometern um das Zentrum von San Jose in einer bestimmten Zeitspanne ein Erdbeben mit der Magnitude 3,5 bis 5,5 auf der Richter-Skala eintreten würde. Der Geologe behauptete, über die letzten zwölf Jahre eine Erfolgsrate von 80 Prozent erreicht zu haben. Bis jetzt gibt es weder eine Theorie, die diese merkwürdige Beziehung erklärt, noch trafen die Vorhersagen in den letzten 15 Jahren zu.

Dieser besondere Fall verdeutlicht die Schwierigkeit der zuverlässigen Prüfung, ob seismische Aktivität durch anomales Tierverhalten vorhersagt werden kann. Trotz aller verfügbaren sensiblen Meßinstrumente wie Mikrophon, Spannungsmesser und Thermometer konnte der tatsächliche Reiz, der die Reaktion der Tiere hervorrufen soll, niemals objektiv bestimmt werden. Tiere zeigen von Zeit zu Zeit ein unberechenbares Verhalten, das sich aus vielen natürlichen Ursachen ergibt. Eine Kontrolle ist somit nahezu unmöglich, und die Seismologen stehen Äußerungen über Erdbebenankündigungen durch Tiere weiterhin äußerst skeptisch gegenüber.

Ein aus der wissenschaftlichen Literatur bekannter, recht vorsichtiger Vergleich von Erdbebenvorhersagen mit aktuellen seismologischen Aufnahmen ergab, daß bisher keine der genannten Methoden als zuverlässig gelten kann. Die in den letzten zwei Jahrzehnten umfassend geführte und einfallsreiche Erforschung von Erdbebenvorhersagen hat Zweifel aufkommen lassen, ob es für die meisten Erdbeben, insbesondere für die großen zerstörerischen, jemals Prognosen mit fester Zeit- und Ortsangabe geben wird. Drei Beispiele von Vorhersagen, die einige der erwünschten Kriterien erfüllen und die von Wissenschaftlern stammen, geben einen Einblick in die Problematik.

In dem Bestreben, Erdbeben voraussagen zu können, suchte man sowohl auf als auch in der Erde nach Kräften, die „das Faß zum Überlaufen bringen" und einen Störungsbruch auslösen. Extreme Wetterlagen,

vulkanische Aktivität und die durch die Anziehungskraft zwischen Mond, Sonne und Erde entstehenden Gezeitenkräfte wurden diskutiert. In den späten fünfziger Jahren erschien in der führenden wissenschaftlichen Zeitschrift *Nature* die These eines Seismologen, daß die gravitative Anziehungskraft des Planeten Uranus Periodizitäten im Auftreten von Erdbeben bewirke. Diese Theorie erschien sonderbar: Da Uranus einer der am weitesten entfernt liegenden Planeten ist, ist seine Anziehungskraft auf die Erde, verglichen mit der des Mondes, winzig klein. Dennoch schienen seine formalen Statistiken darauf hinzuweisen, daß die Korrelation mit den Periodizitäten zuverlässig war.

Die Schwierigkeit lag in dem wissenschaftlichen Ansatz. Obwohl Analysen dieser Art manchmal brauchbar sind, um die tatsächliche Wechselbeziehung zwischen Ursache und Wirkung klären zu können, sind sie immer wieder unzuverlässig und bedürfen einer sorgfältigen Prüfung. Wenn wir nach Korrelationen zwischen einer Gruppe von Beobachtungen und einer anderen ohne jede grundlegende physikalische Verbindung suchen, werden wir früher oder später *durch reinen Zufall* auf gewisse Wechselbeziehungen stoßen. Genauso werden wir bei der Darstellung der Geburtenrate von New York gegen schwere Regenfälle im Himalaya früher oder später einen Abschnitt finden, in dem beides korreliert. Im Fall des Uranus begann die Suche nach einer Verbindung zwischen großen Erdbeben und der Anziehungskraft bei den erdnahen Planeten und setzte sich nach außen hin fort, bis man durch Zufall auf einen Zusammenhang stieß.

Das zweite Beispiel stammt aus einem bekannten Buch, das 1974 von zwei Astronomen verfaßt wurde. Die Autoren entwickelten darin eine außergewöhnlich logische Beweisführung, um die *Konstellation* der Planeten mit dem Auftreten großer Erdbeben in Beziehung zu setzen. Zunächst wiesen sie darauf hin, daß eine bestimmte Anordnung der Planeten alle 179 Jahre wiederkehrt. Die Anziehungskraft auf die Sonne verstärkt sich dabei und führt zu erhöhter Sonnenfleckenaktivität. Der Anstieg der solaren Aktivität verstärkt wiederum den Sonnenwind, der aus geladenen nuklearen Partikeln besteht, die ständig von der Sonne abgestrahlt werden. Der stärkere Sonnenwind greift erheblich in das Wettergeschehen auf der Erde ein. An dieses Wetter sind ungewöhnliche atmosphärische Störungen gebunden, die auch Beanspruchungen auf der Erdoberfläche auslösen, wie zum Beispiel der Druck starker Winde gegen Gebirgszüge. Diese zusätzlichen Belastungen könnten tektonische Bewegungen auslösen und somit zu katastrophalen Erdbeben führen.

Die Autoren der Theorie wählten die San-Andreas-Störung als einen möglichen Anwärter für gewaltige Brüche während der nächsten entsprechenden Planetenkonstellation im Jahre 1982. Sie wählten diesen Fall, da sich die Spannungen im Süden seit 1857 und im Norden seit 1906 nicht mehr gelöst hatten. Die Spannung im Gestein war also sehr hoch und die Situation reif für ein Erdbeben, das dann durch die Anordnung der Planeten ausgelöst werden sollte.

Zum Glück für Kalifornien wies diese Theorie schwerwiegende Schwachpunkte auf. An erster Stelle stehen die weltweiten Erdbeben-Chroniken. Sie zeigen, daß die Jahre 1803, 1624 und 1445, die in dem 179jährigen Planetenzyklus liegen, nicht durch ungewöhnlich dramatische seismische Aktivität auffielen. Die kalifornische Geschichte verzeichnet zum Beispiel für das Jahr 1803 kein nennenswertes Erdbeben. Auch sonst ist im Jahre 1445 nur ein großes Beben in Japan registriert worden, darüber hinaus ein Ereignis von 1624 auf den Westindischen Inseln. Andererseits wurden in den globalen Chroniken vier große Erdbeben im Jahr 1448 und fünf im Jahr 1604 erwähnt, obwohl keines dieser Jahre in die Periodizität der Planetenkonstellation paßt.

Demzufolge sind die wissenschaftlichen Einwände gegen diese Vorhersagemethode mit ihrer außerordentlich vagen Argumentation massiv. Berechnungen auf der Basis der Newtonschen Gravitationstheorie zeigen, daß die zusätzliche Anziehung der fernen Planeten auf die Sonne, verglichen mit der von Erde und Venus, unbedeutend ist. Diese Theorie müßte zusätzlich zu der alle 179 Jahre eintretenden Plane-

tenkonstellation erheblich mehr Periodizitäten berücksichtigen, die sich alle aus einer bestimmten Anordnung näherer Planeten ergibt.

Der dritte Fall einer mißglückten Erdbebenvorhersage löste eine öffentliche Diskussion darüber aus, welche verheerenden Folgen die hohe Wahrscheinlichkeit eines massiven Erdbebens für peruanische Städte hätte. In einer europäischen wissenschaftlichen Zeitschrift erschien 1976 ein Artikel über die Entstehung von Erdbebenwellen an druckbedingten Gesteinsbrüchen. Diese theoretischen Überlegungen glaubte man sowohl auf kleinmaßstäbliche Gesteinsstörungen im Bergbau als auch auf die Bewegungen einer ausgedehnten geologischen Störung anwenden zu können. Weiterhin wurde darauf hingewiesen, daß mit Hilfe dieser Theorie die genaue Zeit, der Ort und das Ausmaß eines bevorstehenden Störungsbruches und dem damit verbundenen Erdbeben bestimmt werden kann.

Kurz nach der Veröffentlichung des Artikels übertrugen zwei Wissenschaftler diese gesteinsmechanischen Theorien auf ihre Untersuchungen von zwei großen Erdbeben, die 1974 nahe Lima in Peru aufgetreten waren. Sie kamen zu dem Schluß, daß sich in der Nähe der Stadt eine ernsthafte seismische Gefahr entwickelt hatte. Sie vertraten die Ansicht, daß in dieser Region bereits die „Vorbereitungsphase" für ein massives Erdbeben eingesetzt hatte, und ihre Berechnungen deuteten darauf hin, daß etwa sechs Jahre nach 1974 ein großes Erdbeben mit einer Magnitude von 8,4 eintreten würde. Da die hier involvierten Wissenschaftler für die amerikanische Regierung arbeiteten, schenkte man ihnen sofort Glauben. Ihre Vorhersage löste in der Öffentlichkeit und der Regierung Perus größte Unruhe aus.

Eine Untersuchung dieser Geschehnisse wurde vom National Earthquake Prediction Evaluation Council durchgeführt, einer Kommission, die unter der Schirmherrschaft des U.S. Geological Survey zur Untersuchung ernstzunehmender Vorhersagen gegründet worden war. Der Bericht der Kommission entkräftete die Vorhersage, und wie sich herausstellte, wurde Peru weder 1980 noch bis zum heuti-

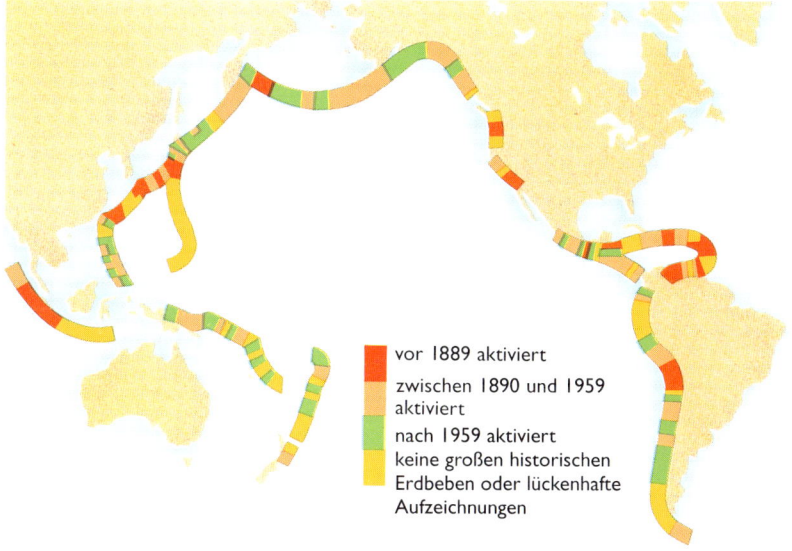

vor 1889 aktiviert

zwischen 1890 und 1959 aktiviert

nach 1959 aktiviert

keine großen historischen Erdbeben oder lückenhafte Aufzeichnungen

8.2 Diese seismischen Lücken wurden 1989 in der zirkumpazifischen Region kartiert. An Störungen, die seit längerem nicht aktiv waren, ist die Wahrscheinlichkeit für ein Erdbeben höher.

gen Zeitpunkt von einem heftigen Erdbeben heimgesucht – zum Glück für ein Land, in dem viele Bauwerke nicht erdbebensicher gebaut sind. Da Peru auf der seismisch aktiven Subduktionszone der Nazca-Platte liegt, ist die Wahrscheinlichkeit eines heftigen Schubes und damit die Gefahr eines schweren Erdbebens sehr groß. Aber wir wissen eben nicht, wann.

Im weitesten Sinn haben Studien der historischen seismischen Muster, insbesondere entlang der Ränder tektonischer Platten, dazu beigetragen, mögliche Bereiche zukünftiger starker Beben einzugrenzen. Solche Aufzeichnungen ermöglichen es uns aber nicht, die genaue Zeit des Bebens vorherzusagen (außer unter ungewöhnlichen geologischen Bedingungen). Erdbeben treten eben nicht nach einem Zeitplan auf. Selbst in China, wo in den vergangenen 2700 Jahren 500 bis 1000 zerstörerische Erdbeben aufgezeichnet wurden, haben statistische Untersuchungen keine Regelmäßigkeit im Auftreten großer Erdbeben ergeben. Vielmehr unterstreichen sie, daß große Erdbeben durch lange, scheinbar zufällige Ruhephasen voneinander getrennt sein können.

Die chinesischen und japanischen Erfahrungen bei der Erdbebenvorhersage

In den siebziger Jahren zog das groß angelegte Programm zur Erdbebenvorhersage in China die Aufmerksamkeit der gesamten Welt auf sich. In einem ausführlich dokumentierten Vorfall vom 4. Februar 1975 hatten Beamte der mandschurischen Provinz Liaoning einen dringenden Alarm herausgegeben, der sich im wesentlichen auf das Eintreten vieler kleiner Erdbeben in dieser Gegend stützte und vor einem starken Erdbeben innerhalb der nächsten 24 Stunden warnte. An diesem Abend traf dann tatsächlich ein sehr intensives Erdbeben die Region in der Nähe der Stadt Haicheng, jedoch hatte glücklicherweise der größte Teil der Bevölkerung seine Häuser verlassen und blieb unversehrt.

Die Chinesen erhoben daraufhin für sich den Anspruch, Erdbeben mehrfach richtig vorhergesagt zu haben: nicht nur das Haicheng Erdbeben von 1975, sondern auch zwei Erdbeben der Magnitude

8.3 Diese Brücke wurde 1976 während des Tangshan-Erdbebens zerstört.

6,9, die sich am 19. Mai 1976 im Abstand von 97 Minuten nahe der Grenze zwischen China und Myanmar im westlichen Yünnan ereigneten. Bei der Bewertung des chinesischen Programms ist es jedoch nur fair, neben den Erfolgen auch die Fehlschläge zu erwähnen. Einerseits erwiesen sich einige Vorhersagen schlicht als falsch. So zum Beispiel ein Alarm, der im August 1976 für die Guangdong Provinz (normalerweise seismisch nicht sehr aktiv) nahe Guangzhou und Hongkong ausgelöst wurde und viele Menschen dazu veranlaßte, im Freien zu schlafen. Ein Erdbeben fand aber nicht statt. Andererseits haben sich katastrophale Erdbeben ohne jede Vorwarnung ereignet. Das tragische Beben vom 27. Juli 1976 machte Tangshan, eine 150 Kilometer östlich von Peking gelegene Industriestadt mit einer Million Einwohnern, fast dem Erdboden gleich. Offiziellen Berichten zufolge starben ungefähr 250 000 Personen in der am heftigsten erschütterten Zone. In Peking kamen etwa 100 Menschen ums Leben, da Lehmwände und alte Ziegelsteinhäuser zusammenfielen. Zudem wird geschätzt, daß weitere 500 000 Personen verletzt wurden. Wenn neben der menschlichen Katastrophe auch der enorme industrielle Verlust

gezählt wird, überrascht es nicht, daß sich die ökonomischen Nachwirkungen für das ganze Land als sehr schlimm erwiesen. Das Tangshan-Erdbeben hatte aber auch politische Folgen: Einem traditionellen chinesischen Glauben zufolge sind Naturkatastrophen eine Weisung des Himmels, und zurück bis zur Sung-Dynastie (960–1280 nach Christus) haben Erdbeben für die Regierung immer wieder Schwierigkeiten bedeutet.

In Japan, wo es ebenfalls seit vielen Jahrhunderten Erdbebenstatistiken gibt, wurden seit 1962 energische Untersuchungen hinsichtlich der Erdbebenvorhersage angestellt, bisher jedoch ohne deutlichen Erfolg. Das japanische Programm stützt sich auf die Arbeit von Hunderten von Seismologen, Geophysikern und Geodäten aus den Universitäten und staatlichen Forschungsinstituten und konnte mit Hilfe von fünf großzügig finanzierten Fünfjahresplänen erhebliche Fortschritte verzeichnen. Das Programm begann mit der Beobachtung kurzfristiger Wechsel von geologischen Eigenschaften in den seismischen Regionen: Die Geologie aktiver Störungen wurde kartiert, Krustendeformationen kontinuierlich durch

8.4 Verbogene Eisenbahnschienen sind ein Zeichen der weiträumigen Bodendeformationen, wie sie beim Tangshan-Erdbeben auftraten.

verbesserte geodätische Instrumente und Gezeitenmesser aufgezeichnet und ein dichtes Netzwerk einfacher Seismographen zur einheitlichen kartographischen Erfassung selbst kleiner Erdbeben eingerichtet. Andere Instrumente in ausgesuchten Erdbebenobservatorien registrierten Veränderungen des Erdmagnetfeldes und der elektrischen Leitfähigkeit der Gesteine. In geothermischen Gebieten wurden Schwankungen der chemischen Zusammensetzung und der Temperatur des Grundwassers registriert sowie Pegelstände aufgezeichnet. Neuere Studien an historischen Erdbebenzyklen aus der Nähe von Tokio haben zusammen mit lokalen Messungen der Krustendeformation und der Seismizität ergeben, daß Erdbeben in benachbarten Gebieten nicht ausgeschlossen werden können. Eine Wiederholung des großen Kwanto-Erdbebens von 1923 mit einem Herd nahe Tokio steht momentan wohl nicht bevor. Insbesondere die stark industrialisierte Region von Tokai entlang der Küste von Honshu und nahe der Isu-Halbinsel ist hinsichtlich ungewöhnlicher geologischer Veränderungen über mehr als 15 Jahre lang intensiv überwacht worden. (Das Epizentrum des verheerenden Erdbebens, das am 17. Januar 1995 die

Stadt Kobe heimsuchte, lag zwar nicht in der Nähe von Tokio, illustriert aber die enorme seismische Gefahr auf der japanischen Inselwelt. An dieser Stelle hatte man zu diesem Zeitpunkt kein Beben erwartet.)

Während das japanische Programm und andernorts ähnliche Beobachtungsprogramme Fortschritte machten, stellt sich die brennende Frage: Welche Bereiche der Muster sind für eine seismologische Vorhersage überhaupt relevant? Hätte man detaillierte theoretische Kenntnisse der physikalischen Prozesse, die zu Störungsbrüchen führen, wären meßbare Anomalien vor einem Erdbeben der Schlüssel. Da diese zur Zeit noch fehlen, lebt die Forschung zur Vorhersage in Japan und anderen Ländern hauptsächlich von der Hoffnung auf baldige ernstzunehmende Anhaltspunkte. Der führende japanische Seismologe Z. Suzuki befaßte sich 1982 mit den japanischen und internationalen Erdbebenvorhersagen: »Der momentane Stand ist chaotisch ... Bisher wurde von einer bemerkenswerten Vielfalt von Erdbebenvorboten berichtet. Einige der beschriebenen Ankündigungen erscheinen sehr merkwürdig und

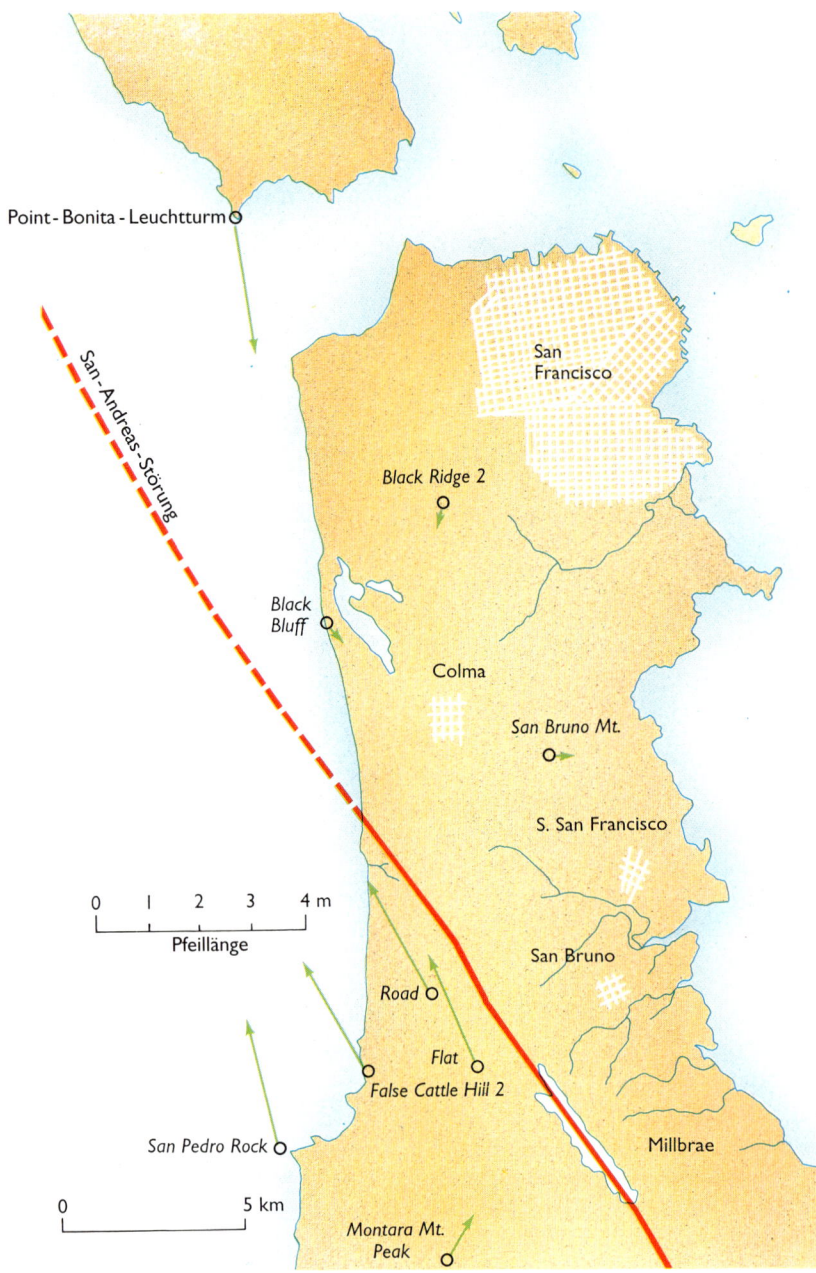

Point-Bonita-Leuchtturm

San-Andreas-Störung

San Francisco

Black Ridge 2

Black Bluff

Colma

San Bruno Mt.

S. San Francisco

San Bruno

0 1 2 3 4 m
Pfeillänge

Road

Flat
False Cattle Hill 2

San Pedro Rock

0   5 km

Millbrae

Montara Mt.
Peak

8.5 Pfeile zeigen die Länge und Richtung der relativen Versetzung an, die im Krustengestein auf beiden Seiten der San-Andreas-Störung nach dem Bruch von 1906 gemessen wurde.

sind zu bezweifeln. Selbst wenn man solche Fälle außer acht läßt, ist kein allgemeiner und definitiver Weg zur erfolgreichen Erdbebenvorhersage in Sicht.« Diese kritische Aussage hat auch über ein Jahrzehnt später nicht an Gültigkeit verloren. Stetige Debatten führten daher zu einem konsequenten Überdenken des weltweit vielleicht ehrgeizigsten und am besten finanzierten Programms zur Erdbebenvorhersage. Das Resultat war ein überarbeitetes Programm zur grundlegenden Erforschung der immer noch rätselhaften und kurzlebigen physikalischen Prozesse, die Vorläufer jeder großen Störungsaktivität sind.

Obwohl wir immer noch nicht über die notwendige exakt formulierte Theorie zur Erdbebenentstehung verfügen, erlaubt uns die Theorie der elastischen Rückformung die grobe Vorhersage des Zeitpunkts für den nächsten ausgedehnten Bruch einer bekannten aktiven Störung. Tatsächlich nutzte H. F. Reid nach dem Erdbeben von 1906 in Kalifornien diese Theorie zur Vorhersage des nächsten großen Stoßes in der Nähe von San Francisco etwa ein Jahrhundert später. Seine Argumente waren einfach. Vermessungen über einen Zeitraum von 50 Jahren entlang der gesamten San-Andreas-Störung vor dem Erdbeben von 1906 zeigten, daß der relative Versatz der Berggipfel westlich und östlich der Störung in diesen 50 Jahren 3,2 Meter betrug. Nach dem Beben vom 18. April 1906 erreichte der maximale relative Versatz am Bruch selbst 6,5 Meter oder ungefähr doppelt soviel wie die gemessenen Versetzungen entlang der Bezugspunkte. Demnach würden 100 Jahre vergehen, bevor sich im Krustengestein wieder sechs Meter an Verformung aufbauen können und die Bühne für ein neues Erdbeben schaffen. Die Zuverlässigkeit dieser Schlußfolgerung beruht auf der recht gewagten Annahme, daß die regionale Beanspruchung mit der Zeit gleichmäßig und kontinuierlich zunimmt, daß sich die Störungseigenschaften durch das Erdbeben von 1906 nicht geändert haben und die aufgestaute Belastung nicht durch eine Serie kleiner Erdbeben freigesetzt wird.

Prognosekriterien

Einige der vielversprechenderen Anzeichen für bevorstehende Erdbeben wurden bereits diskutiert. Dazu gehören die Ermittlung der Gesteinsbeanspruchung der Erdkruste durch geodätische Untersuchungen (Kapitel 4) und die Identifizierung verdächtiger Lücken im regelmäßigen Auftreten von Erdbeben in Zeit und Raum (Kapitel 5).

In den letzten Jahren konzentrierten sich die Bemühungen zur Erdbebenvorhersage auf präzisere Messungen von Schwankungen physikalischer Parameter der Krustengesteine in kontinentalen, seismisch aktiven Regionen. Besonders empfindliche Geräte wurden installiert, um langfristige Änderungen dieser Parameter beobachten zu können. Die Zahl der Messungen ist immer noch begrenzt, und die Ergebnisse waren bisher widersprüchlich. Manchmal zeigten sie ein ungewöhnliches Verhalten vor einem lokalen Erdbeben; in anderen Fällen geschah nichts Auffälliges. Gleichzeitig können sich die Parameter verändern, ohne daß ein Erdbeben folgt. Die fünf Parameter, die als besonders zuverlässig gelten, sind in Abbildung 8.6 aufgelistet. Sie beziehen sich auf P-Wellengeschwindigkeiten, die Hebung und Neigung des Untergrundes, die Emission von Radon aus Bohrlöchern, den elektrischen Widerstand im Gestein und die Erdbebenrate.

So wie sich kurz vor einem Hurrikan das Wetter ändert, so ändern sich kurz vor der Aktivierung einer größeren Störung auch die elastischen Gesteinskennwerte. Dabei kann sich dieser Zeitraum über Stunden oder viele Monate vor dem eigentlichen Bruch erstrecken. Laboruntersuchungen von Gesteinsfrakturen zeigen, daß bei ansteigendem Druck auf wassergesättigtes Gestein winzige Brüche und Poren mit Wasser gefüllt werden, die sich über die Probe ausbreiten und dabei den Gesteinsverbund schwächen. Einige dieser Phänomene können auch im Gelände beobachtet werden: Das Gesteinsvolumen nimmt zu, und es bilden sich Bahnen, an denen wasserlösliche Gase an die Oberfläche entweichen können; die Geschwindigkeit der seismischen

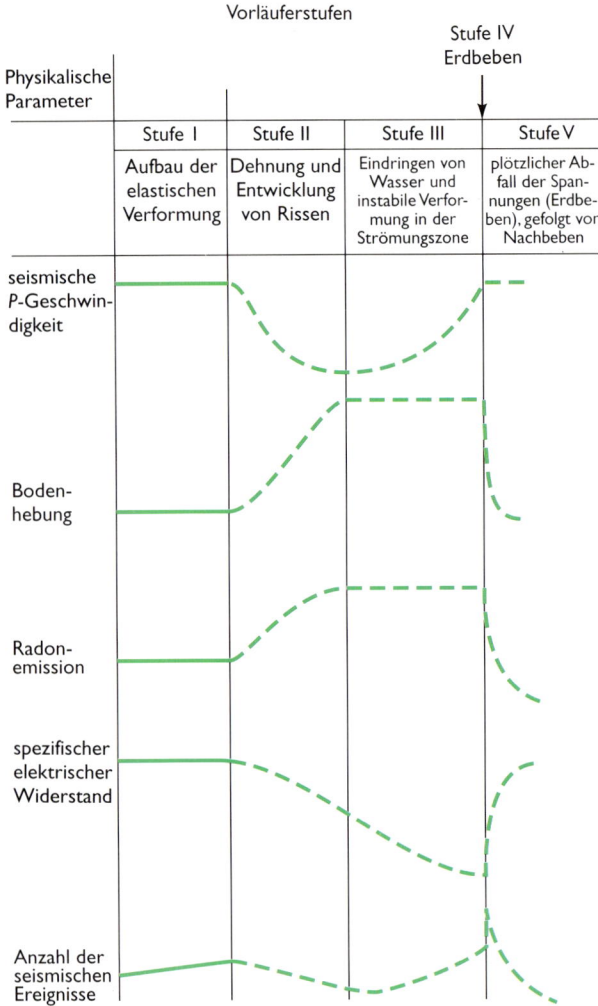

Physikalische Parameter	Vorläuferstufen			Stufe IV Erdbeben
	Stufe I	Stufe II	Stufe III	Stufe V
	Aufbau der elastischen Verformung	Dehnung und Entwicklung von Rissen	Eindringen von Wasser und instabile Verformung in der Strömungszone	plötzlicher Abfall der Spannungen (Erdbeben), gefolgt von Nachbeben
seismische P-Geschwindigkeit				
Bodenhebung				
Radonemission				
spezifischer elektrischer Widerstand				
Anzahl der seismischen Ereignisse				

8.6 Es wurde vermutet, daß Änderungen mehrerer physikalischer Parameter Erdbeben vorausgehen und der Erdbebenvorhersage als erste Anhaltspunkte dienen können.

P-Wellen ändert sich anders als die der *S*-Wellen, und die Diffusion von Wasser verändert den elektrischen Widerstand des Gesteins.

Wie können diese Parameter in ein Vorhersagesystem eingebunden werden? Zunächst sind vorausgehende Schwankungen der Wellengeschwindigkeit für Seismologen von besonderem Interesse. Veränderun-

gen von einer hundertstel Sekunde in den Laufzeiten der *P*- und *S*-Wellen können mit modernen Seismographen und Chronometern ohne weiteres gemessen werden. Die *P*- und *S*-Wellen entstehen bei kleineren Erdbeben in der Nähe des Hypozentrums, außerhalb davon bei größeren Erdbeben oder auch bei Explosionen oder mechanischen Einwirkungen durch schwere Geräte. Dieses Vorhersagesystem wurde mit unterschiedlichem Erfolg in einer Anzahl von Ländern getestet. In den Vereinigten Staaten zum Beispiel waren die Laufzeitschwankungen vor einer Anzahl kleiner und flacher Erdbeben entlang der San-Andreas-Störung bedeutungslos.

Der zweite Parameter ist die Veränderung des Bodenniveaus, wie zum Beispiel die Verkippung des Bodens in der Nähe aktiver Störungen. Aber die wenigen untersuchten Hebungen führen auf regionaler Ebene zu rätselhaften Widersprüchen und lassen an der Methode große Zweifel.

Der dritte Parameter ist die Freisetzung von Radon und anderer Gase entlang aktiver Störungszonen, insbesondere aus tiefen Bohrlöchern. Es wurde behauptet, daß in einigen Teilen der ehemaligen Sowjetunion unmittelbar vor Erdbeben eine signifikante Zunahme der Radonkonzentration festgestellt worden war. Normalerweise werden auch in ruhigen Zeiten an aktiven Störungszonen hohe Konzentrationen verschiedener Gase gefunden. Sie finden sich besonders in geschwächten Bereichen wie Verbiegungen und Kreuzungszonen mit anderen Störungen. Besonders hier wurden Veränderungen der Radonkonzentration im Boden, in der Luft und im Grundwasser überwacht und zwar sowohl innerhalb einiger Kilometer um große Epizentren als auch Hunderte von Kilometern entfernt. Die gleiche Schwankungsbreite trat jedoch sowohl vor als auch nach Erdbeben, in vielen Untersuchungen sogar ganz ohne jedes Erdbeben auf. Aufgrund der vielfältigen geologischen Gegebenheiten kann man nicht sagen, ob erdbebenbegleitende Anstiege gegenüber den normalen Veränderungen der Gaskonzentration signifikant sind.

Der vierte Parameter, dem große Aufmerksamkeit geschenkt wird, ist die elektrische Leitfähigkeit des

Gesteins in Erbebengebieten. Aus Laborversuchen weiß man, daß sich der elektrische Widerstand von wassergesättigtem Gestein wie Granit unter hohem Druck kurz vor dem Bruch drastisch verändert. Einige Feldexperimente in Störungszonen haben eine Verringerung des elektrischen Widerstands vor einem Erdbeben ergeben, bei anderen war das nicht der Fall. Sicher sind noch mehr Studien dieser Art notwendig, bevor die Methode als zuverlässig gelten kann.

Die Veränderungen der seismischen Aktivität sind im fünften Parameter zusammengefaßt. Zu dieser Methode gibt es mehr Informationen als zu den anderen vier, jedoch sind die Ergebnisse zur Zeit noch nicht eindeutig. Kurz gefaßt: Gelegentlich werden vor einem Erdbeben auffällige Veränderungen festgestellt, die generell in einem Anstieg der Rate kleiner Erdbeben bestehen. Manchmal erweisen sich diese Unruhen als Vorbeben eines zerstörerischen Erdbebens. Eine offenbar erfolgreiche Vorhersage auf dieser Grundlage wurde von italienischen Seismologen beschrieben. Nach dem tragischen Hauptbeben vom 6. Mai 1976 in der Friaul-Region im nördlichen Italien wurden Zahl und Stärke der Nachbeben aufgezeichnet. Anfang September 1976 stellte man fest, daß deren Zahl pro Tag beträchtlich stieg. Auf dieser Grundlage wurde von staatlicher Seite eine allgemeine Warnung herausgegeben, in der der Bevölkerung einsturzgefährdeter Gebäuden empfohlen wurde, woanders zu schlafen, gegebenenfalls auch in Zelten. Am 15. September 1976 ereignete sich um 17.15 Uhr ein Nachbeben ($M_s = 6{,}0$), das viele beschädigte Gebäude zusammenfallen ließ. Dennoch kamen bei diesem Erdbeben nur wenige Menschen ums Leben.

Paläoseismologie

Während sich diese fünf Parameter bislang noch nicht als zuverlässige Vorboten erwiesen haben, gibt es eine andere vielversprechende Methode der Erdbebenvorhersage, die eine langfristige Vorhersage der Erdbebenwahrscheinlichkeit in einer Region ermöglicht. Die neue Disziplin der Paläoseismologie spürt nach „fossilen Erdbeben", deren Häufigkeit auf die zukünftige Rate seismischer Aktivität schließen läßt. Auf diesem Gebiet macht man insbesondere Gebrauch von geologischen Befunden über langanhaltende Krustendeformationen und stützt sich auf die allgemeine Theorie der Plattentektonik.

Anläßlich des Erdbebens von San Francisco von 1906 entlang der San-Andreas-Störung beschrieb ein Zeuge seine Eindrücke: »Äste brachen ab, Bäume wurden entwurzelt, und der Wald sah aus, als sei durch ihn eine Schneise von 200 Fuß geschlagen worden.« Bäume schwanken stark bei seismischen Erschütterungen, wobei Äste und sogar Stämme brechen können. Auf der Modifizierten Mercalli-Skala ist ein leichtes Schwanken der Bäume ein Maß für die Intensität V und heftiges Schwanken ein Maß für die Intensität VII; abgebrochene Äste und Stämme legen die Intensität bei VIII+ fest. Häufig verlieren Bäume ihre Kronen, da sich die Bodenerschütterung von der Wurzel bis zur Krone verstärkt. (Auf gleiche Weise wurden in Mexico City die oberen Stockwerke von 12geschossigen Häusern durch die Erschütterungen während des Erdbebens von 1985 beschädigt.)

Diese Beobachtungen deuten darauf hin, daß wir durch die Analyse von Baumringen vielleicht in der Lage sind, die Orte, Zeitpunkte und sogar Intensitäten von Erdbeben der fernen Vergangenheit zu bestimmen. Die Idee dabei ist, daß lokale seismische Erschütterungen möglicherweise das Wachstumsverhalten der Bäume gestört haben, sei es durch das Lockern oder Zerstören des Wurzelsystems, durch den Verlust vieler Äste oder gar der gesamten Baumkrone. Die Wachstumsstörung würde sich durch Veränderungen in der Breite oder Form der Baumringe auswirken. Bei dieser Methode werden in einer erdbebengefährdeten Gegend sowohl von lebenden als auch von abgestorbenen Bäumen Holzkerne entnommen. Die abweichenden Wachstumsraten werden von Ort zu Ort verglichen, um so ein Maß für die Größe des Gebietes mit ehemals hoher seismischer Intensität zu erhalten.

183

8.7 Diese Jeffrey-Kiefer, Pool-Baum genannt, steht seit mehr als 370 Jahren in der Nähe der San-Andreas-Störung im südlichen Kalifornien. Die Krone brach während des großen Erdbebens von 1812 ab. Das Wurzelsystem wurde dabei so stark beschädigt, daß sich das Wachstum, wie es auch die Baumringe zeigen, in den folgenden Jahre verlangsamte.

Allerdings können auch viele andere Naturkatastrophen wie Dürren die Wachstumsrate von Baumringen beeinflussen. Daher kann eine Wachstumslücke in der Nähe einer Störung nur dann einem Erdbebenschaden zugeordnet werden, wenn sämtliche anderen beeinflussenden Mechanismen ausgeschlossen worden sind. So wurden zum Beispiel Baumringe gefunden, deren Größe zur Zeit des großen Erdbebens von 1857 in Tejon in Südkalifornien verändert war.

Gleichzeitig wiesen aber meteorologische Daten auf eine extreme Trockenheit in demselben Jahr hin. In solchen Fällen muß man entscheiden, ob die Ringe mehr den schmalen Streifen ähneln, die in trockenen Jahren entstehen, oder der Abfolge ungleichmäßiger Ringe, die auf eine ausgedehnte Erholungsphase nach einem Erdbeben hindeuten.

Von besonderem Interesse sind Bäume in der Nähe der Störung, die das Beben ausgelöst hat. Bei bekanntem Störungstyp, sollte die Beprobung bestätigen, daß die Schäden an den Bäumen durch ein Erdbeben bedingt sind. Dabei würden Abschiebungen eine breite Zone gestörten Bodens verursachen, während Horizontalverschiebungen normalerweise nur Bäume im Umkreis von einigen Metern um den eigentlichen Störungsbruch betreffen. Der Schlüssel zu dieser Bewertung liegt darin, die Anzahl der Ringe über einen festgelegten radialen Abstand entlang des Holzkerns zu zählen, um schließlich zu versuchen, bei mindestens zwei Bäumen in der Gegend Übereinstimmungen zu finden. Die Abfolge der Baumringe in der Nähe einer vermuteten Erdbebenquelle muß dann mit der von entfernt stehenden Bäumen verglichen werden. Eine Dürre hätte an den Bäumen der gesamten Region die gleiche Abfolge erzeugt, Bodenerschütterungen jedoch nicht.

Zum Thema der Erdbeben-Geochronologie durch Baumringe gibt es viele interessante Veröffentlichungen. Das Lehrbuchbeispiel dieses Studienzweigs ist in Abbildung 8.8 zu sehen. Uralte Nadelbäume nahe der San-Andreas-Störung bei Wrightwood in Kalifornien waren in einer Zone mit intensiven Bodenerschütterungen gewachsen. Der Holzkern auf der Photographie wurde 1986 von einem Baumstumpf genommen. Der Baum war 1957 abgestorben und anschließend gefällt worden. Die Ringe dieses Baums verengen sich 1857, als sich dieser Teil der San-Andreas-Störung zum letzten Mal bewegte. Das gleichförmige Wachstumsmuster war bereits 1812 bei einem anderen verheerenden Erdbeben in Südkalifornien gestört worden. Ungleich dem umfassend untersuchten und ausführlich beschriebenen Erdbeben von 1857 ist das Erdbeben von 1812 lediglich durch lückenhafte geologische Belege dokumentiert.

8.8 Eng zusammenliegende Baumringe in diesem Abschnitt des Stumpfes einer Weißtanne, die auf der San-Andreas-Störung nahe Wrightwood in Kalifornien wuchs, sind das Ergebnis zweier Erdbeben von 1812 und 1857.

Ein anderer überzeugender Beweis stammt von dem gewaltigen *Good-Friday*-Erdbeben von 1964 in Alaska. Am Strand von Cape Suckling, wo der Schub der gestörten Kruste eine Hebung von vier Metern verursachte, wurden Sitka-Fichten durch die Erschütterungen gekippt und ihre Wurzeln freigelegt. Die Holzkerne zeigten wiederum, daß sich die Baumringe 1964, verglichen mit der durchschnittlichen Breite vor und nach dem Erdbeben der Magnitude 8,6, verengt hatten.

Wir kommen nun zu einer weit verbreiteten und möglicherweise zuverlässigeren Methode, die Seismik entlang aktiver Störungen zurückzuverfolgen. Diese Methode basiert auf Geländestudien an Bodenprofilen. Diese Studien ordnen datierte Besonderheiten in der stratigraphischen Abfolge spezifischen großen historischen Erdbeben zu. Unter günstigen Umständen vermögen sie mit hoher Zuverlässigkeit Serien großer Erdbeben bis zum Beginn des Holozän vor 10 000 Jahren zurückzuverfolgen. Ungefähr 50 Kilometer nordöstlich von Los Angeles kreuzt die San-Andreas-Störung zum Beispiel ein tiefliegendes Gebiet, das während der Regenzeit durch die ansteigenden Wässer des Pallett Creek versumpft. Von Geologen in dieser Gegend entlang der Störung ausgehobene Schürfe zeigen gut bestimmbare Schichtfolgen, die sich aus Silt, Sand und dem bräunlichen, teilweise zerfallenen Pflanzenmaterial des Torfes zusammensetzen. Die Geologen sind der Ansicht, daß Versetzung und Bodenverflüssigung als Folgen großer Erdbeben oft in solchen Schichten aus Sand und Torf konserviert sind.

Bei heftigen Bodenerschütterungen verflüssigen sich wassergesättigte Sandschichten in einiger Tiefe unterhalb der Oberfläche. Durch den Überdruck überlagernder Sedimente kann das leichtere Wasser-Sand-Gemisch aufsteigen und dort Sandlagen bilden. Setzt sich der Kreislauf von feuchten und trockenen Jahreszeiten fort, wachsen Gras und andere Pflanzen auf dem Sand und der Pallett Creek sowie benachbarte Ströme transportieren Kies und Silt. Diese Sedimente überdecken die durch die intensive Erschütterung gebildete Sandschicht. Der abgelagerte Silt beinhaltet nun den Torf aus den Pflanzenresten. Nach einiger Zeit tritt ein neues Erdbeben auf, verflüssigt den Sand erneut und bildet wieder Sandströme an die Oberfläche. Diese werden im Wechsel wieder bedeckt. Somit wird eine Serie wechselnder Sand- und Siltschichten mit Torf gebildet, wobei die jüngeren Schichten über den älteren liegen. Die Pflanzen und anderes organisches Material in den Schichten werden mittels der Radiokarbonmethode datiert.

Am Pallett Creek erhielt man Hinweise auf neun Erdbeben, die sich bis ins Jahr 545 über mehr als 1400 Jahre zurückverfolgen lassen. Die folgenden Daten sind mit einer Ausnahme Näherungswerte: 1857, 1745, 1470, 1245, 1190, 965, 860, 665, 545. Das Jahr 1857 repräsentiert das genau dokumentierte Fort-Tejon-Erdbeben vom 9. Januar, das letzte durch einen Bruch des nahegelegenen Segments der San-Andreas-Störung ausgelöste größere Erdbeben. Somit ist eine direkte Überprüfung der Methode möglich. Die wesentliche Erkenntnis der Arbeiten

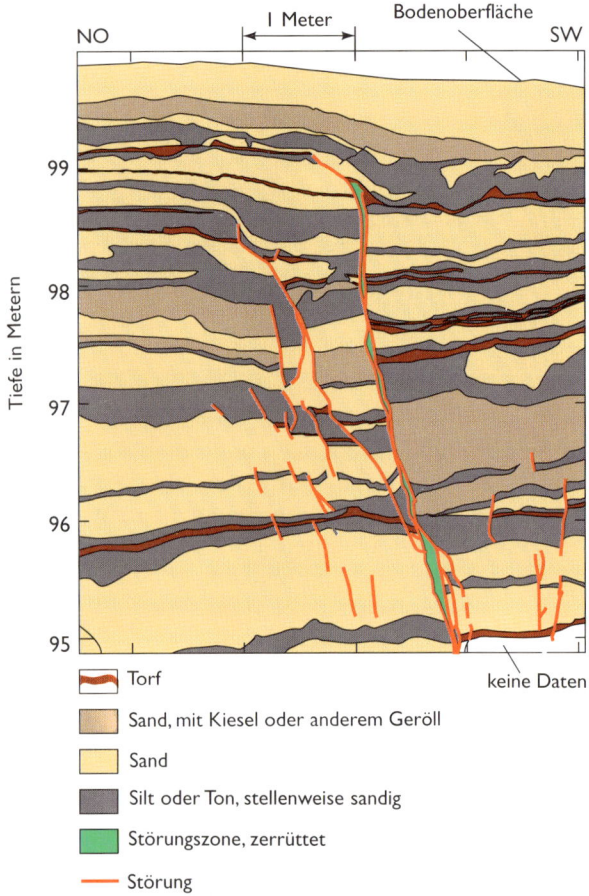

8.9 In einem Anschnitt an der südwestlichen Wand eines Grabens im kalifornischen Pallett Creek ist die San-Andreas-Störung aufgeschlossen. Die Torfschichten (dunkelbraun) zeigen infolge wiederholter Erdbeben mit zunehmender Tiefe steigende Versetzungsbeträge. Die obersten, ungestörten Schichten entstanden nach dem Erdbeben von 1857; das unterste Torfbett an der südwestlichen Seite der Störung wurde ungefähr 800 nach Christus abgelagert.

8.10 In der Ausschachtung eines Grabens in der Tanlu-Störungszone der chinesischen Anhui-Provinz stieß man auf diese verfestigte „Röhre", die sich während eines Erdbebens durch aufsteigendes Sand- und Wassergemisch gebildet hatte.

am Pallett Creek lautet, daß die durchschnittliche Zeitspanne zwischen den vergangenen Erdbeben mit großem Schwankungsbereich bei ungefähr 160 Jahre lag. Das längste Zeitintervall dauerte nahezu 200 und das kürzeste 55 Jahre.

Ähnliche Untersuchungen über Bodenverflüssigungen wurden seitdem vielerorts auf andere aktive Störungen übertragen, einschließlich solcher in

China und Japan. Es sollte jedoch festgehalten werden, daß es auch bei großen Erdbeben nicht zur Verflüssigung kommen muß, wenn sie in der Trockenzeit auftreten und der Boden nicht feucht genug ist.

Die Cascadia-Subduktionszone

Wie gut kann die analytische Seismologie die Geschichte vergangener großer Erdbeben enträtseln? Und wie gut kann darüber hinaus ein solcher paläoseismologischer Befund dazu beitragen, künftige Erdbebengefahren vorherzusagen? Ein Fallbeispiel aus der Cascadia-Region zeigt, wie moderne geologische Untersuchungen diesen Ansprüchen gerecht werden.

Durch den Nordwesten Nordamerikas zieht sich ein Band von vulkanischen Bergen, die Cascade Range, von Kalifornien aus durch die Staaten Oregon und Washington bis nach British Columbia in Kanada. Diese Vulkane sind das Ergebnis einer Subduktion, bei der die Juan-de-Fuca-Platte und die angrenzende Gorda-Platte unter die Nordamerikanische Platte abtauchen. Die gesamte Region wird als Cascadia-Subduktionszone bezeichnet und zieht sich Richtung Norden von Cape Mendocino, wo die San-Andreas-Störung nach Westen in den Pazifik schwenkt, bis nördlich von Vancouver Island. Über die letzten Millionen Jahre hinweg wurden die beiden Pazifikplatten nach und nach um unterschiedliche Beträge unter den westlichen Rand der Kontinentalplatte subduziert. Durch die an anderen Subduktionszonen gesammelten Erfahrungen erwarten wir Phasen sanften Gleitens im Wechsel mit Phasen, in denen die Subduktionsplatte in ihrer Bewegung behindert wird, bis schließlich die Spannung die Festigkeit des Gesteins übersteigt. Dann wird die Spannung schlagartig freigesetzt und kann ein großes Erdbeben verursachen. Dabei kann ein so großes und heftiges Erdbeben wie 1964 in Alaska entstehen, das durch die Subduktion der Pazifischen Platte entlang des Aleutengrabens unter Alaska verursacht wurde.

Messungen der derzeitigen Bewegungen der Pazifischen und Nordamerikanischen Platte belegen, daß die Platten sich entlang dieses Bereichs immer noch mit einer durchschnittlichen Geschwindigkeit von ungefähr vier Zentimetern im Jahr aufeinander zubewegen. Während die Juan-de-Fuca-Platte von der Nordamerikanischen Platte überfahren wird, schmilzt unter ihr das Material an den Rändern der subduzierten Platte. Aufgeschmolzenes Gestein dringt in Form von Magma an die Oberfläche und bildet aktive Vulkane wie den Mount St. Helens. Entlang des Kontinentalrandes selbst, so bestätigten geodätische Untersuchungen, wird die Bergkette der

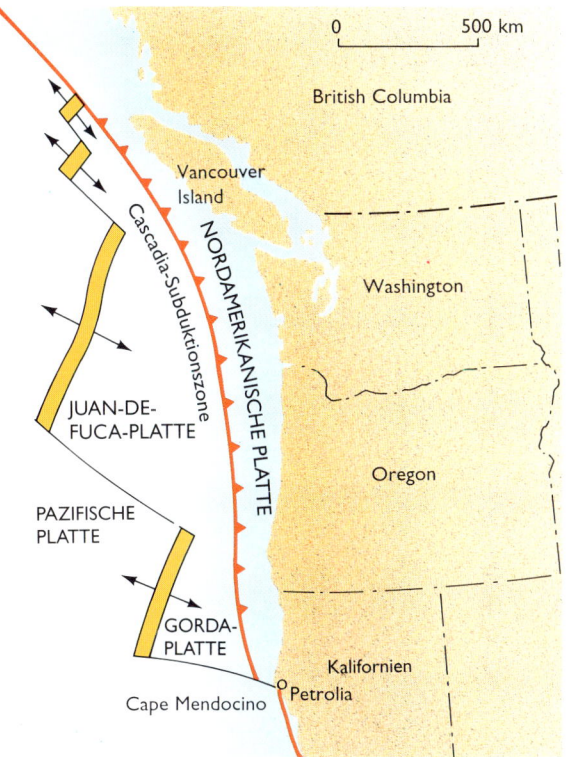

8.11 An der Cascadia-Subduktionszone tauchen die Juan-de-Fuca-Platte und die Gorda-Platte unter die Nordamerikanische Platte.

Cascades zusammengepreßt und Bereiche der Küste Washingtons gehoben. Ungeachtet der geologischen Aktivität wurden entlang der Cascadia-Subduktionszone in Oregon in der Vergangenheit keine wesentlichen Erdbebenaktivitäten registriert.

Ob der Nordwesten der Vereinigten Staaten erdbengefährdet ist, hängt davon ab, ob der Subduktionsprozeß immer noch aktiv genug ist, um innerhalb einer absehbaren Zeit ein Erdbeben auszulösen. Bis vor einigen Jahren glaubten Geologen aufgrund des Ausbleibens größerer Erdbeben, die Cascadia-Zone sei annähernd aseismisch. Jetzt hat eine Reihe von Befunden eine gründliche Überarbeitung dieses Bildes der Ruhe veranlaßt. Erstens muß genau wie bei anderen Subduktionszonen die unbestrittene Konvergenz der Nordamerikanischen Platte gegen die küstennahen Pazifischen Platten eine Abwärtsbewegung der Ozeankruste unter die Cascades hervorrufen; das Gestein kann nirgendwo anders hin! Zweitens gibt es aktuelle und direkte Hinweise auf deformierte wassergesättigte ozeanische Sedimente aus dem Holozän (die letzten 10 000 Jahre) entlang eines Gürtels aus Krustengestein, der mächtige, gefaltete Schichten, den „fold-and-thrust belt" (Gebirgsgürtel aus gefaltetem und gestörtem Gestein) enthält. Auch an Land wurden in der obersten Kruste des südlichen Bereichs der Cascadia-Zone viele relativ junge, gefaltete Strukturen entdeckt. Die horizontale Einengung, entstanden sowohl durch die submarine als auch durch die kontinentale Faltung, steht im Einklang mit dem stetigen Zusammendrücken der beiden Platten.

Drittens gibt es Hinweise darauf, daß der Boden entlang der Küstenlinie Phasen der Hebung und Absenkung erfahren hat. Entlang einer Anzahl von Flußmündungen oder Meeresarmen, die im Gezeitenbereich liegen, wurden bis zu einer Tiefe von mehre-

ren Zehner Metern Metallzylinder in den wassergesättigten Schlamm gebohrt. Die langen zylindrischen Schlammkerne enthalten Abschnitte von weichem, gefecktem, grauem Schlamm, durchsetzt von dünneren Lagen, die fossile Rückstände von Baumstümpfen, Treibholz und teilweise Torf enthalten. Die torfhaltigen Schichten müssen zu Zeiten abgelagert worden sein, als die Landoberfläche oberhalb des höchsten Gezeitenniveaus lag. Sie waren mit Marschen von salzresistenten Pflanzen bedeckt, die den heutigen entlang der Pazifikküste geähnelt haben. Für die Entstehung jeder der dünnen, torfhaltigen Schichten müssen die Marschen schlagartig unter den Meeresspiegel abgesunken und von Sand und feinkörnigen Sedimenten bedeckt worden sein. Das organische Material in den torfhaltigen Schichten kann mittels der Radiokarbonmethode auf einige Jahrzehnte genau datiert werden. An der Küste des Staates Washington sind ausgedehnte, tiefliegende Marschflächen in den vergangenen 7000 Jahren bis zu sechsmal um 0,5 bis 2,0 Meter abgesunken. Die letzte Absenkung erfolgte vor ungefähr 300 Jahren.

A

Torf

B

Schlamm

C

Torf

8.12 In diesem Anschnitt sind Aufstieg und Absenkung der küstennahen Salzmarschen im Mad-River-Schlamm der Humboldt Bay in Kalifornien dokumentiert: Wechselschichtung von Torf (nach dem Aufstieg abgelagert) und Schlamm (nach der Absenkung abgelagert). Die Beschriftung verweist auf rezente Marsch (A), die Basis einer jüngeren Torfschicht (B) und die obere Schichtgrenze einer 300 Jahre alten verschütteten Torflage (C).

8.13 Die Küste wurde nach dem Erdbeben in Alaska 1964 abgesenkt und überflutet. Wie auf dem heutigen Photo (unten) desselben Ausschnitts zu sehen ist, hob sich die Küste später wieder.

Derartige Wechsel der Küstenlinie sind in Alaska und Chile nach großen Subduktionszonen-Erdbeben nicht selten. So betrug zum Beispiel die Hebung und Absenkung der Küste bei dem Erdbeben von 1964 in Alaska mehrere Meter. In beiden Gebieten wurde durch die Absenkung der Küste fruchtbares Flachland von wasserbedeckten Flächen und Flußmündun-gen eingenommen. Über Zehntausende von Jahren wurden fruchtbare Küstenmarschen wiederholt über-schwemmt und dann durch die langsame Hebung und erneute Bodenbildung wieder in den ursprünglichen Zustand versetzt. Die Überschwemmung von frucht-barem Küstenland fiel zumindest gelegentlich mit großen Erdbeben an Überschiebungen zusammen.

Unter Berücksichtigung dieser Argumente konnte die Erdbebengefahr entlang der Cascadia-Subduktionszone neu bewertet werden. Im Extremfall könnte der gesamte Cascadia-Subduktionsbereich in einem Zug unter den Kontinent gleiten und dabei ein unglaubliches Erdbeben auslösen. Ein weniger dramatisches Szenario beruht auf der zugegebenermaßen langsamen Konvergenzrate und der momentanen Aseismizität in Oregon und dem Süden Washingtons entlang der Subduktionszone. Ein plötzliches Rutschen würde hier lediglich in begrenzten Bereichen der Subduktionszone einsetzen. Gemäßigte Erdbeben können entlang der Cascadia-Zone erwartet werden, insbesondere in dem an die Juan-de-Fuca-Platte angrenzenden Bereich.

Das benachbarte Gorda-Plattensegment vor der Küste Nordkaliforniens unterscheidet sich von der Cascadia-Zone im Norden darin, daß von ihm relativ viele Erdbeben, bis zu einer Magnitude von 7,5, ausgehen. Folglich muß die Ozeankruste der kleinen Gorda-Platte viele aktive Störungen enthalten, an denen elastische Spannung frei wird. Innerhalb der Gorda-Platte folgt der Gürtel deformierten Krustengesteins der Küstenlinie bis in die Nähe von Cape Medocino,

wo er sich mit der nach Nordwesten verlaufenden San-Andreas-Störung mit ihren Horizontalverschiebungen kreuzt. In diesem Bereich verschmelzen somit drei recht verschiedene tektonische Strukturen: die San-Andreas-Störung, der untermeerische Mendocino-Steilhang und der Cascadia-„*fold-and-thrust belt*". Vermutlich beeinflußt der Ausgleich von Spannungen in diesem Knotenpunkt die zeitliche Abfolge von großen Erdbeben in allen drei Systemen.

In der Tat hat ein in jüngster Zeit stattgefundenes Ereignis Spekulationen über die aktuelle Seismizität der Gorda-Platte aus dem Weg geräumt. Am 25. April 1992 hat ein Schub dieser Subduktionsplatte in geringer Tiefe unter dem Cape Mendocino nahe Petrolia ein beträchtliches Erdbeben ($M_s = 6{,}9$) verursacht. Am Tag darauf folgten zwei zerstörerische Nachbeben. Besonders in der Stadt Ferndale wurden viele alte Holzhäuser von ihren Fundamenten gerissen. Nahe Cape Mendocino wurde auf festem Gestein mit mehr als dem 1,8fachen der Erdbeschleunigung eine extrem hohe horizontale Beschleunigung gemessen. Während diese Beschleunigung derzeit möglicherweise den Weltrekord darstellt, zeichneten die meisten anderen Beschleuni-

8.14 Der Schub der Subduktionsplatte am Cape Mendocino rief im Jahre 1992 einen Anstieg der Küste um 1,2 Meter hervor. Wie auf dem Photo zu sehen ist, das sechs Wochen nach dem Erdbeben am Devil's Gate entstand, wurde durch die Hebung eine Lage intertidaler Pflanzen abgetötet.

gungsmesser in diesem Gebiet nur seismische Wellen von durchschnittlicher Amplitude auf.

Die Gezeitenzone entlang der Küste nahe Cape Mendocino wurde unmittelbar nach dem Erdbeben vermessen, wobei man kaum Höhenänderungen fand. In diesem Fall bedurfte es einiger Tage mit Gezeitenwechsel, bis die wesentlichen geologischen Hinweise zum Vorschein kamen. Ungefähr eine Woche nach dem Hauptbeben wurden Geologen von Bewohnern angesprochen, die sich über den Gestank von verrottendem Seegras und anderen Lebewesen der Gezeitenzone entlang der Küste beklagten. Ein erneuter Besuch an der Küste zeigte diesmal, daß sich ein Bereich von 100 Kilometern Länge relativ zur Hochwasserlinie um etwa einen Meter angehoben hatte. Die Hebung über die Hochwasserlinie hinaus führte in dem gehobenen Küstenvorland zum Absterben der marinen Lebewelt, wobei ein deutlicher Streifen entfärbter Muscheln zurückblieb.

Die jüngsten Studien entlang der Cascadia-Subduktionszone zeigen deutlich, wie verschiedene geologische und geophysikalische Befunde zur besseren Erkennung von Erdbebengefahren in tektonisch aktiven Gegenden dienen können, in denen es im Unterschied zum San-Andreas-Störungssystem in Kalifornien keine historischen Hinweise auf große Erdbeben gibt. Momentan können Geologen keine zuverlässige Vorhersage treffen, wann oder ob die Cascadia-Zone in den nächsten 100 Jahren von einem großen Erdbeben getroffen wird. Die Studien sagen zumindest aus, daß im nordwestlichen Teil der Vereinigten Staaten und in der Vancouver Island Region Kanadas eine bedeutsame seismische Gefahr nicht ausgeschlossen werden kann.

Berechnung der Erdbebenwahrscheinlichkeit

Im Falle natürlicher Gefahren wie Fluten und Stürme besteht die beste Strategie in der Ermittlung der sta-tistischen Wahrscheinlichkeit, mit der solch ein Ereignis stattfindet. Diesen Ansatz machen sich auch Seismologen zunutze, wenn sie sich in erdbebengefährdeten Gebieten öffentlich zur Wahrscheinlichkeit eines Erdbebens äußern. Insbesondere nach dem Loma-Prieta-Erdbeben von 1989 bewertete eine vom U.S. Geological Survey gegründete Arbeitsgruppe die Wahrscheinlichkeit zukünftiger Erdbeben in Nordkalifornien. Sie berechneten, daß die Chance für ein Erdbeben der Magnitude 7,0 (M_w) oder mehr in den nächsten 30 Jahren in der San Francisco Bay Area bei 67 Prozent läge. Ihre Methode beruht sowohl auf einer Analyse vergangener Erdbeben als auch auf einer Berechnung der angestauten Spannung.

Die Wahrscheinlichkeit ist ein Maß für die Chance, daß sich ein Vorfall ereignen wird. Die Wahrscheinlichkeit reicht dabei von *null*, was bedeutet, daß es keine Chance für das Eintreten des Vorfalls gibt, bis *eins*, wobei ein Ereignis sicher stattfinden wird. Zahlen zwischen diesen Werten stellen ein Maß für die relative Wahrscheinlichkeit eines Vorfalls dar. Zum Beispiel liegt die Wahrscheinlichkeit, durch einen Wurf den Kopf einer Münze zu erhalten, bei 0,5 (50 Prozent) und die Wahrscheinlichkeit, ein Herz aus einem Stapel Spielkarten zu ziehen, bei 0,25 (25 Prozent). Sollte die Münze unregelmäßig oder die Karten nicht richtig gemischt sein, werden sich diese Wahrscheinlichkeiten allerdings verschieben.

Für Wahrscheinlichkeiten im Zusammenhang mit Spielen und vielen anderen Lebensumständen haben die meisten Menschen aufgrund von Erfahrungen realistische Vorstellungen. Daraus folgt, daß nur wenige Leute in Frage stellen würden, daß die Wahrscheinlichkeit eines Unfalls beim Fahren auf einer vollen Autobahn höher ist als beim Gehen auf dem Bürgersteig. Anzunehmen wäre auch Übereinstimmung darüber, daß die Wahrscheinlichkeit, durch ein Erdbeben verletzt zu werden, in Los Angeles allgemein höher ist als in Texas. Es wird auch sicherlich allgemein akzeptiert, daß die Gefahr einer solchen Verletzung davon abhängt, ob sich eine Person in einem unbewehrten Ziegelgebäude oder in einem mit dem Fundament verbundenen Holzrahmenhaus befindet. Die Anforderung besteht darin, solche Vermutungen in Zahlen zu fassen, wie wir es bereits für das Werfen der Münze gemacht haben.

Eine sinnvolle Formulierung ist die Bestimmung der Wahrscheinlichkeit für ein zu erwartendes Erdbeben oder die Bestimmung der Größe von Erdbeben, die zu einer bestimmten Zeit in einer Region auftreten. Wenn wir in einer Region die Anzahl und Magnituden aller Erdbeben der vergangenen 100 Jahre kennen, können wir hoffen, daß wir zuverlässige Aussagen über die zu erwartende durchschnittliche Magnitude des nächsten Erdbebens in dieser Region machen können oder über die Wahrscheinlichkeit, daß die Stärke alle 10 oder 20 Jahre übertroffen wird. In der San Francisco Bay Area zum Beispiel gab es in den 55 Jahren zwischen 1936 und 1991 fünf Erdbeben mit einer Magnitude von 6,75 oder mehr. Treten diese Erdbeben rein zufällig auf, läßt sich berechnen, daß ein weiteres Erdbeben mit gleicher oder höherer Magnitude mit hoher Wahrscheinlichkeit in den nächsten 55:5 = 11 Jahren eintreten wird.

Diese Art der Wahrscheinlichkeitsrechnung birgt ein ernsthaftes Problem: Erdbeben treten in einer tektonisch aktiven Region in Abhängigkeit von systematischen Tendenzen nicht rein zufällig auf, sondern im allgemeinen schwerpunktmäßig oder durch Ruhezeiten getrennt. Beispiele für lang anhaltende Ruhezeiten wurden in Kapitel 5 beschrieben. Diese Abweichungen in Zeit und Raum führen dazu, daß das Konzept der Bestimmung durchschnittlicher Wahrscheinlichkeiten für Erdbeben oberhalb einer bestimmten Magnitude für eine kurzfristige Planung nicht ausreicht.

Eine alternative Methode zur Bestimmung der Wahrscheinlichkeit basiert auf der Theorie der elastischen Rückformung, bei der die Erdbeben Folge von schlagartig einsetzenden Bewegungen in Störungsbereichen sind, die dem elastischen Druck des umgebenden Gesteins nicht länger standhalten können. Je stärker die Beanspruchung steigt, desto wahrscheinlicher ist die Entstehung eines weiteren Erdbebens. Aufgrund geologischer und geodätischer Daten kön-

nen die Wissenschaftler abschätzen, welche Segmente in der Zukunft am gefährdetsten sind.

Der erste Schritt besteht in der genauen Lokalisierung der Störungssegmente. Dies geschieht im allgemeinen durch die kartographische Aufnahme von Krümmungen oder Versetzungen entlang der Störung sowie ihrer Schnittpunkte mit anderen Störungen. Dann wird angenommen, daß das stärkste Erdbeben an den jeweiligen Segmenten durch den Bruch des gesamten Segments entsteht. Kürzere Abschnitte würden Erdbeben mit geringeren Magnituden und größere Bereiche Erdbeben mit höherer Magnitude auslösen. Der plötzliche Bruch eines 40 Kilometer langen Segments einer Störung wie der San-Andreas-Störung führte 1989 so zu dem Loma-Prieta-Erdbeben mit der Magnitude 7.

Der zweite Schritt zur Abschätzung der Wahrscheinlichkeit besteht in der Erkundung, welche Störungssegmente in der Vergangenheit entlang einer aktiven Störungszone gerutscht sind. Außerdem muß die Rate bestimmt werden, mit der sich die Beanspruchung in dieser Region wieder aufbaut. Zur Verdeutlichung greifen wir auf Informationen zurück, die 1989 verfügbar waren, als in den Santa Cruz Mountains ein Bereich der San-Andreas-Störung nachgab und das Loma-Prieta-Beben erzeugte. Aus geodätischen Langzeitmessungen ergibt sich entlang der San-Andreas-Störung in Zentralkalifornien eine durchschnittliche relative Versetzungsrate von 1,5 Zentimetern pro Jahr. Zum Vergleich sei erwähnt, daß bei dem San-Francisco-Erdbeben von 1906 das Santa-Cruz-Segment der Störung vermutlich nur um 1,6 Meter versetzt wurde, während sich das Segment nördlich von San Francisco um mehr als fünf Meter bewegte. Folglich war auf der Grundlage einer konstanten Verschiebungsrate, zumindest bis zur Entlastung durch das Erdbeben von 1989, die Wahrscheinlichkeit für ein Erdbeben in den Santa Cruz Mountains größer als die Wahrscheinlichkeit eines Bruches in dem nördlich gelegenen Segment.

Jedem Erdbeben entlang eines Störungssegments wird eine Magnitude zugeordnet. Somit können wir die Zeitintervalle zwischen den Beben messen, die

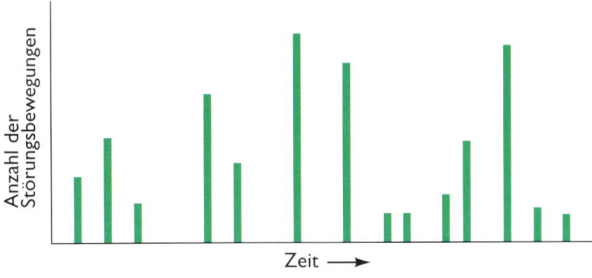

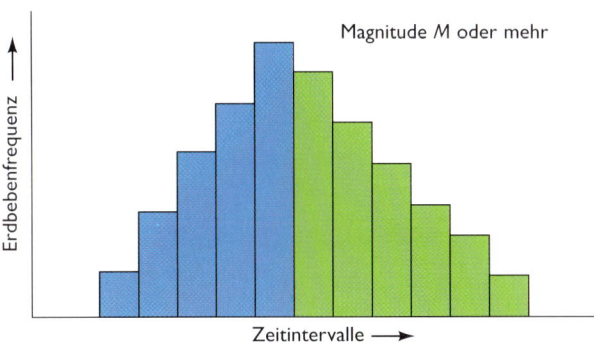

8.15 Oben: Aus den Gesteinsabfolgen erhalten Geowissenschaftler Informationen über unterschiedliche Bewegungsbeträge entlang einer Störung. Jede Rutschung ist proportional zu dem Erdbeben, das sie erzeugt. Die Zeitintervalle zwischen den Erdbeben, die oberhalb einer gewissen Magnitude liegen, können addiert werden; hieraus entsteht das untere Histogramm. Unten: Das Histogramm zeigt die Anzahl von Erdbeben mit einer gewissen Magnitude *M* oder größer, die in bestimmten Zeitintervallen seit dem letzten Erdbeben auftraten.

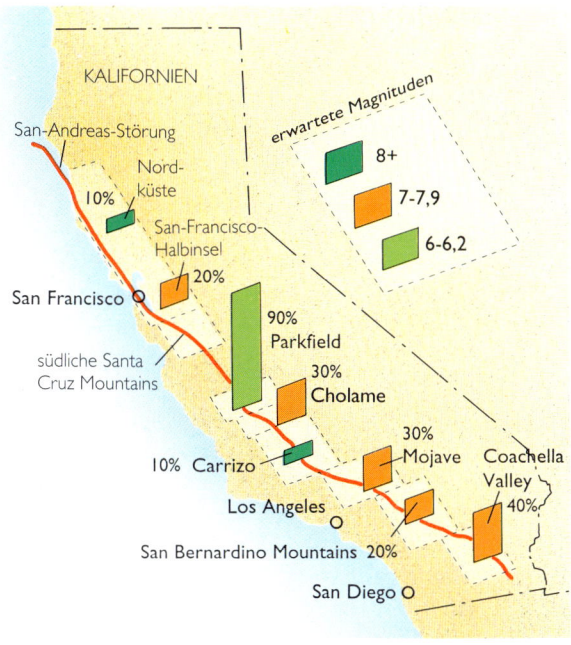

8.16 Die Balken auf der Karte Kaliforniens zeigen eine grobe Schätzung der Wahrscheinlichkeiten, mit denen große Erdbeben in verschiedenen Segmenten der San-Andreas-Störung in den kommenden 30 Jahren auftreten werden.

eine bestimmte Magnitude überschritten haben. Daraufhin bestimmen wir, mit welcher Magnitude ein Erdbeben innerhalb einer bestimmten Zeitspanne – in Intervallen von 50, 60 Jahren und so weiter – eintritt. Diese Daten werden in einem Histogramm dargestellt, das die Frequenz von Erdbeben oberhalb einer gegebenen Magnitude anzeigt. Dem Histogramm können wir zum Beispiel das Zeitintervall der wahrscheinlichsten Wiederkehr eines Bebens entnehmen, indem wir die Linie finden, die das Histogramm rechts und links in gleiche Flächen teilt.

Diese Art der Abschätzung der Wahrscheinlichkeit basiert auf der Summe von Bewegungen an den Störungssegmenten. Sie ist jedoch nur in Regionen anwendbar, wo aktive Störungen an der Oberfläche zu beobachten sind. Die Einschränkung ist entscheidend. Eines der wenigen seismischen Gebiete auf der Welt, wo an der Oberfläche aktive Störungen im Detail kartiert sind, erstreckt sich entlang der San-Andreas-Transformstörung in Kalifornien. Eine Karte mit den derzeitigen Erdbebenwahrscheinlichkeiten in dieser Gegend ist in Abbildung 8.16 dargestellt. Den veröffentlichten Wahrscheinlichkeiten liegen viele Annahmen zugrunde, und auch die hier angegebenen Zahlen weisen große Unsicherheiten auf. Die Zuverlässigkeit dieser Schätzungen wird sich zukünftig verbessern, wenn weiterhin geologische und geodätische Untersuchungen durchgeführt werden.

Das Vorhersageexperiment am Beispiel des Parkfield-Erdbebens

Eine besondere Fallstudie verdeutlicht die Erwartungen und Enttäuschungen eines modernen Programms, das für die Vorhersage von Erdbeben einer gewissen Größe entwickelt wurde. Dieses Beispiel betrifft die Parkfield-Region entlang der San-Andreas-Störung in Zentralkalifornien. In diesem offenen Farmland, weit entfernt von dicht besiedelten Gebieten, sind die Spuren der San-Andreas-Störung deutlich sichtbar; ihre seismologischen Eigenschaften entlang eines 25 Kilometer langen Abschnitts gehören zu den am besten untersuchten auf der Welt.

Die seit 1887 durch die University of California installierten Seismographen haben am San-Andreas-Graben nahe Parkfield 1901, 1922, 1934 und 1966 mittelschwere Erdbeben (Magnitude 5,5 bis 6,0) aufgezeichnet. Die Berichte von Einwohnern aus dem 19. Jahrhundert deuten darauf hin, daß ähnliche Erdbeben auch 1857 und 1881 auftraten. Die Erdbebendaten lassen sofort ein zyklisches Muster erkennen: Die Beben treten mit einer fast konstanten Zeitspanne von 22 Jahren wieder auf. Die einzige Ausnahme ist das Beben von 1934. Weiterhin zeigen Seismogramme, daß die Erdbeben vom 10. März 1922, 8. Juni 1934 und 28. Juni 1966 ähnliche Wellenformen hatten, ein Hinweis darauf, daß in allen drei Fällen dieselben Segmente der San-Andreas-Störung auf ähnliche Weise gebrochen waren. Eine plausible Erklärung war, daß das Parkfield-Segment der San-Andreas-Störung immer wieder mit einem charakteristischen Mechanismus zurückschnellt. Folglich kann, wie bei einer Maschine, ein regelmäßiger Verhaltenszyklus erwartet werden.

Nach der Entdeckung des scheinbaren Parkfield-Zyklus wurde für das „Parkfield Earthquake Prediction Experiment" des U.S. Geological Survey eine große Anzahl von Forschern und Geräten bereitgestellt. Das zyklische Muster ließ vermuten, daß das nächste Parkfield-Erdbeben mit einer statistischen Abweichung von etwa vier Jahren für ungefähr 1988 erwartet werden konnte. Diese Gegend schien wie

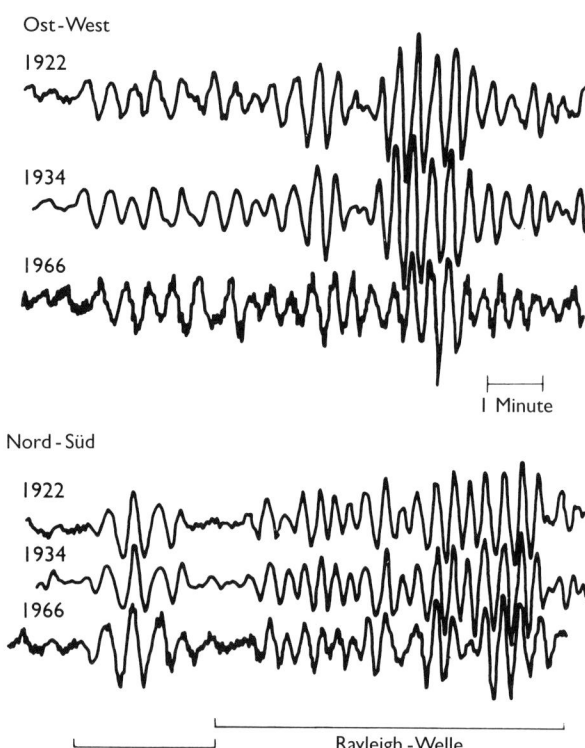

8.17 Diese Oberflächenwellen der Parkfield-Erdbeben von 1922, 1934 und 1966 wurden von demselben Seismographen in Debilt, Niederlande, aufgezeichnet. Aufgrund der annähernd identischen Wellenformen und Amplituden bezeichneten W. Bakun und T. V. McEvilly 1984 die wiederholten Brüche desselben Segments der San-Andreas-Störung als den Mechanismus, der für die großen Parkfield-Erdbeben charakteristisch ist.

der ideale Ort, um nach Vorboten Ausschau zu halten. Die Seismologen gingen bei der Installation einer Reihe hoch auflösender Überwachungsgeräte bis an die technologischen Grenzen, um Parameter wie kleinste Unterschiede im Muster lokaler Erdbeben, Bodendeformationen, wie Verkippungen, elektromagnetische Merkmale und vieles andere mehr zu messen.

Als im Dezember 1992 die amerikanische Version dieses Buches fertiggestellt wurde, neigte sich der vorhergesagte Zeitraum für eine Wiederholung des

Parkfield-Erdbebens von 1966 dem Ende zu, und das vorhergesagte Erdbeben war noch nicht eingetreten. Auf dem jährlichen Treffen der American Geophysical Union in San Francisco wurde das Parkfield-Experiment in einer Konferenz nachträglich analysiert und zu Grabe getragen. Man gab zu, daß die Vorhersage falsch war, möglicherweise weil die angenommenen Erdbebenmechanismen unrichtig waren, vielleicht weil die großen Erdbeben der jüngsten Vergangenheit in Zentralkalifornien das Wiederholungsmuster des Parkfield-Bebens verändert haben oder weil die zur Kalkulation der Erdbebenwahrscheinlichkeit herangezogenen Statistiken unzuverlässig waren.

Ein positives Ergebnis liegt, wie Teilnehmer auf der Nachbesprechung betonten, in den gewonnenen Erfahrungen hinsichtlich von Konstruktion, Einrichtung und Betrieb spezieller geophysikalischer Überwachungsinstrumente. Die an die Öffentlichkeit gegebenen Warnungen waren zwar falsch, jedoch wurden die Kenntnisse der Bevölkerung und das Wissen über Erdbeben vertieft. Auch wenn das Parkfield-Experiment zur Vorhersage von Erdbeben in der seismologischen Geschichte untergeht, können wir sicher sein, daß in der Gegend von Parkfield eines Tages wieder ein großes Erdbeben eintreten wird. Die dortige Beanspruchung der San-Andreas-Störung wächst wie auch andernorts unerbittlich, da die Pazifische und die Nordamerikanische Platte weiterhin ihren entgegengesetzten Bahnen folgen.

Die Folgen der Erdbebenvorhersage

Werden die seismologischen Forschungen fortgesetzt, können künftig in einigen Ländern möglicherweise Erdbebenvorhersagen aus zuverlässiger Quelle gemacht werden. In der westlichen Welt beschäftigen sich Studien sowohl mit den ungünstigen als auch mit den günstigen Folgen von Erdbebenvorhersagen. Würde zum Beispiel der Termin für ein großes zerstörendes Erdbeben in Kalifornien etwa ein Jahr zuvor genau vorhergesagt und fortlaufend auf den neuesten Stand gebracht, könnten die Anzahl der Opfer und die Schäden erheblich reduziert werden. Die Kommunen dieser Gegend wären aber mit sozialen Problemen und wirtschaftlichem Niedergang konfrontiert, wenn die Investitionen zurückgehen und die Leute samt ihrer Häuser und Geschäfte umsiedeln. Sehr kurzfristige Ankündigungen würden sofortige Vorbereitungen zur Verminderung des Risikos zu Hause und am Arbeitsplatz ermöglichen; außerdem könnten Krankenhäuser, Polizei, Feuerwehr und andere Einsatzkräfte in ständige Alarmbereitschaft versetzt werden. Wird der Alarm jedoch langfristig fortgesetzt, würde durch den Einfluß auf das öffentliche Leben, durch die Einstellung aller Arbeitsaktivitäten, die Schließung von Schulen und ähnlichem eine nicht zu vermeidende soziale Notlage entstehen. Der richtige Ansatz ist derzeit die Einsicht, daß eine Erdbebenvorhersage im engeren Sinn momentan nicht möglich ist. In einigen Teilen der Welt jedoch, besonders entlang von Plattenrändern, ist die maximale Stärke eines zukünftigen Erdbebens abschätzbar und in den nächsten Jahrzehnten einige tragfähige Angaben zur Wahrscheinlichkeit eines solchen Erdbebens möglich. So lange solche Äußerungen nicht dazu führen, daß man den Vorhersagen zu großes Vertrauen entgegenbringt, können sie der offiziellen Seite helfen, ihrer Verpflichtung nachzukommen und nach Mitteln zur Reduzierung des Erdbebenrisikos zu suchen.

9

Verminderung des Erdbebenrisikos

9.1 Gebäude aus unbewehrtem Mauerwerk, wie diese Häuser an einem Berghang im sizilianischen Gibellina nach einem Erdbeben im Jahre 1968, sind besonders gefährdet.

Unter den gefährlichen Naturereignissen wie Lawinen, Vulkanausbrüchen und Überflutungen sind es die Erdbeben, die wir am meisten fürchten. Allein während des Jahres 1976 fielen den verheerenden Beben in Guatemala, Italien und China etwa 200 000 Menschen zum Opfer. Doch die Katastrophe kann noch größer ausfallen. Die offizielle chinesische Chronik schätzt, daß bei dem Beben vom 23. Januar 1556 in der Provinz Shensi etwa 830 000 Tote zu beklagen waren.

Die Zerstörung von Eigentum kann aber fast genauso hart treffen wie Verletzungen. Erdbeben richten die Wirtschaft in vielen Ländern bisweilen zugrunde: Das mexikanische Unglück von 1985 verursachte Kosten von mehr als vier Milliarden Dollar, und auch das mittelschwere Beben von Loma Prieta in Zentralkalifornien im Jahre 1989 richtete Schäden in Höhe von sechs Milliarden Dollar an. Das armenische Beben von 1988 zerstörte große Teile einiger Industriestädte und führte die gesamte nationale Ökonomie in den Bankrott. Die wirtschaftlichen Einbußen aus diesem Erdbeben betragen schätzungsweise 16 Milliarden Dollar.

In einem ersten ernsthaften Versuch, die weltweiten Risiken durch Naturereignisse zu vermindern, hat die Generalversammlung der Vereinten Nationen die neunziger Jahre zur „Internationalen Dekade für Katastrophenvorbeugung" (*International Decade for Natural Disaster Reduction*, IDNDR) ausgerufen. UN-Kommissionen, nationale Organisationen und Berufsverbände der Ingenieure und Geologen arbeiten zusammen, um die Auswirkungen von Naturgewalten wie Erdbeben und daraus entstehenden Gefahren wie Tsunamis zu begrenzen. Die Gesellschaft ist hilflos, einer *Naturgefahr* vorzubeugen, ein Begriff, den wir für ein Ereignis verwenden, das potentiell gefährlich ist. Aber durch das UN-Programm erhofft man sich, das aus Erdbeben entstehende *Risiko* zu verringern und damit das Ausmaß des Schadens für die Menschheit und an den von ihr geschaffenen Werken.

Mit dem Tsunami-Warnsystem, das im Exkurs 9.1 als erfolgreiches Beispiel vorgestellt wird, erwarten die

Exkurs 9.1: Tsunamis und Seiches

Entlang der Ozeanränder können gefährliche Meereswellen über die Küstenlinie hinausschießen, den strandnahen Bereich verwüsten und damit vielleicht mehr Todesopfer fordern und Zerstörung hervorrufen als das Beben selbst. Diese Wellen nennt man „Tsunamis", um den mißverständlichen Ausdruck „Gezeitenwelle" zu vermeiden. Tsunamis können ihre Ursache in verschiedenen Störungen haben, beispielsweise in untermeerischen Hangrutschungen und Explosionen von Vulkaninseln, und doch ist es die ein Erdbeben auslösende Störung, die am Grund des Ozeans wie eine Schaufel wirkt und die katastrophalsten, extrem langwelligen Wogen ins Leben ruft.

Auf dem offenen Meer erreichen Tsunamis Geschwindigkeiten von mehr als 700 Kilometern in der Stunde, und ihre Wellenlängen – die bis zu 100 Kilometer betragen können – lassen die normalen Wogen zwergenhaft erscheinen. Da aber die Wellenkämme auf der See nur etwa einen Meter hoch sind, kann man sie vom Schiff aus nicht entdecken. Wenn der Tsunami flacheres Wasser erreicht, sinkt seine Geschwindigkeit rapide, während die Wellenhöhe um ein Vielfaches steigt und gelegentlich bis zu 25 Meter erreicht.

Spektakuläre Tsunamis haben Länder entlang des Pazifik, insbesondere Japan, heimgesucht. In den Vereinigten Staaten haben verheerende Tsunamis die Küstenlinien im Bereich von Hilo auf Hawaii, entlang der Nordwestküste von Nordamerika und unter dramatischen Umständen auch Küstenstreifen während des Alaska-Bebens von 1964 in Mitleidenschaft gezogen.

Erhebliche Erleichterung erwuchs rund um den Pazifik aus dem *Tsunami Warning System*, das mit vereinten Kräften einer Anzahl von Anrainerstaaten nach dem zerstörenden Tsunami auf den Aleuten vom 6. April 1946 aufgebaut worden war. Wenn Seismographen im pazifischen Raum heute schwere Erdbeben orten, benachrichtigen die Seismologen die Leitstelle auf Hawaii, die umgehend Warnmeldungen vor einem möglichen Tsunami herausgibt. Nicht alle Erdbeben entlang der Plattenränder sind mit nennenswerten Tsunamis verknüpft, da sich zur Erzeugung dieser Gefahr der Ozeanboden entlang der Störung vertikal bewegen muß. Dieser Versetzungstyp tritt bevorzugt an Subduktionszonen auf.

In Seen und Stauseen kann der Bruch des Staudamms oder das Abrutschen großer Hangpartien in das Wasser eine beträchtliche Gefahr für die Menschen und für ihre Docks, Dämme und Abwassersysteme stromabwärts darstellen. Als am 9. Juli 1958 ein Erdbeben der Magnitude 7 die Lituya-Bucht in Alaska erschütterte, löste es gleichzeitig einen massiven Hangrutsch in die Bucht aus, der eine 60 Meter hohe Wasserwand

entstehen ließ. Boote wurden über Bäume von 25 Metern Höhe hinweggeschleudert, und die Geschwindigkeit des Wassers reichte aus, um die gesamte Vegetation an der Küste fortzureißen.

Schwingungen der Wasseroberfläche, die sogenannten Seiches, werden beispielsweise durch Erschütterungen des Untergrundes hervorgerufen (wie Wasser auf einem Teller, das überschwappt, wenn er hin- und herbewegt wird). Von schweren Erdbeben weiß man, daß sie Seiches sogar noch in erheblicher Entfernung erzeugen können. Das Beben von Lissabon im Jahre 1755 führte zu spürbaren Oszillationen auf Kanälen und Seen in Holland, der Schweiz, Schottland und Schweden. Etwa 2 000 Kilometer von Lissabon entfernt beobachtete Angus MacDermot, ein schottischer Gastwirt, wie sich Loch Lomond »ohne den geringsten Windhauch anhob, gegen seine Ufer drückte und fünf Minuten später wieder zurückzog«.

Nachdem ein Tsunami über die indonesische Insel Flores hinweggefegt war, lagen Thunfische verstreut auf einer Straße in der Stadt Maumere. Der Tsunami entstand am 12. Dezember 1992 durch ein Erdbeben, das für den Tod von mehr als 2 000 Menschen verantwortlich war.

am Programm teilnehmenden Länder im Rahmen einer Zusammenarbeit wesentlich mehr erreichen zu können, als es einem einzelnen Land möglich wäre. Um beispielsweise die Seiches, die Wasserschwingungen in Seen und Flüssen hinter einem großen Damm, zu untersuchen, werden Daten über seismische Bewegungen an den Kontaktzonen zwischen Damm und Talboden beziehungsweise seinen -hängen benötigt. Eine einzelne Nation, die einige ihrer Dämme mit Seismographen ausstattet, muß unter Umständen lange warten, bis sie die gewünschten Ergebnisse erhält. Durch das Aufstellen von Meßinstrumenten an den Dämmen mehrerer seismisch aktiver Länder hoffen die am IDNDR-Programm Beteiligten, wesentlich schneller über solche Informationen zu verfügen.

Unter seinen vielen Projekten, die sich mit seismischen Katastrophen befassen, betreut das IDNDR-Programm auch die Entwicklung eines kurzfristigen Warnsystems, das auf den endlichen Geschwindigkeiten der P- und S-Wellen in der Kruste beruht. Nach dem Eintreten eines Erdbebens können sein Herd und seine Herdzeit von einem Computergestützten, dichten, lokalen Netzwerk von Seismographen in, sagen wir, vier Sekunden berechnet und eine Nachricht über Telefon oder Funk fast ohne Zeitverlust an Orte gesendet werden, die mehrere hundert Kilometer entfernt liegen. Die zerstörenden S-Wellen kommen dort erst eine halbe Minute später an – vielleicht genug Zeit, um erschütterungsempfindliche Instrumente abzuschalten. Ein ähnliches Warnsystem ist seit 25 Jahren bei der japanischen Eisenbahn in Betrieb. Die „*bullet trains*" oder Shinkansen, die Spitzengeschwindigkeiten von 240 Kilometern in der Stunde erreichen, sind durch plötzliche Schäden am Gleis infolge eines Erdbebens extrem gefährdet. Jedesmal, wenn Seismographen in der Nähe des Schienenstrangs anzeigen, daß die Beschleunigung des Untergrundes einen gewissen Bruchteil der Gravitation um einen festgelegten Grenzwert überschreitet, wird die Stromzufuhr für den Shinkansen unterbrochen.

In einem anderen Teil des IDNDR-Programms werden nach dem neuesten Stand der Technik Landkar-

ten entwickelt, die den möglichen Grad der Erschütterung, der Bodenverflüssigung und anderer seismischer Effekte wiedergeben. Diese Karten werden den Ingenieuren helfen, Techniken in der Bauplanung und -ausführung einzusetzen, die die Erdbebenschäden am effektivsten verhindern.

Die Zerstörung eines kleinen Landes: das armenische Erdbeben von 1988

In viel zu vielen seismisch aktiven Regionen der Erde war die moderne Industrialisierung ohne ausreichende Beachtung der seismischen Gefahren die Ursache von Tragödien. Ein unvergeßliches Beispiel ist das Beben, das am 7. Dezember 1988 um 11.41 Uhr Ortszeit Nordarmenien heimsuchte und in den Städten Spitak, Leninakan (heute Gumri) und Kirowakan zahlreiche Gebäude und Fabriken zerstörte (siehe Abbildung 9.2). Im umgebenden Land wurden 58 Dörfer dem Erdboden gleichgemacht und weitere 100 schwer beschädigt. Ein Regierungsbericht, der auf der Anzahl der geborgenen Leichen aus dem Schutt beruhte, schätzte die Anzahl der Toten auf 25 000. Von 700 000 Einheimischen ließ das Beben 30 000 verletzt und mindestens 514 000 obdachlos zurück.

Einige der schwersten Erschütterungen traten in hoch industrialisierten Stadtteilen mit großen Fabriken aus dem Chemie- und Nahrungsmittelsektor auf. Ein Großteil der zahlreichen großen Strom-Verteilerstationen und Wärmekraftwerke in der Region trugen Schäden davon. Obwohl ein Kernkraftwerk bei Eriwan, etwa 75 Kilometer vom Epizentrum entfernt, nicht in Mitleidenschaft gezogen worden war, wurde es im Anschluß aufgrund der Erdbebengefahr endgültig stillgelegt – trotz der großen ökonomischen Schwierigkeiten, die die Auflösung der Sowjetunion und das Versiegen der Öllieferungen aus Baku mit sich brachten.

9.2 Nach dem Erdbeben in Armenien im Jahre 1988.

Die Ursache des Hauptbebens war ein Störungsbruch etwa 40 Kilometer südlich des Kaukasusrückens. Dieser stattliche Gebirgszug ist Teil des Gebirgsgürtels, der von den Alpen über Südeuropa bis zum Himalaya in Asien verläuft; er ist das Werk von Druckkräften in der Erdkruste, die durch die Konvergenz von Arabischer und Eurasischer Platte entstehen. Der gesamte Gürtel ist Schauplatz beständiger seismischer Aktivität: Größere Erdbeben treten regelmäßig in der Ägäis, in der Türkei, im Iran, in Westafghanistan und Tadschikistan auf. Während die Erdbebenhäufigkeit in Armenien nicht mit der in anderen Segmenten des Gürtels vergleichbar ist, wird die Kruste in der Umgebung des Landes über geologische Zeiträume deformiert, und diese Deformation ist durch aktive Verwerfungen und vulkanische Aktivität gekennzeichnet. Einer dieser Vulkane ist der aus der Bibel bekannte Berg Ararat (Höhe 5165 Meter), der sich 100 Kilometer südlich des Epizentrums des Bebens von 1988 erhebt.

Am 7. Dezember wurden seismische Wellen durch den Rückstoß einer zuvor beanspruchten, aber namenlosen Störung von mindestens 60 Kilometern Länge ausgestrahlt. Der Bruch erstreckte sich aus der Umgebung von Spitak über Felder und Berge mit einem Streichen von Westnordwest parallel zum Kaukasus und einem Einfallen nach Nordnordost. Die vertikale Komponente der Bewegung betrug 1,6 Meter am südwestlichen Ende und durchschnittlich einen Meter entlang eines Großteils der Geländekante.

Warum löste dieses Beben so viel Tod und Zerstörung aus? Die wenigen erhältlichen Berichte deuten darauf hin, daß die Erschütterungen nicht ungewöhnlich heftig waren, auch wenn sie vielleicht durch eine tiefliegende Bodenschicht in Gumri verstärkt wurden. Es scheint aber eher so, wie armenische und russische Ingenieure berichteten, die sich mit dem Beben befaßt hatten, daß die lokalen Bauvorschriften in Anbetracht der seismischen Gefahr in Armenien unzureichend gewesen waren. Selbst diese Vorgaben waren noch ignoriert worden: Gebäude aus Stahlbetonfertigteilen waren nicht gut geplant gewesen, dazu war die Qualität der Bauausführung oft schlecht. Dem Schlingern oder Bruch des Bodens und der ungleichmäßigen Setzung des Baugrundes, die so häufig zu Schäden an Gebäuden führen, hätte man begegnen können, indem man den Baugrund zuvor angemessen vorbereitet hätte, beispielsweise durch das Ausschachten von Boden mit geringer Festigkeit oder durch den Einbau geeigneter Fundamentsysteme wie Holz- oder Betonpfähle, die bis in das anstehende Gestein reichen. 1992 war es mir möglich, in Armenien ein größeres Programm mit *strong motion*-Seismographen zu initiieren. Viele heute noch ungelöste Fragen werden sich eines Tages aus diesen Aufzeichnungen beantworten lassen.

Kalkulierbares Erdbebenrisiko

Die Chancen, daß ein zerstörendes Erdbeben auftritt, wenn die meisten Menschen zuhause sind, gelten als hoch (etwa 60 bis 100 Prozent). Leider sind diese Häuser an den meisten Orten nicht erdbebensicher. Sowohl in Armenien als auch in Teilen der Mittelmeerregion, in der Türkei, im Iran, in Süd- und Mittelamerika, China und anderen Teilen Asiens garantieren die unbewehrten Stein- und Ziegelhäuser mit

ihren schweren Dächern sogar schon bei mittelschweren Bebens geradezu viele Opfer.

Im Gegensatz dazu sind die ein- und zweistöckigen Holzbauten, die typisch für die Vereinigten Staaten und Neuseeland sind, oder die leichten Holzhäuser der Japaner die nahezu sichersten Aufenthaltsorte während eines Bebens. Diese Bauten können zwar beschädigt werden, stürzen aber im Normalfall nicht ein, da der fest zusammengefügte Holzrahmen die geringen Lasten des Daches und der oberen Stockwerke sogar bei starker vertikaler oder horizontaler Beschleunigung des Untergrundes ohne Schwierigkeiten tragen kann. (Leider hat sich bei dem jüngsten Erdbeben in Kobe gezeigt, daß auch diese Häuser, besonders wenn sie älteren Datums und nachträglich mit Ziegel gedeckt wurden, in Schutt und Asche versinken können.)

Eine der wichtigen Lektionen aus den jüngeren Beben in Kalifornien ist die Tatsache, daß die Holzrahmenhäuser an ihren Fundamenten befestigt werden müssen, damit sie sich während eines Erdstoßes

9.3 Das Nachgeben des Untergrundes führte zur Schrägstellung dieser Holzhäuser im San-Francisco-Erdbeben von 1906.

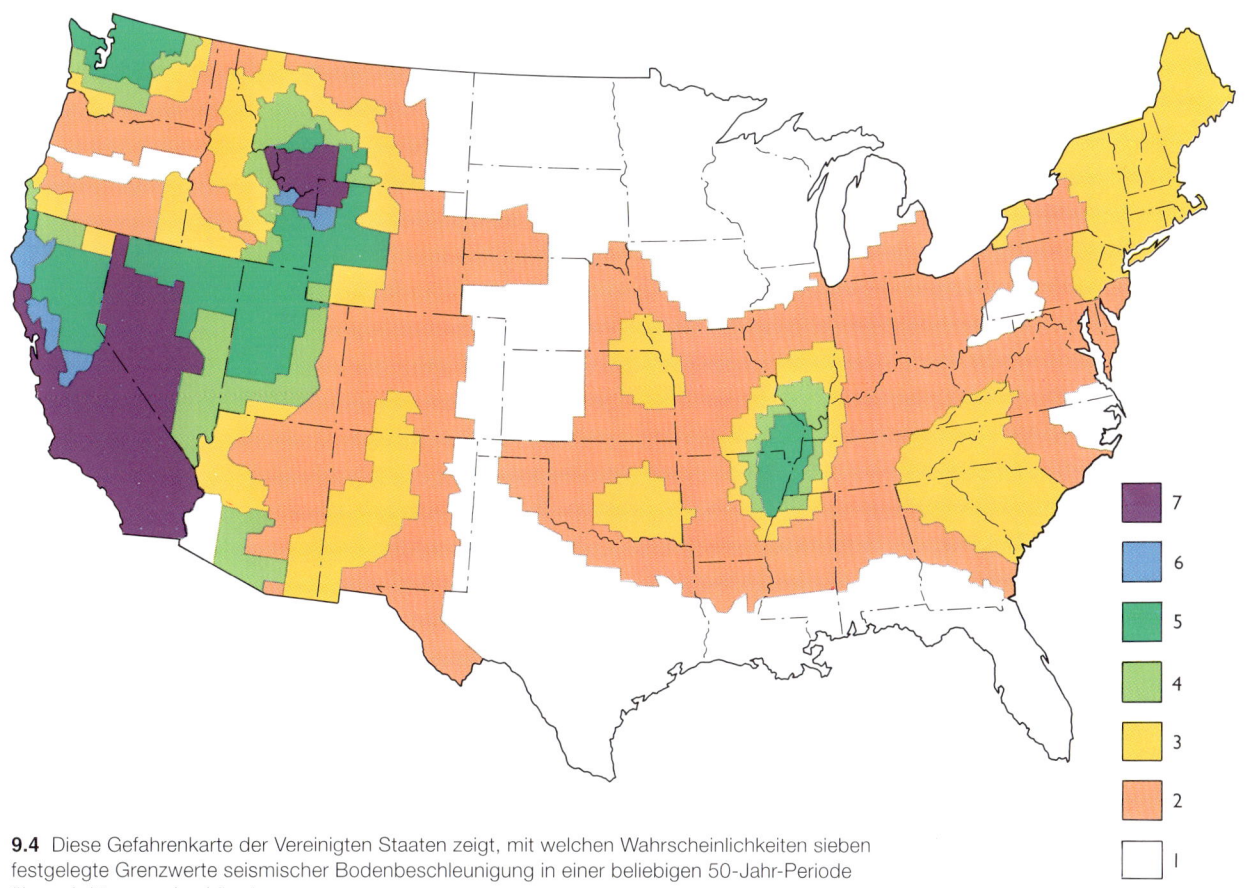

9.4 Diese Gefahrenkarte der Vereinigten Staaten zeigt, mit welchen Wahrscheinlichkeiten sieben festgelegte Grenzwerte seismischer Bodenbeschleunigung in einer beliebigen 50-Jahr-Periode überschritten werden könnten.

nicht voneinander trennen. Untersuchungen zeigen, daß etwa 15 Prozent der einstöckigen Häuser in Holzrahmenbauweise dadurch beschädigt werden, daß sie von ihren Fundamenten fallen, zumeist solche, die älter als 20 Jahre und häufig auch freistehend sind.

Die Reduzierung des seismischen Risikos, indem man Bauwerke verstärkt oder woanders baut, ist kostspielig. Bei der Verteilung von Geld müssen die Planer einen Mittelweg zwischen der Bedrohung von Leben und Eigentum durch Erdbeben und den Kosten zur Reduzierung dieser Gefahr finden. Der erste Schritt ist die Abschätzung der potentiellen Gefahr. In den Vereinigten Staaten sind für spezielle

Gebiete, aber auch für das ganze Land Karten über die Gefahr von Bodenerschütterungen erstellt worden. Diese Karten spiegeln die Erwartungen wider, daß seismische Intensitätsparameter (etwa die Beschleunigung) in einer vorgegebenen Zeit, wie beispielsweise in 50 Jahren, übertroffen werden (Abbildung 9.4). Bei dem Entwurf dieser Karten wandte man sich von dem alten Konzept diskreter Gefahrenzonen auf der Grundlage der historischen Seismizitäts- und Intensitätskarten ab; statt dessen zeigen die Darstellungen die Häufigkeiten von Beben verschiedenster Stärken, gewichtet durch geologische Nachweise eines aktiven Störungssystems. Solche Karten sind mittlerweile Grundlage vieler Bauvorschriften, mit dem ausdrücklichen Ziel, die

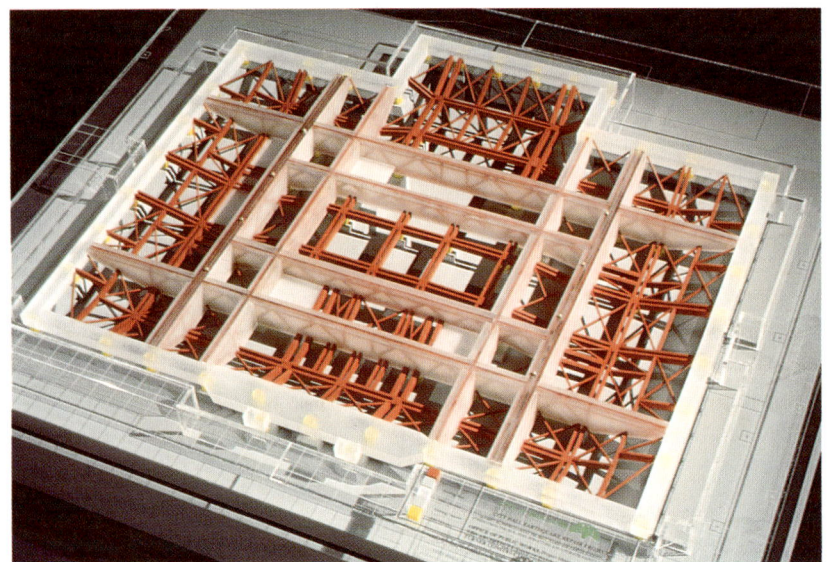

9.5 Die 18stöckige Oakland City Hall, ein architektonisch bemerkenswertes Bauwerk aus dem Jahre 1914, wurde in dem Loma-Prieta-Erdbeben von 1989 beschädigt und daraufhin für den Publikumsverkehr gesperrt. Architekten haben Modelle gebaut, wie mögliche bauliche Verstärkungen der Substanz aussehen könnten: Ein Stahlskelett in den Wänden soll die wesentlichen Bauelemente zusammenhalten (oben rechts). Die elastische Flexibilität des Gebäudes wird weiter erhöht durch in den oberen Stockwerken und den Türmen angebrachte Horizontalanker aus Stahl (unten links).

Planer das Risiko stärkerer Erschütterungen gegen die hohen Kosten aufwendiger Planung abwägen zu lassen.

Ältere Bauwerke bergen generell das größere Risiko. Das Tauziehen zwischen der Rettung von Leben und der Reduzierung der Umbaukosten läßt sich sehr anschaulich anhand neuerer Untersuchungen der Erdbebensicherheit von staatseigenen Gebäuden Kaliforniens demonstrieren. Ein Großteil dieses Staatsbesitzes mit einem Wert von mehr als 20 Milliarden Dollar ist nicht erdbebensicher. Eine Prüfungskommission, die die ersten quantitativen Untersuchungen dieses Projektes leitete, nahm im Jahre 1974 ihre Arbeit an der University of California in Berkeley auf und wählte den Schutz des Lebens als ihre höchste Priorität. Es bestand Übereinstimmung darin, daß bei der Verstärkung oder dem Umbau von Gebäuden diejenigen Bauvorschriften zu beachten seien, die auf den Schutz von Leben hinzielten.

Daraus ergab sich eine Empfehlung der California Seismic Safety Commission, allen Bauwerken im Staatsbesitz Priorität zu gewähren, um deren Bedarf an Aufwertung zu ermitteln. Diese Prioritäten basierten auf einer Kosten/Nutzen-Analyse (*benefit-cost ratio*, BCR), definiert als die Anzahl von geretteten Menschenleben pro Dollar an Umbaukosten. Die immense Aufgabe, viele tausend Gebäude daraufhin einzuschätzen, ist noch in vollem Gang.

Bestimmte Bauweisen verhalten sich bei Erdbeben besonders schlecht, während andere den Erschütterungen widerstehen. Ein Leben/Sicherheit-Verhältniswert (*life-safety ratio*, LSR) sagt auf der Grundlage der Bauweise und der voraussichtlichen Intensität der Erschütterungen für eine seismische Zone die geschätzte Zahl der Todesopfer pro 10000 Einwohner vor dem Umbau voraus. Daraus erhalten erfahrungsgemäß unbewehrt gemauerte Gebäude einen anderen LSR-Wert als Stahlbetonbauten.

Die Gleichung lautet:

$$BCR = \frac{(LSR)(ECO)(SCF) - (LSRG)(ECO^*)}{10000\,RC},$$

wobei ECO (*equivalent continuous occupancy*) die durchschnittliche Personenzahl ist, die sich während eines 24-Stunden-Tages in einem Gebäude aufhält, SCF (*seismicity correction factor*) von der Häufigkeit von Erdbeben in dem betrachteten Gebiet abhängt und RC (*reconstruction cost*) die Kosten sind, die zur Sanierung dieser Klasse von Bauten anfallen, um das Risiko auf ein bestimmtes Leben/Sicherheit-Verhältnis (*life-safety ratio goal*, LSRG) zu senken. Der Stern (*) kennzeichnet den Wert nach dem Umbau. In Kalifornien sind BCR-Werte dazu eingesetzt worden, Mittel für detailliertere Untersuchungen zu erhalten und, in Kombination mit zusätzlichen Ingenieurgutachten, Prioritäten für die Umbaumaßnahmen zu setzen.

Zweifellos wird in erdbebengefährdeten Ländern eher Druck dahingehend ausgeübt, die Rettung von Leben zu fördern als wirtschaftliche Verluste klein zu halten. Wenn aber die Anforderungen an die Sicherheitsstandards niedrig sind, können die Sachschäden sehr hoch sein, obwohl nur wenige Menschen umkommen. Das Problem besteht in der Praxis darin, sowohl Leben als auch Hab und Gut zu schützen.

Jüngste Erfahrungen lassen erkennen, daß der Vorrang der Lebensrettung überdacht werden muß. Eine der Lehren, die sich aus dem Loma-Prieta-Beben von 1989 ziehen ließen, war, daß viele „Lebensadern" der modernen Gesellschaft sehr anfällig sind – Strom, Wasser, Kanalisation, Kommunikation und Verkehr. Der teilweise Einsturz der San Francisco Bay Bridge am 17. Oktober 1989 und der weitreichende Stromausfall in San Francisco, 70 Kilometer vom Epizentrum entfernt, waren die besten Beweise. Das gleiche Problem beschäftigt auch in Japan die Versorgungsunternehmen und Behörden. Die in die Höhe schnellenden Grundstückpreise in Tokio verlocken weiterhin dazu, Küstenstreifen aufzuschütten und zu dicht besiedelten Industrie- und Handelszonen umzugestalten. Man schätzt, daß die Verflüssigung des Untergrundes bei einem Beben der Stärke 7,9, dem Wert des großen Bebens, das Tokio 1923 so verheerend getroffen hat, die Versorgungsleitungen innerhalb eines 69 Quadratkilometer großen Gebietes von künstlichem Land entlang der großen Wasserwege der Hauptstadt abreißen könnte.

Kann das Versprechen einer Ära mit minimalem Erdbebenrisiko schon in dieser Dekade für Katastrophenvorbeugung erfüllt werden? In dem Maße wie Ingenieure über die relative Eignung der verschiedenen Bauweisen bei starken Erschütterungen gelernt haben, gab es in den letzten Jahrzehnten zweifellos Fortschritte bei den Bauvorschriften. Neue Bautechniken zur Verminderung der Erschütterungen sind eingeführt worden, so die teilweise Trennung der Gebäude vom Untergrund oberhalb ihrer Fundamente. Und doch sind schwere Zweifel an den Versprechen des IDNDR laut geworden, da die finanzielle Unterstützung zurückgegangen ist, während die Kosten steigen. Das Schwierigste ist wohl, trotz der wirtschaftlichen Lage das Kapital zur Umrüstung gefährdeter Gebäude und Versorgungsleitungen aufzutreiben. Dazu kommt noch, daß die mit dem Thema befaßten Ingenieure und Geowissenschaftler seit 1985 über abnehmende Forschungsmittel klagen. Ein Opfer der Einsparungen werden wohl die Landkarten über das seismische Risiko sein, die sich von den früher erwähnten Karten der seismischen Gefahr darin unterscheiden, daß sie die vorherrschenden Bauweisen in den jeweiligen Gebieten berücksichtigen. Bekanntlich schwanken die Auswirkungen der Erschütterungen von einem Beben oder Gebiet zum anderen erheblich, dennoch sind Karten des seismischen Risikos nur für wenige Regionen der Welt erhältlich. Somit können diese quantitativen Kartierungen solange nicht vollständig genutzt werden, bis die Oberflächeneigenschaften aller gefährdeten Regionen mit beträchtlichem einmaligen Kostenaufwand erfaßt worden sind.

Paradoxerweise tragen die praktischen Aspekte der Verminderung des Erdbebenrisikos einerseits dazu bei und verhindern auf der anderen Seite, eine breite politische Unterstützung zum Erreichen der Sicherheitsziele zu erringen. Obwohl der Nutzen von Forschung und Anwendung offensichtlich klar ist, sind beide Aspekte Deadlines, Machbarkeitsstudien und Interessenkonflikten unterworfen, die den Enthusiasmus und die öffentliche Unterstützung dämpfen.

9.6 Die Reaktion vielstöckiger elastischer Konstruktionen auf Erschütterungen wird untersucht, indem der Tisch an ihrer Basis zum Vibrieren gebracht wird. Diese bestimmte Wellenfrequenz regt den hohen Stapel an, viel stärker zu schwingen als die niedrigeren Modelle.

Man müßte eigentlich erwarten, daß das Risiko, das dem öffentlichen Wohlergehen durch Erdbeben droht, ganz besonders Kräfte und Gelder für Geowissenschaftler, Ingenieure, Planer und andere Kreise freisetzt, die die Sicherheit bei Erdbeben verbessern wollen. Die Vergangenheit hat es uns aber anders gelehrt. Zerstörende Erdbeben lösen spontane Aktivität und politische Unterstützung für die Risikominderung aus, aber nach ungefähr einem Jahr versiegt der öffentliche Eifer.

Es ist klar, daß heftigere Beben in der Nähe von Großstädten ernste wirtschaftliche Folgen haben, und

9.7 Wassergesättigte sandige Ablagerungen verflüssigten sich am 16. Juni 1964 während eines Erdbebens bei Niigata in Japan. Die Wohnhäuser wurden nicht wesentlich beschädigt, neigten sich aber bedenklich, als der Untergrund nachgab.

zwar nicht nur regionale, sondern auch nationale. Für eine geraume Zeit nach dem Unglück werden Industrie und Behörden nicht effektiv arbeiten können und so den Lebensstandard einer ganzen Region senken. Eine oder mehrere Metropolen in der Welt, wie Tokio, Los Angeles, Mexico City oder Manila, haben in den nächsten zehn bis 20 Jahren schwere Erdbeben zu erwarten. Trotz der Schwierigkeiten einer Erdbebenvorhersage und Schwachstellen in der Technologie gibt es keine unüberwindlichen Gründe, warum Erdbebenrisiken während der nächsten zehn Jahre nicht auf ein akzeptables Maß verringert werden könnten. Ein wesentliches Element ist dabei weiterhin die Umsetzung des geologischen Wissens über Struktur und Dynamik der Erde. Je mehr wir über die Entstehung von Erdbeben herausfinden, desto näher werden wir der Verdrängung seismischer Gefahren von ihrem Stammplatz an der Spitze der Naturkatastrophen kommen.

Anhang:
Gekürzte Modifizierte
Mercalli-Intensitäts-Skala

Anmerkung: Die mittleren Spitzenbeschleunigungs- und -geschwindigkeitswerte für die Wellenbewegung beziehen sich auf festen Untergrund, schwanken jedoch in Abhängigkeit von der Art der Störungsquelle erheblich.

durchschnittliche Spitzen-geschwindigkeit (cm/s)	Intensitätswert und Beschreibung	durchschnittliche Spitzenbeschleunigung (g ist Erdbeschleunigung $= 980$ cm/s^2)
	I. Nicht spürbar, außer von sehr wenigen unter besonders günstigen Umständen. (I auf der Rossi-Forel-Skala)	
	II. Wahrnehmbar nur von wenigen ruhenden Personen, insbesondere in den oberen Stockwerken von Gebäuden. Hängende Gegenstände können schwingen. (I bis II auf der Rossi-Forel-Skala)	
	III. In Häusern wahrnehmbar, insbesondere in den oberen Stockwerken von Gebäuden, jedoch erkennen es viele Leute nicht als Erdbeben. Stehende Fahrzeuge können leicht schaukeln. Vibrationen wie bei einem vorbeifahrenden Lastwagen. Die Dauer wird abgeschätzt. (III auf der Rossi-Forel-Skala)	
1–2	IV. Tagsüber innerhalb von Gebäuden von vielen wahrnehmbar, außerhalb von wenigen. Nachts wachen einige auf. Teller, Fenster, Türen klappern; Wände knarren. Es entsteht der Eindruck, als würde ein Schwertransporter das Gebäude streifen. Stehende Fahrzeuge schaukeln sichtbar. (IV bis V auf der Rossi-Forel-Skala)	$0,015–0,02g$

durchschnittliche Spitzengeschwindigkeit (cm/s)		Intensitätswert und Beschreibung	durchschnittliche Spitzenbeschleunigung (g ist Erdbeschleunigung = 980 cm/s^2)
2–5	V.	Wird von fast jedem wahrgenommen, viele wachen auf. Einige Teller, Fenster und so weiter zerbrechen; an manchen Stellen platzt der Putz ab; instabile Gegenstände fallen um. Gelegentlich werden Störungen an Bäumen, Masten und anderen hohen Gegenständen beobachtet. Pendeluhren können stehenbleiben. (V bis VI auf der Rossi-Forel-Skala)	$0,03–0,04g$
5–8	VI.	Wird von allen wahrgenommen, viele sind erschrocken und laufen nach draußen. Einige schwere Möbelstücke bewegen sich; gelegentlich herabfallender Putz und beschädigte Schornsteine. Leichte Beschädigungen. (VI bis VII auf der Rossi-Forel-Skala)	$0,06–0,07g$
8–12	VII.	Alle laufen hinaus. Geringfügige Beschädigungen an erdbebensicher geplanten und gebauten Bauwerken; leichte bis mäßige an durchschnittlichen Bauwerken; beträchtliche an mangelhaft gebauten und schlecht geplanten Bauwerken; einige Kamine zerbrechen. Wird von Autofahrern wahrgenommen. (VIII auf der Rossi-Forel-Skala)	$0,10–0,15g$
20–30	VIII.	Leichte Beschädigungen an erdbebensicheren Bauwerken; beträchtliche an normal ausgelegten Gebäuden, teilweiser Zusammensturz; große Schäden an mangelhaft errichteten Bauwerken. Bei in Rahmenbauweise errichteten Gebäuden fallen die Trennwände heraus. Kamine und Fabrikschornsteine, Säulen, Denkmäler, Mauern stürzen ein. Schwere Möbelstücke stürzen um. Sand und Schlamm dringen in geringer Menge auf. Veränderungen im Brunnenwasser. Autofahrer werden behindert. (VIII+ bis IX auf der Rossi-Forel-Skala)	$0,25–0,30g$
45–55	IX.	Beträchtliche Beschädigungen an erdbebensicheren Bauwerken; fachgerecht errichtete Bauwerke in Rahmenbauweise geraten aus dem Lot; große Beschädigungen an normalen Gebäuden, teilweiser Einsturz. Gebäude werden von ihrem Fundament gehoben. Sichtbare Risse im Boden. Unterirdisch verlegte Rohrleitungen brechen. (IX+ auf der Rossi-Forel-Skala)	$0,50–0,55g$

durchschnittliche Spitzengeschwindigkeit (cm/s)	Intensitätswert und Beschreibung		durchschnittliche Spitzenbeschleunigung (g ist Erdbeschleunigung $= 980$ cm/s^2)
mehr als 60	X.	Einige solide gebaute Holzgebäude werden zerstört; die meisten gemauerten oder in Rahmenbauweise errichteten Gebäude werden einschließlich ihres Fundaments zerstört; der Boden reißt erheblich auf. Eisenbahnschienen verbiegen sich. Beträchtliche Erdrutsche an Uferböschungen und steilen Hängen. Aufsteigender Sand und Schlamm. Wasser spritzt auf, schwappt über die Ufer. (X auf der Rossi-Forel-Skala)	mehr als 0,60g
	XI.	Nur wenige der gemauerten Bauwerke bleiben stehen. Brücken werden zerstört. Breite Bodenrisse. Unterirdisch verlegte Leitungen fallen vollständig aus. Erdstürze und Bodenrutschungen in weichem Boden. Eisenbahnschienen verbiegen sich erheblich.	
	XII.	Völlige Zerstörung. Auf der Bodenoberfläche sind die Erdbebenwellen sichtbar. Veränderungen der Bodentopographie. Gegenstände werden in die Luft geschleudert.	

Literaturhinweise

Bolt, B. A. *Earthquakes*. 3. Aufl. New York (W. H. Freeman) 1993. [Deutsche Ausgabe (vergriffen): Erdbeben · Eine Einführung. Berlin (Springer) 1984. Eine knappe, leicht verständliche Zusammenfassung der Wissenschaft der Seismologie, einschließlich der Auslöser, Zerstörungen und langfristigen Auswirkungen einiger der verheerendsten Erdbeben in der Geschichte.]

Bolt, B. A. *Inside the Earth*. San Francisco (W. H. Freeman) 1982. Nachdruck: Fairfax, Virginia (Tech Books) 1992. [Mit Erläuterungen, auf welche Weise Bebenaufzeichnungen genutzt werden, um die dreidimensionale Struktur des Erdinneren zu erkunden.]

Ferrari, G. (Hrsg.) *Two Hundred Years of Seismic Instruments in Italy 1731–1940*. Bologna (SGA) 1992. [Ein wunderschön illustriertes Buch mit zahlreichen Farbaufnahmen und Hinweisen auf frühe Seismographen.]

Fowler, C. M. R. *The Solid Earth: An Introduction to Global Geophysics*. Cambridge, England (Cambridge University Press) 1990.

Giese, P. (Hrsg.) *Geodynamik und Plattentektonik*. Heidelberg (Spektrum Akademischer Verlag) 1995.

Herbert-Gustav, A. L.; Mott, P. *John Milne: Father of Modern Seismology*. Tentenden, England (Paul Morburg) 1980. [Die faszinierende Darstellung der Forschungsbeiträge eines der zentralen Pioniere der Erdbebenwissenschaft.]

Kulhanek, O. *Anatomy of Seismograms*. Amsterdam (Elsevier) 1990. [Ein attraktiv und verständlich aufgemachtes Handbuch über charakteristische Erdbebenaufzeichnungen mit Hinweisen zu ihrer Interpretation.]

Litehiser, J. J. (Hrsg.) *Observatory Seismology*. Berkeley (University of California Press) 1989. [Die Geschichte und Entwicklung von Erdbebenwarten, beschrieben in einer Reihe von Aufsätzen berühmter Seismologen.]

Loma Prieta's Call to Action. Sacramento (California Seismic Safety Commission) 1991.

Property Owner's Guide to Earthquake Safety. Sacramento (California Seismic Safety Commission) 1992.

Shultz, C. H. *The Mechanics of Earthquakes and Faulting*. New York (Cambridge University Press) 1990. [Eine gründliche, moderne Beschreibung der Erdbebenentstehung durch Bewegungen entlang von Störungen.]

Walker, G. *Earthquake*. Alexandria, Virginia (Time-Life Books) 1982. [Ein aufwendig illustrierter, allgemeinverständlicher Bericht von Erdbeben und seismischen Gefahren auf der Welt.]

Wallace, R. E. *The San Andreas Fault System, California*. In: *U.S. Geological Survey Professional Paper* 1515 (1990).

Yanev, P. *Peace of Mind in Earthquake Country*. San Francisco (Chronicle Books) 1990. [Die elementare Darstellung von Erdbeben, geschrieben aus dem Blickwinkel von Architekten und Bauingenieuren.]

Ziony, J. J. (Hrsg.) *Evaluating Earthquake Hazards in the Los Angeles Region: An Earth-Science Perspective*. In: *U.S. Geological Survey Professional Paper* 1360 (1985).

Bildnachweise

Alle unten nicht aufgeführten Strichzeichnungen stammen von Fine Line Illustrations, Inc.

Frontispiz   Sammlung Bruce Bolt.

1.1	Mechanics Institute, San Francisco.
1.2	Joe LeMonnier.
1.3	Kircher, A. *Mundus subterraneus*. 3. Aufl., Amsterdam 1678.
1.4	Zentralbibliothek Zürich.
1.5	T. C. Lotters Geographischer Atlas (Augsburg), nach 1755 (Jan Kozak, Prag).
1.6	The Royal Society, London.
1.7	State Historical Society of Missouri, Columbia.
1.8	Joe LeMonnier.
1.9	(oben) The Fine Arts Museums of San Francisco, Achenbach Foundation für Graphic Art; (unten) San Francisco Archives, Public Library.
1.11	Joe LeMonnier.
Exkurs 1.1	The Frank Lloyd Wright Foundation, © 1962.

2.1	James H. Karales/Peter Arnold, Inc.
2.3	Pierce, J., Noll, M. *Signals: The Science of Telecommunications*. New York (W. H. Freeman) 1990.
2.4	Pierce, J., Noll, M. *Signals: The Science of Telecommunications*. New York (W. H. Freeman) 1990.
2.5	Fred Padula.
2.6	Tasa Graphic Arts, Inc.
2.7	Luana George/Black Star.
2.8	Joe LeMonnier/USGS.
2.11	Kulhanek, O. *Anatomy of Seismograms*. Amsterdam (Elsevier) 1990.
2.13	Sammlung Bruce Bolt.

3.1	Charles O'Rear/West Light.
3.2	James Stanfield, © 1986 National Geographic Society.
3.3	Museo dell' Osservatorio Vesuviano/Storia Geofisica Ambiente Srl.
3.4	Mary Lea Shane Archives of the Lick Observatory.
3.7	Kinemetrics, Inc.
3.9	Joe LeMonnier.
3.10	California Institute of Technology Archives.
3.11	A. Feuerbacher.
3.13	Sammlung Bruce Bolt.
3.15	David Graham/Woodfin Camp & Assoc.
Exkurs 3.1	Joe LeMonnier.

4.1	Armando Cisternas Institut de Physique du Globe de Strasbourg.
4.2	Tom Bean.
4.3	Tasa Graphic Arts, Inc.
4.4	(oben) T. J. Chinn, Geological and Nuclear Sciences, Neuseeland; (unten) New Zealand Seismological Observatory.
4.5	James Stanfield, © 1986 National Geographic Society.
4.6	Tasa Graphic Arts, Inc.
4.7	G. K. Gilbert, USGS.
4.8	NASA/JPL.
4.9	John Livzey/DOT.
4.10	Aus: Stein, R. S.; King, G. C. P.; Lin, J. In: *Science* 258 (1992) S.1328–1331.
4.12	Tasa Graphic Arts, Inc.
4.13	Paul Link.
4.15	Frohlich, C. *Deep Earthquakes*. In: *Scientific American*, Januar 1989/Tasa Graphic Arts, Inc.
4.17	Los Alamos National Laboratory.
4.18	Pahon, H. J.; Waller, W. R. *Regional Moment-Magnitude Relations for Earthquakes and Explosions*. In: *Geophys. Res. Letters* 1992.

5.1	James Balog/Black Star.
5.2	Jordon, T. H. *The Deep Structure of the Continents*. In: *Scientific American*, Januar 1979.

5.3	Zvjezdarnica Hrvatskoga Prirodoslovnog Drusta, Zagreb.
5.4	Joe LeMonnier.
5.6	Joe LeMonnier.
5.9	Anthony Lomax.
5.10	Sammlung Bruce Bolt.
5.11	Tasa Graphic Arts, Inc.
5.12	Joe LeMonnier.
5.13	USGS.
5.14	Heinrich Berann, Bruce Lee Heezen und Marie Tharp, World Ocean Floor, 1977, © Marie Tharp.
5.15	Geological Survey of Israel.
5.16	British Museum/Tasa Graphic Arts, Inc.
5.17	Gudmundur Sigvaldson/Norduc Volcanological Institute.
5.18	Peter Yanev/EQE International.
5.20	Joe LeMonnier.
5.21	USGS.
5.22	Lloyd Cluff.
6.1	J. P. Montagner und G. Roult, Laboratoire de Sismologie, Paris.
6.3	Tasa Graphic Arts, Inc.
6.6	Bolt, B. *The Fine Structure of the Earth's Interior*. In: *Scientific American*, März 1973.
6.9	National Portrait Gallery, London.
6.11	Königlich Dänisches Geodätisches Institut, Kopenhagen.
6.13	(links) Bolt, B. *The Fine Structure of the Earth's Interior*. In: *Scientific American*, März 1973.
6.13	(rechts) Tasa Graphic Arts, Inc.
6.14	Bolt, B. *The Fine Structure of the Earth's Interior*. In: *Scientific American*, März 1973.
6.15	Bolt, B. *The Fine Structure of the Earth's Interior*. In: *Scientific American*, März 1973.
6.18	Tasa Graphic Arts, Inc.
6.19	Toshiro Tanimoto.
7.1	Herman KoKojan/Black Star.
7.2	Joe LeMonnier.

7.4	Kinemetrics, Inc.
7.9	National Park Service.
7.10	James Sugar/Black Star.
7.11	Joe LeMonnier.
7.14	Charles O'Rear/West Light.
7.15	Joe LeMonnier.
8.1	James Balog/Black Star.
8.2	Joe LeMonnier.
8.3	Yang Zhe.
8.4	Yang Zhe.
8.5	Joe LeMonnier.
8.7	G. C. Jacoby und P. Sheppard, Lamont-Doherty Geological Observatory.
8.8	G. C. Jacoby und P. Sheppard, Lamont-Doherty Geological Observatory.
8.9	USGS.
8.10	Bruce Bolt.
8.11	Joe LeMonnier.
8.12	Gary Carver.
8.13	Atwater/USGS, Seattle.
8.14	Gary Carver.
8.16	Joe LeMonnier/USGS.
9.1	Picturepoint, London.
9.2	Peter Turnley/Black Star.
9.3	Bancroft Library, Berkeley, © Regents, University of California.
9.4	Joe LeMonnier.
9.5	(oben links) Oakland Public Library.
9.5	(oben rechts und unten) VBN Architects, Executive Architects; Michael Willis & Assoc., Associate Architects; Carey & Co. Architecture, Preservation Architects; Forell/Elsesser Engineers, Structural Engineers; Photo des Modells von Douglas Symes.
9.6	H. Bolton Seed.
9.7	James Sugar/Black Star.
Exkurs 9.1	Reuters/Bettmann.

Index

Die Spektrum Bibliothek

Ich meine, daß die Bücher eine breitgefächerte Leserschaft - sowohl Laien als auch Wissenschaftler anderer Disziplinen, ja sogar derselben - anziehen. Jedermann den Einstieg ermöglichende Einführungen, faszinierende Schönheit der Bilder, Stil und Perspektive der hervorragenden Autoren werden Experten wie Neulinge interessieren. Die Bücher der Spektrum Bibliothek bleiben einige unserer wenigen Waffen gegen den wissenschaftlichen Analphabetismus.

Harold Varmus

Prof. Dr. Harold Varmus
Nobelpreisträger für Medizin von 1989

Kaufmann / Smarr
Simulierte Welten
Hochleistungsrechner und eine raffinierte Software ermöglichen Beobachtungen in simulierten Computerwelten, die in vielen Bereichen reale Experimente ersetzen. Kaufmann und Smarr führen den Leser durch eine faszinierende Welt der unbegrenzten Möglichkeiten.
1994, 261 S., 165 Abb., geb.
DM 68,-/öS 531,-/sFr 69,80
ISBN 3-86025-103-1

Samuel Barondes
Moleküle und Psychosen
Psychische Erkrankungen werden zunehmend auf molekularer Ebene deut- und erklärbar. Der Autor erläutert anschaulich die Entstehung und Entwicklung der biologischen Psychiatrie und beschreibt die daraus erwachsenen therapeutischen Perspektiven.
1995, 248 S., 127 Abb., geb.
DM 68,-/öS 531,-/sFr 65,-
ISBN 3-86025-110-4

Varmus / Weinberg
Gene und Krebs
Die Autoren zeigen, wie neueste wissenschaftliche Entdeckungen unser Verständnis von Krebs revolutioniert haben. Mit der Erkenntnis, daß Krebs auf genetische Defekte zurückgeht, eröffnen sich völlig neue Horizonte in der Tumortherapie.
1994, 219 S., 160 Abb., geb.
DM 68,-/öS 531,-/sFr 66,-
ISBN 3-86025-209-7

James B. Kaler
Sterne
In diesem Band berichtet Kaler, Spezialist für Sternentwicklung, was Sterne über die Entstehung des Sonnensystems und die Struktur des Kosmos erzählen. "... ein wissenschaftliches, dennoch aber allgemein verständliches und sehr spannendes Buch."
Westfalen-Blatt
1993, 323 S., 231 Abb., geb.
DM 68,-/öS 531,-/sFr 69,80
ISBN 3-86025-093-0

William C. Agosta
Dialog der Düfte
1994, 184 S., 160 Abb., geb.
DM 68,-/öS 531,-/sFr 69,80
ISBN 3-86025-196-1

Bitte fordern Sie das aktuelle Gesamtverzeichnis an.
☎ Telefon 06221- 912641
📠 Fax 06221- 912638

Spektrum
AKADEMISCHER VERLAG

Vangerowstr. 20, D-69115 Heidelberg

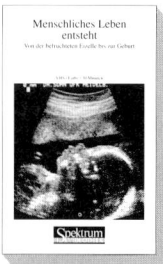
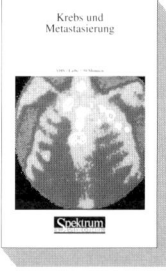

Originaltitel: Earthquakes and geological discovery
Aus dem Englischen übersetzt von Bettina Klare und Helga Großkopf

Originalausgabe bei The Scientific American Library, A Division of HPLP, New York
(W. H. Freeman and Company, New York)
© 1993

Die Deutsche Bibliothek – CIP-Einheitsaufnahme

Bolt, Bruce A.:
Erdbeben: Schlüssel zur Geodynamik/Bruce A. Bolt.
Aus dem Engl. übers. von Bettina Klare und Helga Grosskopf. – Heidelberg; Berlin ; Oxford :
Spektrum, Akad. Verl., 1995
    Einheitssacht.: Earthquakes and geological discovery <dt.>
    ISBN 3-86025-353-0

Lektorat: Frank Wigger, Marion Handgrätinger (Ass.)
Redaktion: Joachim Schüring
Einbandgestaltung: Kurt Bitsch, Birkenau
Produktion: Hans J. Münster
Satz und Umbruch: Graphischer Betrieb Konrad Triltsch, Würzburg
Druck und Verarbeitung: Klambt-Druck GmbH, Speyer

Spektrum Akademischer Verlag Heidelberg · Berlin · Oxford

EIN VERLAG DER *SPEKTRUM FACHVERLAGE GMBH*